# 化工基础与创新实验

王俊文　张忠林　主编
郝晓刚　审校

U0321688

国防工业出版社

·北京·

# 内 容 简 介

本书重点介绍化学工程与工艺及其相关专业的化学工程类本科教学实验,内容包括绪论、实验数据误差分析及数据处理、化工基本物理量的测量、化工单元操作实验、单元操作演示实验、单元操作仿真实验、化工基础实验以及化工创新实验8个章节。

本书在简单介绍化工类实验基本操作知识、数据处理方法以及常用物理量测量的基础上,首先以化工原理课程内容为背景,阐述化工单元操作实验及其演示实验,并进行配套化工单元操作实验仿真操作的介绍;其次,以化学工程专业课程(分离工程、反应工程、化工基础等)内容为背景,阐述相关的化工基础实验;最后,以化工"卓越工程师"试点专业改革为背景,突出能源化工特点,进行化工创新实验的阐述。

本书在内容和结构安排上体现"分阶段、交叉式、阶梯化培养学生工程实践和创新能力"的教学理念,创新实验章节贯彻化工"卓越工程师"试点专业注重实践环节的精神,是产-学-研成果的教学转化形式,体现了能源化工的发展方向和研究动态,强调对学生实验技能、创新思维的锻炼与提升。每个实验均附有思考题,便于读者自学。

本书可作为高等院校化工类各专业的本科生教材,亦可供化工部门研究、设计和生产单位技术人员参考。

**图书在版编目(CIP)数据**

化工基础与创新实验/王俊文,张忠林主编. —北京:国防工业出版社,2014.8
ISBN 978-7-118-09387-2

Ⅰ.①化... Ⅱ.①王...②张... Ⅲ.①化学工程-化学实验 Ⅳ.①TQ016

中国版本图书馆 CIP 数据核字(2014)第 131680 号

※

**国防工业出版社**出版发行
(北京市海淀区紫竹院南路 23 号 邮政编码 100048)
北京奥鑫印刷厂印刷
新华书店经售

*

开本 787×1092 1/16 印张 13¾ 字数 311 千字
2014 年 8 月第 1 版第 1 次印刷 印数 1—3000 册 定价 45.00 元

**(本书如有印装错误,我社负责调换)**

国防书店: (010)88540777　　　　发行邮购: (010)88540776
发行传真: (010)88540755　　　　发行业务: (010)88540717

# 前　　言

　　化工实验属于工程实验范畴，是以"四大化学"理科实验为基础、具有典型工程特点的实践性教学环节，一般分为技术基础课实验、专业基础实验和专业实验三个主要环节。化工实验与课堂理论教学、习题课和课程设计等教学环节构成一个有机的整体。从专业培养角度看，实验教学是学生将理论应用于实践、培养其科技创新能力的重要环节。通过实验教学，除了巩固化工基本原理外，不仅要提高学生的操作技能及动手能力，而且要帮助学生逐步建立工程思维或工程问题处理方法。具体地讲，要在已有工程概念的基础上，逐步提高工程素质，建立起化工专业"三传一反"的完整知识体系理念；并运用已学专业知识去分析和解决实验中的现象，了解现代化工的发展趋势，在培养科研能力和创新思维的同时，为后继课程特别是毕业论文环节打好基础。

　　本书是配合落实教育部及中国工程院"卓越工程师教育培养计划"方案、以应用型人才培养为目标而编写的一本专业实验课程教材。本书在内容和结构安排上体现"分阶段、交叉式、阶梯化培养学生工程实践和创新能力"的教学理念，强调对学生实验技能、创新思维的锻炼与提升。内容共有8个章节，包括绪论、实验数据误差分析及数据处理、化工基本物理量的测量、化工单元操作实验、单元操作演示实验、单元操作仿真操作、化工基础实验以及化工创新实验。每个实验均附有思考题，各院校可根据各专业实际需要选择教学和实验内容。

　　本书以介绍化工类实验基本知识为基础，根据理论教学课程的不断推进，进行化工单元操作实验、化工基础实验的阐述，并以化工"卓越工程师"试点专业改革为背景，突出能源化工特点，组织化工创新实验，强化产－学－研成果的教学转化，体现能源化工的发展方向和研究动态。本书内容由浅入深，层次分明，便于读者自学。

　　本书由太原理工大学王俊文、张忠林负责统稿，参加编写工作的有：王俊文（第一章、第四章以及第八章的实验七、八、九），张忠林（第三章、第六章及第七章），段东红（第二章、第五章以及第八章的实验五），樊彩梅（第八章的实验一），郝晓刚（第八章的实验二），申峻（第八章的实验三），申迎华（第八章的实验四），梁镇海（第八章的实验六）。全书内容由太原理工大学郝晓刚审校。

在本书编写过程中得到太原理工大学化学化工学院领导的关心和支持，以及化学工程系全体同仁和化工"卓越工程师"试点专业各导师的无私帮助，在此表示诚挚的感谢！同时感谢太原理工大学化工"卓越工程师教育培养计划"试点领导组提出的宝贵意见。

由于时间仓促，本书难免存在不妥之处，敬请读者批评指正。

编　者

2013 年 12 月

# 目　　录

# 第一章　绪　论

为适应 21 世纪科学技术发展的需要,化工类人才培养的总体目标为:专业口径较宽、基础理论知识扎实和工程技术素养较高,能从事化工生产、研究、开发、设计和生产管理,且具有创新精神的高级工程技术人才。

化工实验属于工程实验范畴,是在"四大化学"理科实验基础上,具有典型工程特点的实践性教学环节,可分为技术基础课实验、专业基础实验和专业实验。化工实验与课堂理论教学、习题课和课程设计等教学环节构成一个有机的整体。从专业培养角度看,实验教学是学生将理论应用于实践、培养科技创新能力的重要环节。通过实验教学,学生除了巩固化工基本原理外,不仅要提高操作技能及动手能力,而且要逐步建立工程思维或工程问题处理方法。具体来讲就是:要在已有的工程概念基础上,逐步提高其工程素质,建立起化工专业"三传一反"完整的知识体系理念;并运用已学专业知识去分析和解决实验中的现象,了解现代化工的发展趋势,在培养科研能力和创新思维同时,为后继课程特别是毕业论文环节,打好基础。

1)技术基础课实验

主要针对《化工原理》、《化学工程基础》等课程的各化工单元操作,实验内容与课程讲授较为接近。其目的是在验证基本理论的基础上,锻炼和增强学生的操作技能,建立工程基本概念。

2)专业基础实验

主要针对《化学反应工程》和《化工分离过程》等课程,是工程性较强的设计性、综合性实验。首先,应收集和查阅与实验内容有关的文献资料,制订出实验方案,包括实验的基本原理、实验体系的选择、实验操作方法以及工艺条件等;然后,根据实验方法合理选择操作仪器和准备实验器材等,并自行完成实验现场操作;最后,根据实验结论,写出设计性实验报告或撰写一篇小学术论文,对实验整体过程予以分析和总结。其目的是在增强学生工程素质和科研创新能力的同时,逐步提高其科技信息获取以及计算机技术应用等方面的实践能力。

3)专业实验

主要针对《化工工艺学》以及其他专业选修课程,是与实际生产相接近的工程设计性和综合性实验。其反应体系较为复杂,工艺流程和实验操作步骤较多,且代表学科的发展趋势,是实验教学的最后阶段。其目的在于培养综合能力,了解学科的发展方向,建立起化工过程"三传一反"的完整知识体系。

长期以来,化工实验常以验证课堂理论为主,教学安排上也仅作为课堂理论教学的一部分。近 20 年来,由于化学工程、石油化工、生物工程的飞跃发展,新材料的研制、新能源的利用以及高新科技产品的开发都对化工过程与设备的研究提出了更高的要求,新型高效率、低能耗化工设备的研究也更为迫切。为适应新形势的要求,加强学生实践环节的教育,将化工实验全部单独设课成为教学改革的方向和要求。为此,近10年来,我们实施了一系列实验教学改革:首先,进行了实验教学大纲的重新修订和教学内容的整合和优化;其次,将化工单元操作相关实践内容作为化工原理(二)单独设课;随后,将原化工专业实验分为化工基础实验和化工工艺实验两部分,扩大实验教学学时,由原来的30学时扩大为40学时;最后,以化工专业"卓越工程师"培养计划为指引,以学科发展和研究动态为方向,通过产-学-研相结合,进行了化工创新实验部分的整理和编写。通过近10年的教学改革,调动了学生学习的积极性,学生的潜能得到充分发挥,其工程素质大大提高。

# 第一节　实验教学目的和要求

## 一、化工实验教学目的

为提高实验课教学质量,我们在调整理论课教学内容的同时,在原讲义《化工单元操作实验》和《化工基础实验技术》的基础上,编写了新的实验课教材——《化工基础与创新实验》,增加化工创新实验部分,基本构成了化工"三传一反"的实验教学体系。按照实验课教学大纲的基本要求,针对学生普遍存在的实践薄弱环节,在内容编排上,从以下几个方面进行了考虑:

**1. 巩固和深化课堂所学的理论**

根据全国高校化工教学指导委员会的要求和规定,从实验目的、实验原理、装置流程、数据处理等方面,组织各实验内容。通过实验可进一步学习、掌握和运用学过的基础理论,加深对化工实验的理解,巩固和深化所学的理论知识。例如,离心泵特性曲线测定实验使学生进一步了解离心泵性能和管路性能的各种影响因素,帮助学生理解从教科书本上较难弄懂的概念。

**2. 培养基本的实验技能和科研能力**

对于化工类专业来说,化工实验之前有物理、化学、物化等基础实验,其后有专业课程设计和毕业论文等教学环节。而从教学角度看,应从纵的方向培养和提高学生的实验创新能力,具体包括:

(1)为了完成一定的研究课题,设计实验方案的能力;

(2)实验过程中,观察和分析实验现象的能力;

(3)正确选择和使用测量仪表的能力;

(4)根据实验的原始数据进行数据处理,获得实验结果的能力;

(5)运用文字、图表等撰写技术报告的能力。

上述能力是科学研究的基础,学生只有通过反复训练才能掌握。化工类专业实验往往规模较大,接近工程实际,为多因子影响的综合实验。所以,学生经过实验课可初步奠定和增强工程素质,将来参加实际工作后,就可独立地设计和操作新实验,完成科研和技术开发的任务。

**3. 培养严肃认真的科学作风**

通过误差分析及数据处理,使学生严肃对待参数测量、取样等各个环节,注意观察实验中的各种现象,运用所学的理论去分析实验装置结构、操作等对测量结果的影响,严格遵守操作规程,集中精力进行观察、记录和思考。掌握数据处理方法,分析和归纳实验数据,实事求是地得出实验结论,通过与理论比较,提出自己的见解,分析误差的性质及影响程度。培养学生严肃认真的学习态度和实事求是的科学精神,为将来从事科学研究和解决工程实践问题奠定基础。

**4.丰富化学工程的实际知识**

在化工、材料、能源等工业生产和实验研究中,经常测量的物理量有温度、压力、流量等,要保证测量值达到所要求的精度,必然涉及到测量技术问题。掌握常用测试仪器的基本原理和使用方法,不仅可以解决这一问题,还可丰富学生的实践知识。同时,化学工程类实验不同于普通化学实验,为了安全成功地完成实验,除单个实验的特殊要求以外,学生必须具备和遵守一定的安全知识和注意事项,例如:泵、风机的启动,高压钢瓶的安全使用,化学药品的使用和防护措施等。

总之,化工实验教学的目的着重于实践能力和解决实际问题能力的培养。这种能力的培养是理论学习所无法替代的。

## 二、化工实验教学要求

对于学生来说,化工实验是第一次接触到的工程类实验。学生往往感到陌生、恐惧或无法下手;有的学生又因为是几个同学在一个小组而存在依赖心理。为了切实取得教学效果,要求每个学生必须做到以下几点。

**1.提前预习环节**

(1)认真阅读实验教材,复习理论教学的有关内容。清楚掌握实验项目的要求、实验所依据的原理、实验操作步骤及所需测量的参数。熟悉实验所用测量仪表的使用方法,掌握其操作规程和安全注意事项。

(2)到实验室现场熟悉实验设备及其工艺流程,摸清测试点和控制点位置。确定操作程序、所测参数项目、所测参数单位及所测数据点如何分布等。

(3)具有 CAI—计算机辅助教学手段时,学生应进行计算机仿真练习。通过计算机仿真练习,熟悉各个实验的操作步骤和注意事项,以增强实验效果。

(4)在预习和计算机仿真练习基础上,写出实验预习报告。预习报告的内容包括实验目的、原理、工艺流程、操作要点、注意事项等。准备好原始数据记录表格,并标明各参数的单位。

(5)特别要考虑操作中哪些设备或哪个步骤会产生危险,应如何进行避免和防护,以保证实验过程中人身和设备的安全。

必须强调的是:不预习者不准进行实验现场的实际操作;预习报告未经指导教师检查通过,也不可现场操作实验。

**2.现场操作环节**

实验开始前,小组成员应根据分工的不同,明确要求,以便实验中协调工作。

设备启动前必须完成装置检查,使其设备处于启动状态;然后再进行送电、通水或蒸汽等启动操作。

(1)现场操作是动手动脑的重要过程,一定要严格按操作规程进行。安排好测量范围、测量点数目、测量点的疏密分布等。

（2）实验进行过程中，操作要认真、细心和平稳。

详细观察所发生的各种现象，记录在记录本上，例如精馏实验中筛板塔的气－液流动状态的变化等，有助于对过程的分析和理解。对实验的数据要判别其合理性，如果遇到实验数据重复性差或规律性差等情况，应首先分析实验中存在的问题，找出其原因并进行解决。实验数据要记录在准备好的表格内。实验有异常现象，应及时向指导教师反映。

实验数据的记录应仔细认真、整齐清楚。① 记录数据应是原始数据的直接读取，不要经过计算后记录。例如，U 型压差计的两端液柱高度差，应分别读取 U 型液柱左右两边的直接数值，不应计算或记录液柱的差值。② 对稳定的操作过程，在改变操作条件后，一定要等待达到新的稳定状态，方可读取数据；对于连续的非稳态操作，要在实验前充分熟悉，并计划好记录的位置或时刻等，如过滤实验中的滤液体积 $V$ 和过滤时间 $t$ 等。③ 根据测量仪表的精度，正确读取有效数字，最后一位是带有读数误差的估计值，在测量时应进行估值，便于对系统进行合理的误差分析。④ 对待实验数据应以科学态度，不能凭主观臆测随意修改记录，也不能随意弃舍数据。对于可疑数据，除有明显的原因外（如读错，误记等），一般应在数据处理时检查、处理。⑤ 记录数据应书写清楚，字迹工整。记错的数字应划掉，不要涂改，以免造成误读或看不清。要注意保存原始数据，以便检查核对。

学生应注意培养自己严谨的科学作风，养成良好的习惯。

（3）实验结束后，整理好原始数据，将实验设备和仪表恢复原状，切断电源，清扫实验设备及周围场地的卫生。等指导教师签字或允许后，方可离开实验室。

**3. 工作总结环节**

实验报告是对实验进行的全面总结，作为一份技术文件，是技术部门对实验结果进行评估的文字材料。实验报告必须写得简明、数据完整、结论明确，有讨论、有分析，得出的公式或图表有明确的使用条件或坐标等。撰写实验报告的能力需要经过严格训练，为今后写好研究技术报告和科学论文打下基础。因此要求学生独立完成此项工作。

实验报告包括以下内容：

（1）实验时间、报告人（专业和班级）、同组者姓名等。

（2）实验名称、实验目的与要求等。

（3）实验的基本原理。

（4）实验装置简介、流程图及主要设备的类型和规格。

（5）实验操作的主要步骤或注意事项。

（6）原始数据记录表格。

（7）实验数据的整理。实验数据的整理就是把实验数据通过归纳、计算等方法整理出一定的关系（或结论）的过程。应有计算过程举例，即以一组数据为例，从头到尾把计算过程一步一步写清楚。

（8）将实验结果用图示法、列表法或方程表示法等进行归纳，得出结论。

（9）对实验结果及出现的问题进行分析和讨论。

（10）参考文献。

实验报告必须力求简明、书写工整、文字通顺、数据完全、结论明确。图表的绘制必须用直尺、曲线板或计算机数据处理。实验报告应采用学校统一印制的实验报告纸编写。

报告应在指定时间交给指导老师批阅。

# 第二节　实验室操作基本知识

化工实验与一般化学实验比较起来,有共同点,也有其自身的特殊性。为了安全成功地完成实验,除了每个实验的特殊要求外,在这里列出一些化工实验中必须遵守的注意事项和一些必须具备的安全知识。

## 一、化工实验注意事项

**1. 设备启动前必须检查**

（1）泵、风机、压缩机、电机等转动设备,用手使其运转,从感觉及声响上判别有无异常;检查润滑油位是否正常。

（2）设备上各阀门的开、关状态。

（3）接入设备的仪表开、关状态。

（4）拥有的安全措施,如防护罩、绝缘垫、隔热层等。

**2. 仪器仪表使用前必须做到**

（1）掌握原理与结构。

（2）熟悉连接方法与操作步骤。

（3）分清量程范围,掌握正确的读数方法。

（4）接入电路前必须经指导教师检查。

**3. 操作过程中注意分工配合**

小组成员应严守自己的岗位,精心操作。关心和注意实验的进行,随时观察仪表指示值的变动,保证操作过程在稳定条件下进行。产生不合规律的现象,要及时提出和反映,分析其原因,不要轻易放过。

**4. 操作过程中设备及仪表问题处理**

设备及仪表发生问题时,应立即按停车步骤停车,及时上报指导教师。学生应自己分析原因,供教师参考。未经教师同意不得自行处理。在教师处理问题时,学生应了解其过程,这是学习分析问题与处理问题的好机会。

**5. 实验结束时设备关闭**

实验结束时,应先将有关的热源、水源、气源、仪表的阀门或电源关闭,然后再切断电机电源。

**6. 化工实验要特别注意安全**

实验前要清楚知道总电闸的位置以及灭火器材的安放地点。

## 二、化工材料安全知识

为了确保人身和设备的安全,从事化工实验的实验者必须具备以下安全知识。

**1. 危险药品分类**

实验室常用的危险品必须合理地分类存放。易燃物品不能与氧化剂放在一起,以免发生着火燃烧的危险。对不同危险的药品,在选择灭火剂时,必须针对药品进行选用,否则不仅不能取得预期效果,反而会引起其他的危险。例如:着火处有金属钾、钠存放,不能用水进行灭火,因为水与金属钾、钠等剧烈反应,会发生爆炸,十分危险;轻质油类着火时,不能用水灭火,否则会使火灾蔓延;若着火处有氰化钾,则不能使用泡沫灭火剂,因为灭火剂中的酸与氰化钾反应生成剧毒的氰化氢。因此了解危险品性质与分类十分必要。

危险药品大致分为下列几种类型:

(1)爆炸性物品,例如硝酸铵(硝铵炸药的主要成分)、雷酸盐、重氮盐、三硝基甲苯(TNT)和其他含有三个硝基以上的有机化合物等,对热和机械作用(研磨、撞击等)很敏感,爆炸威力很强,特别是干燥的爆炸物爆炸时威力更强。

(2)氧化剂,例如高氯酸盐、过氧化物、过硫酸盐、高锰酸盐、重铬酸盐、硝酸盐等,本身不能燃烧,但在受热、受阳光直晒或与其他药品(酸、水等)作用时,能产生氧,起助燃作用并造成猛烈燃烧。强氧化剂与还原剂或有机药品混合后,因摩擦、撞击会发生爆炸,如氯酸钾与硫混合可因撞击而爆炸。

(3)自燃物品,例如硝化纤维、黄磷等,在空气中能因逐渐氧化而自燃,如果热量不能及时散失,温度会逐渐升高到该物品的燃点,发生燃烧。自燃物品不应在实验室内堆放。

(4)遇水燃烧物(钾、钠、钙等轻金属),因遇水时能产生氢和大量的热,以至发生爆炸。电石遇水能产生乙炔和大量的热,即使冷却有时也能着火,甚至会引起爆炸。

(5)易燃液体和可燃气体,容易挥发和燃烧,达到一定浓度遇明火即着火。若在密封容器内着火,甚至会造成容器超压破裂而爆炸。易燃液体的蒸汽一般比空气重,当它们在空气中挥发时,常常在低处或地面上漂浮。因此,可能在距离存放这种液体的地面相当远的地方着火,着火后容易蔓延并回传,引燃容器中的液体。所以使用这种物品时必须严禁明火、远离电热设备和其他热源,更不能同其他危险品放在一起,以免引起更大危害。

(6)易燃固体,例如松香、石蜡、硫、镁粉、铝粉等,若以粉尘悬浮物分散在空气中,达到一定浓度时,遇有明火就可能发生爆炸。

(7)毒害性物品,如汞、钡盐、农药等,根据对人身的危害程度分为剧毒药品(氰化钾、砒霜等)和有毒药品(农药)。实验室所用毒品应有专人管理,建立保存与使用档案。

(8)腐蚀性物品,如硫酸、盐酸、硝酸、氢氟酸、苯酚、氢氧化钾、氢氧化钠等,对皮肤和衣物都有腐蚀作用。特别在浓度和温度较高的情况下,作用更甚。使用时应防止与人体(特别是眼睛)和衣物直接接触。灭火时也要考虑是否有这类物质存在,以便采取适当措施。

(9)压缩气体与液化气体的使用和操作有一定要求,有关内容在高压钢瓶的安全使用一节中专门介绍。

**2. 安全使用危险药品**

实验用的毒品必须按规定手续领用与保管。剧毒品要登记注册,并有专人管理。使用后的废液必须妥善处理,不允许倒入下水道中。凡是产生有害气体的实验操作,必须在通风橱内进行。但应注意不能使毒品洒落在实验台或地面上,一旦洒落必须彻底清理干净。

有污染性物质的操作必须在规定的防护装置内进行。违反规程造成他人人身伤害应负法律责任。实验室内防毒防污染的操作往往离不开防毒面具、防护罩及其他的工具,在此不一一介绍。

危险性物品在实验前应结合实验具体情况,制定出安全操作规程。在进行蒸馏易燃液体、有机物品或在高压釜内进行液相反应时,加料的数量绝不允许超过容器的2/3。对沸点低的易燃有机物品蒸馏时,不应使用直接明火加热,也不能加热过快,致使急剧汽化而冲开瓶塞,引起火灾或造成爆炸。

在化工实验中,压差计中的水银往往被人们所忽视。水银是一种累计性的毒物,水银进入人体不易被排除,累计多了就会中毒。一旦水银冲洒出压差计,一定尽可能地将它收集起来。对于无法收集的细小颗粒,要用硫磺粉和氯化铁溶液覆盖。因为细粒水银蒸发面积大,易于蒸发汽化,不能采用扫帚一扫或用水一冲的自欺欺人办法。

绝不允许实验室内任何容器作食具,也不准在实验室内吃食品。实验完毕必须多次洗手,确保人身安全。

**3. 易燃物品的安全使用**

任何一种可燃气体在空气中构成爆炸性混合气体时,该气体所占的最低体积百分比称爆炸下限;该气体所占的最高体积百分比称爆炸上限。在下限与上限之间称爆炸范围。体积比超过上限的混合气,遇明火会发生燃烧,还会爆炸。例如甲苯蒸汽在空气中的浓度为 1.2% ~ 1.7% 时,就构成爆炸性的混合气体,在这个温度范围遇明火(火红的热表面、火花等各种火源)即发生爆炸。当气体在空气中所占的体积比逐渐升高或降低,浓度由爆炸限以外进入爆炸限以内,会突然发生爆炸。

对于具有爆炸性的混合气体,若认真严格按照安全规程操作,是不会有危险的。构成爆炸应具备两个条件:①可燃物在空气中的浓度落在爆炸限范围内;②有明火存在。在配气时,必须严格控制。使用可燃气体时,必须在系统中充氮吹扫空气,同时还必须保证装置严密不漏气。实验室要保证有良好通风,并禁止在室内有明火和敞开式的电热设备等。此外,应注意某些剧烈的放热反应操作,避免引起自燃或爆炸。总之,只要严格掌握和遵守有关安全操作规程就不会发生事故。

## 三、高压钢瓶的安全使用

在化工实验中,另一类需要引起特别注意的东西,就是各种高压气体。化工实验中所用的气体大体可分为两类:一类是具有刺激性的气体,如氨、二氧化硫等,这类气体的泄露一般容易被发觉;另一类是无色无味,但有毒性且易燃、易爆的气体,如一氧化碳等,不仅易中毒,且在室温下空气中易爆炸,其爆炸范围为 12% ~ 74%。

高压钢瓶是一种贮存各种压缩气体或液化气体的高压容器。钢瓶容积一般为 40 ~ 60L,最高工作压力多为 15MPa,最低也在 0.6MPa 以上。瓶内压力很高,贮存的气体可能有毒或易燃易爆,故应掌握气瓶的构造特点和安全知识,以确保安全。

气瓶主要由筒体和瓶阀构成,其他附件还有保护瓶阀的安全帽、开启瓶阀的手轮以及运输过程减少震动的橡胶圈。在使用时,瓶阀口还要连接减压阀和压力表。

标准高压气瓶是按国家标准制造的,并经有关部门严格检验方可使用。各种气瓶使用过程中,还必须定期送有关部门进行水压试验。经过检验合格的气瓶,在瓶肩上用钢印打上下列资料:

(1) 制造厂家;

（2）制造日期；

（3）气瓶型号和编号；

（4）气瓶重量；

（5）气瓶容积；

（6）工作压力；

（7）水压试验压力，水压试验日期和下次试验日期。

各类气瓶的表面都应涂上一定的颜色的油漆，其目的不仅是为了防锈，主要是能从颜色上迅速辨别钢瓶中所贮存气体的种类，以免混淆。常用的各类气瓶的颜色及其标识如表1-1所列。

表1-1　常用的各类气瓶的颜色及其标识

| 气体种类 | 工作压力/MPa | 水压试验压力/MPa | 气瓶颜色 | 文　字 | 文字颜色 | 阀门出口螺纹 |
|---|---|---|---|---|---|---|
| 氧 | 15 | 22.5 | 浅蓝色 | 氧 | 黑色 | 正扣 |
| 氢 | 15 | 22.5 | 暗绿色 | 氢 | 红色 | 反扣 |
| 氮 | 15 | 22.5 | 黑色 | 氮 | 黄色 | 正扣 |
| 氩 | 15 | 22.5 | 棕色 | 氩 | 白色 | 正扣 |
| 压缩空气 | 15 | 22.5 | 黑色 | 压缩空气 | 白色 | 正扣 |
| 二氧化碳 | 12.5（液） | 19 | 黑色 | 二氧化碳 | 黄色 | 正扣 |
| 氨 | 3（液） | 6 | 黄色 | 氨 | 黑色 | 正扣 |
| 氯 | 3（液） | 6 | 草绿色 | 氯 | 白色 | 正扣 |
| 乙炔 | 3（液） | 6 | 白色 | 乙炔 | 红色 | 反扣 |
| 二氧化硫 | 0.6（液） | 1.2 | 黑色 | 二氧化硫 | 白色 | 正扣 |

为了确保安全，在使用钢瓶时，一定要注意以下几点：

（1）当气瓶受到明火或阳光等热辐射的作用时，气体因受热而膨胀，使瓶内压力增大。当压力超过工作压力时，就有可能发生爆炸。因此，在钢瓶运输、保存和使用时，应远离热源（明火、暖气、炉子等），并避免长期在日光下爆晒，尤其在夏天更应注意。

（2）气瓶即使在常温下受到猛烈撞击，或不小心将其碰倒跌落，都有可能引起爆炸。钢瓶在运输过程中，要轻搬轻放，避免跌落撞击，使用时要固定牢靠，防止碰倒，更不允许用锥子、搬手等金属器具敲打钢瓶。

（3）瓶阀是钢瓶的关键部件，必须进行保护，否则将会发生事故。

① 若瓶内存放的是氧、氢、二氧化碳和二氧化硫等，瓶阀的材料可为铜和钢。当瓶内存放的是氨时，瓶阀及减压阀等的材料须用钢，以防腐蚀。② 使用钢瓶时，必须用专用的减压阀和压力表。尤其是氢气和氧气不能互换，为了防止氢和氧两类气体的减压阀混用造成事故，氢气表和氧气表的表盘上都注明有氢气表和氧气表的字样。氢气及其他可燃气体瓶阀及其减压阀的连接管为左旋螺纹；而氧气等不可燃烧气体瓶阀及其连接管为右旋螺纹。③ 氧气瓶阀严谨接触油脂。因为高压氧气与油脂相遇，会引起燃烧，以至爆炸。开关氧气瓶时，切莫用带油污的手和搬手。④ 要注意保护瓶阀。开关瓶阀时，一定要搞

清楚方向后缓慢转动,旋转方向错误和用力过猛会使螺纹受损,可能冲脱而出,造成重大事故。关闭瓶阀时,不漏气即可,不要关得过紧。使用完毕和搬运时,一定要安上保护瓶阀的安全帽。⑤ 当瓶阀发生故障时,应立即报告指导教师。严禁擅自拆卸瓶阀上的任何零件。

（4）当钢瓶安装好减压阀和连接管线后,每次使用前都要在瓶阀附近用肥皂水检查,确认不漏气才能使用。对于有毒或易燃易爆气体的气瓶。除了保证严密不漏外,最好单独放置在远离实验室的小屋里。

（5）钢瓶中气体不要全部用净。一般钢瓶使用到压力为 0.5MPa 时,应停止使用。因为压力过低会给充气带来不安全因素,当钢瓶内压力与外界大气压力相同时,会造成空气的进入。对危险气体来说,由于上述情况在充气时发生爆炸事故已有许多教训。乙炔钢瓶规定剩余压力与室温有关,如表 1-2 所列。

表 1-2  乙炔钢瓶的剩余压力与室温关系

| 室温/℃ | < -5 | -5 ~ 5 | 5 ~ 15 | 15 ~ 25 | 25 ~ 35 |
|---|---|---|---|---|---|
| 余压/MPa | 0.05 | 0.1 | 0.15 | 0.2 | 0.3 |

（6）气瓶必须严格按期检验。

### 四、实验室消防

实验操作人员必须了解消防知识。实验室内应准备一定数量的消防器材。工作人员应熟悉消防器材的存放位置和使用方法,绝不允许将消防器材移作他用。实验室常用的消防器材包括以下几种。

**1. 火砂箱**

易燃液体和其他不能用水灭火的危险品,着火时可用砂子来扑灭。潮湿的砂子遇火后因水分蒸发,致使燃着的液体飞溅。这种灭火工具只能扑灭局部小规模的火源。

**2. 石棉布、毛毡或湿布**

这些器材适于迅速扑灭火源区域不大的火灾,也是扑灭衣服着火的常用方法。

**3. 泡沫灭火器**

实验室多用手提式泡沫灭火器。它的外壳用薄钢板制成。内有一个玻璃胆,其中盛有硫酸铝。胆外装有碳酸氢钠溶液和发泡剂(甘草精)。使用时将灭火器倒置,马上有化学反应生成含 $CO_2$ 的泡沫。此泡沫粘附在燃烧物表面上,形成与空气隔绝的薄层而达到灭火目的。它适用于扑灭实验室的一般火灾。泡沫本身是导电的,不能用于扑灭电线和电器设备火灾。

**4. 四氯化碳灭火器**

该灭火器是在钢筒内装有 $CCl_4$ 并压入 0.7MPa 的空气,使灭火器具有一定的压力。使用时将灭火器倒置,旋开手阀喷出 $CCl_4$。其蒸汽比空气重,能覆盖在燃烧物表面与空气隔绝而灭火。它适用于扑灭电器设备的火灾。因 $CCl_4$ 有毒,使用时要站在上风侧。室内灭火后应打开门窗通风一段时间,以免中毒。

**5. 二氧化碳灭火器**

使用时,旋开手阀,$CO_2$ 就能急剧喷出,使燃烧雾与空气隔绝,同时降低空气中含氧量。当空气中含有 12% ~ 15% 的二氧化碳时,燃烧即停止。但使用时要注意防止现场人员窒息。

**6. 其他灭火剂**

干粉灭火剂可扑灭易燃液体、气体、带电设备引起的火灾。

# 第三节　实验室安全用电

## 一、保护接地和保护接零

在正常情况下电器设备的金属外壳是不导电的,但设备内部的某些绝缘材料若损坏,金属外壳就会导电。当人体接触到带电的金属外壳或带电的导线时,就会有电流流过人体。带电体电压越高,流过人体的电流就越大,对人体的伤害也越大。当大于 10mA 的交流电或大于 50mA 的直流电流过人体时,就可能危及生命安全。我国规定 36V(50Hz)的交流电是安全电压。超过安全电压的用电就必须注意用电安全,防止触电事故。

为防止发生触电事故,要经常检查实验室用的电器设备,检查是否有漏电现象。同时要检查用电导线有无裸露和电器设备是否有保护接地或保护接零措施。

**1. 设备漏电测试**

检查带电设备是否漏电,使用试电笔最为方便。它是一种测试导线和电器设备是否带电的常用电工工具,由笔端金属体、电阻、氖管、弹簧和笔端金属体组成。大多数试电笔将笔尖做成改锥形式。如果把试电笔笔头金属体与带电体(如相线)接触,笔尾金属端与人的手部接触,那么氖管就会发光,而人体并无不适感觉。氖管发光说明被测物带电,这样可及时发现电器设备有无漏电。一般使用前要在带电的导线上预测,以检查试电笔是否正常。

用试电笔检查漏电,只是定性的检查,欲知电器设备外壳漏电的程度还必须用其他仪表检测。

**2. 保护接地**

保护接地是用一根足够粗的导线,一端接在设备的金属外壳上,另一端接在接地体上(专门埋在地下的金属体),与大地连成一体。一旦发生漏电,电流通过接地导线流入大地,降低外壳对地电压。当人体触及外壳时,流入人体电流很小而不致触电。电器设备接地的电阻越小则越安全。如果电路有保护熔断丝,会因漏电产生电流而使保护熔断丝熔化并自动切断电压。一般的实验室用电已较少采用这种接地方式,大部分用保护接零的方法。

**3. 保护接零**

保护接零是把电器设备的金属外壳接到供电线路系统中的中性线上,而不需专设接地线和大地相连。这样,当电器设备因绝缘损坏破壳时,相线(即火线)、电器设备的金属外壳和中性线就形成一个"单相短路"的电路。由于中性线电阻很小,短路电流很大,会使保护开关动作或使电路保护熔断丝断开,切断电源,消除触电危险。

在保护接零系统内,不应再设置外壳接地的保护方法。因为漏电时,可能由于接地电阻比接零电阻大,致使保护开关或熔断丝不能及时熔断,造成电源中性点电位升高,使所有接零的电器设备外壳都带电,反而增加了危险。

保护接零是由供电系统中性点接地所决定的。对中性点接地的供电系统采用保护接零是既方便又安全的办法。但保证用电安全的根本方法是电器设备绝缘性良好,不发生漏电现象。因此,注意检测设备的绝缘性能是防止漏电造成触电事故的最好方法。

设备绝缘情况应经常进行检查。

## 二、实验室用电的导线选择

实验室用电或实验流程中的电路配线,设计者要提出导线规格,有些流程要亲自安装,如果导线选择不当就会在使用中造成危险。导线种类很多,不同导线和不同配线条件下都有安全载流值规定,在有关手册中可以查到。表1-3列举了塑料和橡胶绝缘电线的安全载流值,供配线时参考。

表1-3 塑料绝缘电线和橡胶电线(铜、铝)安全载流量(A)

| 标称截面/mm² | 塑料绝缘线 | | | | | | | | | | | |
| | 明线敷设 | | 穿管敷设 | | | | | | 护管线 | | | |
| | | | 二根 | | 三根 | | 四根 | | 二芯 | | 三及四芯 | |
| | 铜 | 铝 | 铜 | 铝 | 铜 | 铝 | 铜 | 铝 | 铜 | 铝 | 铜 | 铝 |
| 0.2 | 3 | | | | | | | | 3 | | 2 | |
| 0.3 | 5 | | | | | | | | 4.5 | | 3 | |
| 0.4 | 7 | | | | | | | | 7.5 | | 5 | |
| 0.5 | 8 | | | | | | | | 8.5 | | 6 | |
| 0.6 | 10 | | | | | | | | 8.5 | | 6 | |
| 0.7 | 12 | | | | | | | | 10 | | 8 | |
| 0.8 | 15 | | | | | | | | 11.5 | | 10 | |
| 1 | 18 | | 15 | | 14 | | 13 | | 14 | | 11 | |
| 1.5 | 22 | 17 | 18 | 13 | 16 | 12 | 15 | 11 | 18 | 14 | 12 | 10 |
| 2 | 26 | 20 | 20 | 15 | 17 | 13 | 16 | 12 | 20 | 16 | 14 | 12 |
| 2.5 | 30 | 23 | 26 | 20 | 25 | 19 | 23 | 17 | 22 | 19 | 19 | 15 |
| 3 | 32 | 24 | 29 | 22 | 27 | 20 | 25 | 19 | 25 | 22 | 22 | 17 |
| 4 | 40 | 30 | 38 | 29 | 33 | 25 | 30 | 23 | 33 | 25 | 25 | 20 |
| 5 | 45 | 34 | 42 | 31 | 37 | 28 | 34 | 25 | 37 | 28 | 28 | 22 |
| 6 | 50 | 39 | 44 | 34 | 41 | 31 | 37 | 28 | 41 | 31 | 31 | 24 |
| 8 | 63 | 48 | 56 | 43 | 49 | 39 | 43 | 34 | 51 | 40 | 40 | 30 |
| 10 | 75 | 55 | 68 | 51 | 56 | 42 | 49 | 37 | 63 | 48 | 48 | 37 |

| 标称截面 /mm² | 橡胶绝缘线 | | | | | | | | | | | |
| --- | --- | --- | --- | --- | --- | --- | --- | --- | --- | --- | --- | --- |
| | 明线敷设 | | 穿管敷设 | | | | | | 护管线 | | | |
| | | | 二根 | | 三根 | | 四根 | | 二芯 | | 三及四芯 | |
| | 铜 | 铝 | 铜 | 铝 | 铜 | 铝 | 铜 | 铝 | 铜 | 铝 | 铜 | 铝 |
| 0.2 | | | | | | | | | 3 | | 2 | |
| 0.3 | | | | | | | | | 4 | | 3 | |
| 0.4 | | | | | | | | | 5.5 | | 3.5 | |
| 0.5 | | | | | | | | | 7 | | 4.5 | |
| 0.6 | | | | | | | | | 8 | | 5.5 | |
| 0.7 | | | | | | | | | 9 | | 7.5 | |
| 0.8 | | | | | | | | | 10.5 | | 9 | |
| 1 | 17 | | 14 | | 13 | | 12 | | 12 | | 10 | |
| 1.5 | 20 | 15 | 16 | 12 | 15 | 11 | 14 | 10 | 15 | 12 | 11 | 8 |
| 2 | 24 | 18 | 18 | 14 | 16 | 12 | 15 | 11 | 17 | 15 | 12 | 10 |
| 2.5 | 28 | 21 | 24 | 18 | 23 | 17 | 21 | 16 | 19 | 16 | 16 | 13 |
| 3 | 30 | 22 | 27 | 20 | 25 | 18 | 23 | 17 | 21 | 18 | 19 | 14 |
| 4 | 37 | 28 | 35 | 26 | 30 | 23 | 27 | 21 | 28 | 21 | 21 | 17 |
| 5 | 41 | 31 | 39 | 28 | 34 | 28 | 30 | 23 | 33 | 24 | 24 | 19 |
| 6 | 46 | 36 | 40 | 31 | 38 | 29 | 34 | 26 | 35 | 26 | 26 | 21 |
| 8 | 58 | 44 | 50 | 40 | 45 | 36 | 40 | 31 | 44 | 33 | 34 | 26 |
| 10 | 69 | 51 | 63 | 47 | 50 | 39 | 45 | 34 | 54 | 41 | 41 | 32 |

在实验时,应考虑电源导线的安全载流量,不能任意增加负载而导致电源导线发热造成火灾或短路的事故。合理配线的同时还应注意保护熔断丝选配得当,不能过大也不应过小。过大会失去保护作用;过小则在正常负荷下会熔断而影响工作。熔断丝的选择要根据负载情况而定,可参看有关电工手册。

### 三、实验室安全用电注意事项

化工实验中电器设备较多,某些设备的电负荷也较大。在接通电源之前,必须认真检查电器设备和电路是否符合规定要求,对于直流电设备应检查正负极是否接对。必须搞清楚整套实验装置的启动和停车操作顺序,以及紧急停车的方法。注意安全用电极为重要,对电器设备必须采取安全措施。操作者必须严格遵守下列操作规定:

（1）进行实验之前必须了解室内总电闸与分电闸的位置,以便出现用电事故时及时切断各电源。

（2）电器设备维修时必须停电作业。

（3）带金属外壳的电器设备都应该保护接零,定期检查是否联结良好。

（4）导线的接头应紧密牢固。接触电阻要小。裸露的接头部分必须用绝缘胶布包好,或者用绝缘管套好。

（5）所有的电器设备在带电时不能用湿布擦拭，更不能有水落于其上。电器设备要保持干燥清洁。

（6）电源或电器设备上的保护熔断丝或保险管，都应按规定电流标准使用。严禁私自加粗保险丝，严禁用铜或铝丝代替保险丝。当熔断保险丝后，一定要查找原因，消除隐患，而后再换上新的保险丝。

（7）电热设备不能直接放在木制实验台上使用，必须用隔热材料垫架，以防引起火灾。

（8）发生停电现象必须切断所有的电闸，防止操作人员离开现场后，因突然供电而导致电器设备在无人监视下运行。

（9）合闸动作要快，要合得牢。合闸后若发现异常声音或气味，应立即拉闸，进行检查。如发现保险丝熔断，应立刻检查带电设备上是否有问题，切忌不经检查就换上熔断丝或保险管再次合闸，这样会造成设备损坏。

（10）离开实验室前，必须把分管本实验室的总电闸拉下。

# 第二章　实验数据误差分析与数据处理

## 第一节　实验数据的误差分析

实验中,由于实验方法和实验设备的不完善,周围环境的影响,以及人的观察力、测量仪器、测量方法等限制,实验观测值和真值之间总是存在一定的差异。人们常用绝对误差、相对误差或有效数字,来说明一个观测值的准确程度。为了评定实验数据的精确性或误差,认清误差的来源及其影响,需要对实验的误差进行分析和讨论,由此可以判定哪些因素是影响实验精确度的主要方面,从而在以后实验中,进一步改进实验方案,缩小实验观测值和真值之间的差值,提高实验的精确性。

### 一、误差的基本概念

测量就是用实验的方法,将被测物理量与所选用作为标准的同类量进行比较,从而确定被测物理量的大小,它是人类认识事物本质所不可缺少的手段。测量和实验能使人们获得对事物的定量概念和发现事物的规律性。科学上很多新的发现和突破都是以实验测量为基础的。

#### 1. 真值与平均值

真值是待测物理量客观存在的确定值,也称理论值或定义值。由于受测量方法、测量仪器、测量条件以及观测者水平等多种因素的限制,通常真值是无法测得的,只能获得该物理量的近似值。若在实验中,测量的次数无限多时,根据误差的分布定律,正负误差的出现几率相等,再经过细致地消除系统误差,将测量值加以平均,可以获得非常接近于真值的数值。但是实际上实验测量的次数总是有限的,用有限测量值求得的平均值只能是近似真值。常用的平均值有下列几种:

1）算术平均值

算术平均值是最常见的一种平均值。设 $x_1$、$x_2$、……、$x_n$ 为各次测量值,$n$ 代表测量次数,则算术平均值为

$$\bar{x} = \frac{x_1 + x_2 + \cdots + x_n}{n} = \frac{\sum\limits_{i=1}^{n} x_i}{n} \qquad (2-1)$$

2）几何平均值

几何平均值是将一组 $n$ 个测量值连乘并开 $n$ 次方求得的平均值,即

$$\bar{x}_{几} = \sqrt[n]{x_1 \cdot x_2 \cdots x_n} \qquad (2-2)$$

3）均方根平均值

$$\bar{x}_{均} = \sqrt{\frac{x_1^2 + x_2^2 + \cdots + x_n^2}{n}} = \sqrt{\frac{\sum\limits_{i=1}^{n} x_i^2}{n}} \qquad (2-3)$$

4）对数平均值

在化学反应、热量和质量传递中,其分布曲线多具有对数的特性,在这种情况下表征平均值常用对数平均值,即

$$\bar{x}_{对} = \frac{x_1 - x_2}{\ln x_1 - \ln x_2} = \frac{x_1 - x_2}{\ln \dfrac{x_1}{x_2}} \qquad (2-4)$$

应指出,变量的对数平均值总小于算术平均值。当 $x_1/x_2 \leqslant 2$ 时,可以用算术平均值代替对数平均值。当 $x_1/x_2 = 2$ 时, $\bar{x}_{对} = 1.443$ , $\bar{x} = 1.50$ , $(\bar{x}_{对} - \bar{x})/\bar{x}_{对} = 4.2\%$ ,即 $x_1/x_2 \leqslant 2$ 时引起的误差不超过 4.2%。

以上介绍各平均值的目的是要从一组测量值中找出最接近真值的那个值。在化工实验和科学研究中,数据的分布较多属于正态分布,所以通常采用算术平均值。

**2. 误差的分类**

误差即观测值与真值之间的差异。根据误差的性质和产生的原因,一般分为三类:

1）系统误差

系统误差是指在测量和实验中未发觉或未确认的因素所引起的误差,其大小及符号在同一组实验测定中完全相同。在一定的实验条件下,系统误差是一个恒定值或按一定的规律变化。当改变实验条件时,就能发现系统误差的变化规律。

系统误差产生的原因包括:测量仪器不良,如刻度不准、仪表零点未校正或标准表本身存在偏差等;周围环境的改变,如温度、压力、湿度等偏离校准值;实验人员的习惯和偏向,如读数偏高或偏低等引起的误差。针对仪器的缺点、外界条件变化影响的大小、个人的偏向等原因,分别对测量值加以校正后,系统误差是可以消除的。

2）偶然误差

在实际测量条件下,多次测量同一量时,测量值对真值的偏离时大时小,时正时负,没有确定的规律,这类误差称为偶然误差或随机误差。偶然误差产生的原因不明,无法控制和补偿。但是,倘若对某一量值作足够多次的等精度测量后,会发现偶然误差完全服从统计规律,误差的大小或正负的出现完全由概率决定。随着测量次数的增加,随机误差的算术平均值趋近于零,所以多次测量结果的算数平均值将更接近于真值。

3）过失误差

过失误差是一种显然与事实不符的误差,它往往是由于实验人员粗心大意、过度疲劳和操作不正确等原因引起的。此类误差无规则可寻,只要加强责任感、多方警惕、细心操作,过失误差是可以避免的。

**3. 精密度、准确度和精确度**

反映测量结果与真值接近程度的量,称为精度(亦称精确度)。它与误差大小相对应,测量的精度越高,其测量误差就越小。"精度"应包括精密度和准确度两层含义。

(1)精密度:测量中所测得数值重现性的程度。它反映偶然误差的影响程度,精密度

高就表示偶然误差小。

（2）准确度：测量值与真值的接近程度。它反映系统误差的影响精度，准确度高就表示系统误差小。

（3）精确度（精度）：它反映测量中所有系统误差和偶然误差综合的影响程度。

在一组测量中，精密度高的测量值的准确度不一定高，准确度高的测量值的精密度也不一定高，但精确度高，则精密度和准确度都高。

为了说明精密度与准确度的区别，可用下述打靶子例子来说明，如图 2-1 所示。图 2-1（a）表示精密度和准确度都很好，则精确度高；图 2-1（b）表示精密度很好，但准确度却不高；图 2-1（c）表示精密度与准确度都不好。在实际测量中没有像靶心那样明确的真值，而是设法去测量这个未知的真值。

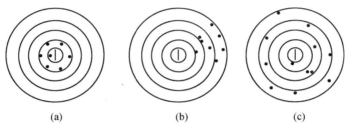

(a)          (b)          (c)

图 2-1　精密度和准确度的关系

学生在实验过程中，往往满足于实验数据的重现性，而忽略了数据测量值的准确程度。绝对真值是不可知的，人们只能订出一些国际标准作为测量仪表准确性的参考标准。随着人类认识运动的推移和发展，可以逐步逼近绝对真值。

**4. 误差的表示方法**

利用任何量具或仪器进行测量时，总存在误差，测量结果不可能准确地等于被测量的真值，而只是它的近似值。测量的质量高低以测量精确度作指标，根据测量误差的大小来估计测量的精确度。测量结果的误差愈小，则认为测量就愈精确。

1）绝对误差

测量值 $X$ 和真值 $A_0$ 之差为绝对误差，通常称为误差，即

$$D = X - A_0 \qquad (2-5)$$

由于真值 $A_0$ 一般无法求得，因而式（2-5）只有理论意义。常用高一级标准仪器的示值作为实际值 $A$ 以代替真值 $A_0$。由于高一级标准仪器存在较小的误差，因而 $A$ 不等于 $A_0$，但总比 $X$ 更接近于 $A_0$。$X$ 与 $A$ 之差称为仪器的示值绝对误差，即

$$d = X - A \qquad (2-6)$$

与 $d$ 相反的数称为修正值，即

$$C = -d = A - X \qquad (2-7)$$

通过检定，可以由高一级标准仪器给出被检仪器的修正值 $C$。利用修正值便可以求出该仪器的实际值 $A$，即

$$A = X + C \qquad (2-8)$$

2）相对误差

衡量某一测量值的准确程度，一般用相对误差来表示。示值绝对误差 $d$ 与被测量的

16

实际值 $A$ 的百分比值称为实际相对误差,即

$$\delta_A = \frac{d}{A} \times 100\% \qquad (2-9)$$

以仪器的示值 $X$ 代替实际值 $A$ 的相对误差称为示值相对误差,即

$$\delta_X = \frac{d}{X} \times 100\% \qquad (2-10)$$

一般来说,除了某些理论分析外,用示值相对误差较为适宜。

3)引用误差

为了计算和划分仪器精确度等级,提出引用误差概念,即仪器示值的绝对误差与量程范围之比,可表示为

$$\delta_A = \frac{\text{示值绝对误差}}{\text{量程范围}} \times 100\% = \frac{d}{X_n} \times 100\% \qquad (2-11)$$

式中:$d$ 为示值绝对误差;$X_n$ 为标尺上限值 – 标尺下限值。

4)算术平均误差

算术平均误差是各个测量点的误差的平均值,即

$$\delta_{\Psi} = \frac{\sum |d_i|}{n} \quad i = 1, 2, \cdots, n \qquad (2-12)$$

式中:$n$ 为测量次数;$d_i$ 为第 $i$ 次测量的误差。

5)标准误差

标准误差亦称为均方根误差,其定义为

$$\sigma = \sqrt{\frac{\sum d_i^2}{n}} \qquad (2-13)$$

式(2-13)适用于无限测量的场合。实际测量工作中,测量次数是有限的,式(2-13)可改为

$$\sigma = \sqrt{\frac{\sum d_i^2}{n-1}} \qquad (2-14)$$

标准误差不是一个具体的误差,$\sigma$ 的大小只说明在一定条件下等精度测量集合所属的每一个观测值对其算术平均值的分散程度。$\sigma$ 值愈小,说明测量值对其算术平均值分散度小,测量的精度就高,反之精度就低。

在化工原理实验中最常用的 U 形管压差计、转子流量计、秒表、量筒、电压等仪表,原则上均取其最小刻度值为最大误差,而取其最小刻度值的一半作为绝对误差计算值。

**5. 测量仪表精确度**

测量仪表的精确等级是用最大引用误差(又称允许误差)来标明的。它等于仪表示值中的最大绝对误差与仪表的量程范围之比的百分数,即

$$\delta_{n\,\max} = \frac{\text{最大示值绝对误差}}{\text{量程范围}} \times 100\% = \frac{d_{\max}}{X_n} \times 100\% \qquad (2-15)$$

式中 $\delta_{\max}$——仪表的最大测量引用误差;

$d_{max}$——仪表示值的最大绝对误差；

$X_n$——标尺上限值与标尺下限值的差值。

通常情况下,用标准仪表校验较低级的仪表。所以,最大示值绝对误差就是被校仪表与标准仪表之间的最大绝对误差。

测量仪表的精度等级是国家统一规定的,把允许误差中的百分号去掉,剩下的数字就称为仪表的精度等级。仪表的精度等级常以圆圈内的数字标明在仪表的面板上。例如,某台压差计的允许误差为 1.5%,这台压差计电工仪表的精度等级就是 1.5,通常简称为 1.5 级仪表。

仪表的精度等级为 $a$,它表明仪表在正常工作条件下,其最大引用误差的绝对值 $\delta_{max}$ 不能超过的界限,即

$$\delta_{n\ max} = \frac{d_{max}}{X_n} \times 100\% \leqslant a\% \tag{2-16}$$

由式(2-16)可知,在应用仪表进行测量时所能产生的最大绝对误差(简称误差限)为

$$d_{max} \leqslant a\% \cdot X_n \tag{2-17}$$

用仪表测量的最大示值相对误差为

$$\delta_{n\ max} = \frac{d_{max}}{X_n} \leqslant a\% \cdot \frac{X_n}{X} \tag{2-18}$$

可以看出,仪表测量所能产生的最大示值相对误差,不会超过仪表允许误差 $a\%$ 乘以仪表测量上限 $X_n$ 与测量值 $X$ 的比。在实际测量中为可靠起见,可对仪表的测量误差进行估计,即

$$\delta_m = a\% \cdot \frac{X_n}{X} \tag{2-19}$$

**例 2-1**　用量限为 5A、精度为 0.5 级的电流表,分别测量两个电流:$I_1 = 5A$, $I_2 = 2.5A$。试求测量 $I_1$ 和 $I_2$ 的相对误差为多少?

$$\delta_{m1} = a\% \times \frac{I_n}{I_1} = 0.5\% \times \frac{5}{5} = 0.5\%$$

$$\delta_{m2} = a\% \times \frac{I_n}{I_2} = 0.5\% \times \frac{5}{2.5} = 1.0\%$$

由此可见,当仪表的精度等级选定时,所选仪表的测量上限越接近被测量的值,则测量误差的绝对值越小。

**例 2-2**　欲测量约 90V 的电压,实验室现有 0.5 级 0～300V 和 1.0 级 0～100V 的电压表。问选用哪一种电压表进行测量为好?

用 0.5 级 0～300V 的电压表测量 90V 的相对误差为

$$\delta_{m0.5} = a_1\% \times \frac{U_n}{U} = 0.5\% \times \frac{300}{90} = 1.7\%$$

用 1.0 级 0～100V 的电压表测量 90V 的相对误差为

$$\delta_{m1.0} = a_2\% \times \frac{U_n}{U} = 1.0\% \times \frac{100}{90} = 1.1\%$$

上例说明,如果选择得当,用量程范围适当的 1.0 级仪表进行测量,能得到比用量程范围大的 0.5 级仪表更准确的结果。因此,在选用仪表时,应根据被测量值的大小,在满足被测量数值范围的前提下,尽可能选择量程小的仪表,并使测量值大于所选仪表满刻度的 2/3,即 $X > 2X_n/3$。这样就可以达到满足测量误差要求,又可以选择精度等级较低的测量仪表,从而降低仪表的成本。

## 二、有效数字及其运算规则

在科学与工程中,测量或计算结果总是以一定位数的数字来表示,即用几位有效数字来表示。但这不代表一个数值中小数点后面位数越多越准确。实验中从测量仪表上所读数值的位数是有限的,而取决于测量仪表的精度,其最后一位数字往往是仪表精度所决定的估计数字。即一般应读到测量仪表最小刻度的十分之一位。数值准确度大小由有效数字位数来决定。

**1. 有效数字**

一个数据,其中除了起定位作用的"0"外,其他数都是有效数字。例如,0.0037 只有两位有效数字,而 370.0 则有四位有效数字。一般要求测试数据有效数字为 4 位。注意,有效数字不一定都是可靠数字。二等标准温度计最小刻度为 0.1℃,我们可以读到 0.01℃,如 15.16℃,此时有效数字为 4 位,而可靠数字只有 3 位,最后一位是不可靠的,称为可疑数字。记录测量数值时只保留一位可疑数字。

为了清楚地表示数值的精度,明确读出有效数字位数,常用指数的形式表示,即写成一个小数与相应 10 的整数幂的乘积。这种以 10 的整数幂来记数的方法称为科学记数法。

如　752000　　有效数字为 4 位时,记为 $7.520 \times 10^5$;
　　　　　　　　有效数字为 3 位时,记为 $7.52 \times 10^5$;
　　　　　　　　有效数字为 2 位时,记为 $7.5 \times 10^5$。

　　0.00478　　有效数字为 4 位时,记为 $4.780 \times 10^{-3}$;
　　　　　　　　有效数字为 3 位时,记为 $4.78 \times 10^{-3}$;
　　　　　　　　有效数字为 2 位时,记为 $4.8 \times 10^{-3}$。

**2. 有效数字运算规则**

(1) 记录测量数值时,只保留一位可疑数字。

(2) 当有效数字位数确定后,其余数字一律舍弃。舍弃办法是四舍六入,即:末位有效数字后边第一位小于 5,则舍弃不计;大于 5 则在前一位数上增 1;等于 5 时,前一位为奇数,则进 1 为偶数,前一位为偶数,则舍弃不计。这种舍入原则可简述为"小则舍,大则入,正好等于奇变偶"。例如:保留 4 位有效数字

$$3.71729 \rightarrow 3.717;$$
$$5.14285 \rightarrow 5.143;$$
$$7.62356 \rightarrow 7.624;$$

$$9.37656 \rightarrow 9.376。$$

（3）在加减计算中,各数所保留的位数,应与各数中小数点后位数最少的相同。例如,将 24.65、0.0082、1.632 三个数字相加时,应写为 24.65 + 0.01 + 1.63 = 26.29。

（4）在乘除运算中,各数所保留的位数以各数中有效数字位数最少的那个数为准,其结果的有效数字位数亦应与原来各数中有效数字最少的那个数相同。例如,0.0121 × 25.64 × 1.05782 应写成 0.0121 × 25.64 × 1.06 = 0.328。这说明,虽然这三个数的乘积为 0.3281823,但只应取其积为 0.328。

（5）在对数计算中,所取对数位数应与真数有效数字位数相同。

### 三、误差的基本性质

在化工原理实验中通常直接测量或间接测量得到有关的参数数据,这些参数数据的可靠程度如何? 如何提高其可靠性? 因此,必须研究在给定条件下误差的基本性质和变化规律。

**1. 误差的正态分布**

如果测量数列中不包括系统误差和过失误差,从大量的实验中发现偶然误差的大小有如下几个特征:

（1）绝对值小的误差比绝对值大的误差出现的机会多,即误差的概率与误差的大小有关。这是误差的单峰性。

（2）绝对值相等的正误差或负误差出现的次数相当,即误差的概率相同。这是误差的对称性。

（3）极大的正误差或负误差出现的概率都非常小,即大的误差一般不会出现。这是误差的有界性。

（4）随着测量次数的增加,偶然误差的算术平均值趋近于零。这是误差的低偿性。

根据上述的误差特征,可疑的误差出现的概率分布图,如图 2 - 2 所示,横坐标表示偶然误差,纵坐标表示该误差出现的概率。图中曲线称为误差分布曲线,以 $y = f(x)$ 表示。其数学表达式由高斯提出,称为高斯误差分布定律亦称为误差方程。具体形式为

$$y = \frac{1}{\sqrt{2\pi}\,\sigma} e^{-\frac{x^2}{2\sigma^2}} \qquad (2-20)$$

或

$$y = \frac{h}{\sqrt{\pi}} e^{-h^2 x^2} \qquad (2-21)$$

$$h = \frac{1}{\sqrt{2}\,\sigma} \qquad (2-22)$$

式中:$\sigma$ 为标准误差;$h$ 为精确度指数。

若误差按函数关系分布,则称为正态分布。$\sigma$ 越小,测量精度越高,分布曲线的峰越高越窄;$\sigma$ 越大,分布曲线越平坦且越宽,如图 2 - 3 所示。$\sigma$ 越小,小误差占的比重越大,测量精度越高;反之,则大误差占的比重越大,测量精度越低。

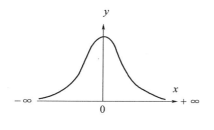
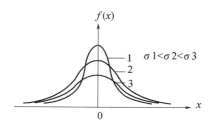

图 2 – 2　误差分布　　　　　　　图 2 – 3　不同 $\sigma$ 的误差分布曲线

**2. 测量集合的最佳值**

在测量精度相同的情况下,测量一系列观测值 $M_1,M_2,M_3,\cdots,M_n$ 所组成的测量集合,假设其平均值为 $M_m$,则各次测量误差为

$$x_i = M_i - M_m \quad i = 1,2,\cdots,n$$

当采用不同的方法计算平均值时,所得到误差值不同,误差出现的概率亦不同。若选取适当的计算方法,使误差最小,而概率最大,由此计算的平均值为最佳值。根据高斯分布定律,只有各点误差平方和最小,才能实现概率最大。这就是最小二乘法。由此可见,对于一组精度相同的观测值,采用算术平均得到的值是该组观测值的最佳值。

**3. 测量次数中标准误差 $\sigma$ 的计算**

由误差基本概念可知,误差是观测值和真值之差。在没有系统误差存在的情况下,以无限多次测量所得到的算术平均值为真值。当测量次数为有限时,所得到的算术平均值近似于真值,称最佳值。观测值与真值之差不同于观测值与最佳值之差。

$$\sum d_i^2 = \frac{n-1}{n} \sum D_i^2$$

可以看出,在有限测量次数中,算术平均值计算的误差平方和小于真值计算的误差平方和。根据标准误差的定义

$$\sigma = \sqrt{\frac{\sum D_i^2}{n}}$$

式中:$\sum D_i^2$ 为观测次数无限多时误差的平方和。当观测次数有限时,有

$$\sigma = \sqrt{\frac{\sum d_i^2}{n-1}} \tag{2-23}$$

**4. 可疑观测值的舍弃**

由概率积分可知,随机误差正态分布曲线下的全部积分,相当于全部误差同时出现的概率,即

$$p = \frac{1}{\sqrt{2\pi}\sigma} \int_{-\infty}^{\infty} e^{-\frac{x^2}{2\sigma^2}} dx = 1 \tag{2-24}$$

若误差 $x$ 以标准误差 $\sigma$ 的倍数表示,即 $x = t\sigma$,则在 $\pm t\sigma$ 范围内出现的概率为 $2\phi(t)$,超出这个范围的概率为 $1 - 2\phi(t)$。$\phi(t)$ 称为概率函数,表示为

$$\phi(t) = \frac{1}{\sqrt{2\pi}} \int_0^t e^{-\frac{t^2}{2}} dt \qquad (2-25)$$

$2\phi(t)$ 与 $t$ 的对应值在数学手册或专著中均附有此类积分表,需要时可自行查取。在使用积分表时,需已知 $t$ 值。表 2-1 和图 2-4 给出几个典型及其相应的超出或不超出 $|x|$ 的概率。

表 2-1　误差概率和出现次数

| $t$ | $\lvert x \rvert = t\sigma$ | 不超出 $\lvert x \rvert$ 的概率 $2\varphi(t)$ | 超出 $\lvert x \rvert$ 的概率 $1 - 2\varphi(t)$ | 测量次数 $n$ | 超出 $\lvert x \rvert$ 的测量次数 |
|---|---|---|---|---|---|
| 0.67 | $0.67\sigma$ | 0.49714 | 0.50286 | 2 | 1 |
| 1 | $1\sigma$ | 0.68269 | 0.31731 | 3 | 1 |
| 2 | $2\sigma$ | 0.95450 | 0.04550 | 22 | 1 |
| 3 | $3\sigma$ | 0.99730 | 0.00270 | 370 | 1 |
| 4 | $4\sigma$ | 0.99991 | 0.00009 | 11111 | 1 |

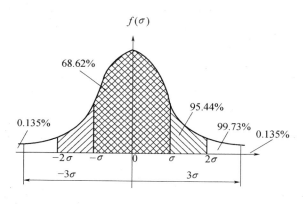

图 2-4　误差分布曲线的积分

如表 2-1 所列,当 $t=3$, $|x|=3\sigma$ 时,在 370 次观测中只有一次测量的误差超过 $3\sigma$ 范围。在有限次的观测中,一般测量次数不超过 10 次,可以认为误差大于 $3\sigma$,可能是由于过失误差或实验条件变化未被发觉等原因引起的。因此,凡是误差大于 $3\sigma$ 的数据点予以舍弃。这种判断可疑实验数据的原则称为 $3\sigma$ 准则。

**5. 函数误差**

上述讨论主要是直接测量的误差计算问题,但在许多场合下,往往涉及间接测量的变量。所谓间接测量是通过直接测量与被测的量之间有一定的函数关系的其他量,并根据已知的函数关系式计算出被测的量,如传热问题中的传热速率。因此,间接测量值就是直接测量得到的各个测量值的函数,其测量误差是各个测量值误差的函数。

1) 函数误差的一般形式

在间接测量中,一般为多元函数,而多元函数可表示为

$$y = f(x_1, x_2, \cdots, x_n) \qquad (2-26)$$

式中　$y$——间接测量值;

$x_i$——直接测量值。

由泰勒级数展开得

$$\Delta y = \frac{\partial f}{\partial x_1}\Delta x_1 + \frac{\partial f}{\partial x_2}\Delta x_2 + \cdots + \frac{\partial f}{\partial x_n}\Delta x_n \qquad (2-27)$$

或

$$\Delta y = \sum_{i=1}^{n} \frac{\partial f}{\partial x_i}\Delta x_i$$

它的最大绝对误差为

$$\Delta y = \left| \sum_{i=1}^{n} \frac{\partial f}{\partial x_i}\Delta x_i \right| \qquad (2-28)$$

式中 $\dfrac{\partial f}{\partial x_i}$——误差传递系数；

$\Delta x_i$——直接测量值的误差；

$\Delta y$——间接测量值的最大绝对误差。

函数的相对误差 $\delta$ 为

$$\delta = \frac{\Delta y}{y} = \frac{\partial f}{\partial x_1}\frac{\Delta x_1}{y} + \frac{\partial f}{\partial x_2}\frac{\Delta x_2}{y} + \cdots + \frac{\partial f}{\partial x_n}\frac{\Delta x_n}{y} = \frac{\partial f}{\partial x_1}\delta_1 + \frac{\partial f}{\partial x_2}\delta_2 + \cdots + \frac{\partial f}{\partial x_n}\delta_n$$

$$(2-29)$$

2）某些函数误差的计算

（1）函数 $y = x \pm z$ 的绝对误差和相对误差。

由于误差传递系数 $\dfrac{\partial f}{\partial x} = 1$，$\dfrac{\partial f}{\partial z} = \pm 1$，则函数的最大绝对误差为

$$\Delta y = \pm(|\Delta x| + |\Delta z|) \qquad (2-30)$$

函数的相对误差为

$$\delta_r = \frac{\Delta y}{y} = \pm \frac{|\Delta x| + |\Delta z|}{x + z} \qquad (2-31)$$

（2）函数形式为 $y = K\dfrac{xz}{w}$，$x$、$z$、$w$ 为变量。

误差传递系数为

$$\frac{\partial y}{\partial x} = \frac{Kz}{w} \qquad \frac{\partial y}{\partial z} = \frac{Kx}{w} \qquad \frac{\partial y}{\partial w} = -\frac{Kxz}{w^2}$$

函数的最大绝对误差为

$$\Delta y = \left| \frac{Kz}{w}\Delta x \right| + \left| \frac{Kx}{w}\Delta z \right| + \left| \frac{Kxz}{w^2}\Delta w \right| \qquad (2-32)$$

函数的最大相对误差为

$$\delta_r = \frac{\Delta y}{y} = \left| \frac{\Delta x}{x} \right| + \left| \frac{\Delta z}{z} \right| + \left| \frac{\Delta w}{w} \right| \qquad (2-33)$$

现将某些常用函数的最大绝对误差和相对误差列于表 2-2 中。

表 2 - 2　某些函数的误差传递公式

| 函数式 | 误差传递公式 | |
|---|---|---|
| | 最大绝对误差 $\Delta y$ | 最大相对误差 $\delta_r$ |
| $y = x_1 + x_2 + x_3$ | $\Delta y = \pm (\|\Delta x_1\| + \|\Delta x_2\| + \|\Delta x_3\|)$ | $\delta_r = \Delta y / y$ |
| $y = x_1 + x_2$ | $\Delta y = \pm (\|\Delta x_1\| + \|\Delta x_2\|)$ | $\delta_r = \Delta y / y$ |
| $y = x_1 x_2$ | $\Delta y = \pm (\|x_1 \Delta x_2\| + \|x_2 \Delta x_1\|)$ | $\delta_r = \pm \left( \left\| \dfrac{\Delta x_1}{x_1} + \dfrac{\Delta x_2}{x_2} \right\| \right)$ |
| $y = x_1 x_2 x_3$ | $\Delta y = \pm (\|x_1 x_2 \Delta x_3\| + \|x_1 x_3 \Delta x_2\| + \|x_2 x_3 \Delta x_1\|)$ | $\delta_r = \pm \left( \left\| \dfrac{\Delta x_1}{x_1} + \dfrac{\Delta x_2}{x_2} + \dfrac{\Delta x_3}{x_3} \right\| \right)$ |
| $y = x^n$ | $\Delta y = \pm (n x^{n-1} \Delta x)$ | $\delta_r = \pm \left( n \left\| \dfrac{\Delta x}{x} \right\| \right)$ |
| $y = \sqrt[n]{x}$ | $\Delta y = \pm \left( \dfrac{1}{n} x^{\frac{1}{n}-1} \Delta x \right)$ | $\delta_r = \pm \left( \dfrac{1}{n} \left\| \dfrac{\Delta x}{x} \right\| \right)$ |
| $y = x_1 / x_2$ | $\Delta y = \pm \left( \dfrac{x_2 \Delta x_1 + x_1 \Delta x_2}{x_2^2} \right)$ | $\delta_r = \pm \left( \left\| \dfrac{\Delta x_1}{x_1} + \dfrac{\Delta x_2}{x_2} \right\| \right)$ |
| $y = cx$ | $\Delta y = \pm \|c \Delta x\|$ | $\delta_r = \pm \left( \left\| \dfrac{\Delta x}{x} \right\| \right)$ |
| $y = \lg x$ | $\Delta y = \pm \left\| 0.4343 \dfrac{\Delta x}{x} \right\|$ | $\delta_r = \Delta y / y$ |
| $y = \ln x$ | $\Delta y = \pm \left\| \dfrac{\Delta x}{x} \right\|$ | $\delta_r = \Delta y / y$ |

**例 2 - 3**　用量热器测定固体比热容时采用的公式 $C_p = \dfrac{M(t_2 - t_0)}{m(t_1 - t_2)} C_{pH_2O}$

式中　　$M$——量热器内水的质量；

　　　　$m$——被测物体的质量；

　　　　$t_0$——测量前水的温度；

　　　　$t_1$——放入量热器前物体的温度；

　　　　$t_2$——测量时水的温度；

　　　　$C_{pH_2O}$——水的热容，$4.187\text{kJ}/(\text{kg} \cdot \text{K})$。

测量结果如下：

$\qquad M = 250 \pm 0.2\text{g} \qquad\qquad m = 62.31 \pm 0.02\text{g}$

$\qquad t_0 = 13.52 \pm 0.01\text{℃} \qquad t_1 = 99.32 \pm 0.04\text{℃}$

$\qquad t_2 = 17.79 \pm 0.01\text{℃}$

试求测量物的比热容之真值，并确定能否提高测量精度。

解：根据题意，计算函数之真值，需计算各变量的绝对误差和误差传递系数。为了简化计算，令 $\theta_0 = t_2 - t_0 = 4.27\text{℃}$，$\theta_1 = t_1 - t_2 = 81.53\text{℃}$。

方程改写为

$$C_p = \frac{M\theta_0}{m\theta_1} C_{pH_2O}$$

各变量的绝对误差为

$\Delta M = 0.2\text{g}$ $\quad\quad\quad\quad \Delta\theta_0 = |\Delta t_2| + |\Delta t_0| = 0.01 + 0.01 = 0.02$

$\Delta m = 0.02\text{g}$ $\quad\quad\quad\quad \Delta\theta_1 = |\Delta t_2| + |\Delta t_1| = 0.04 + 0.01 = 0.05$

各变量的误差传递系数为

$$\frac{\partial C_p}{\partial M} = \frac{\theta_0 C_{pH_2O}}{m\theta_1} = \frac{4.27 \times 4.187}{62.31 \times 81.53} = 3.52 \times 10^{-3}$$

$$\frac{\partial C_p}{\partial m} = -\frac{M\theta_0 C_{pH_2O}}{m^2\theta_1} = \frac{4.27 \times 4.187}{62.31^2 \times 81.53} = -1.41 \times 10^{-2}$$

$$\frac{\partial C_p}{\partial \theta_0} = \frac{M C_{pH_2O}}{m\theta_1} = \frac{250 \times 4.187}{62.31^2 \times 81.53} = 0.206$$

$$\frac{\partial C_p}{\partial \theta_1} = -\frac{M\theta_0 C_{pH_2O}}{m^2\theta_1} = -\frac{250 \times 4.27 \times 4.187}{62.31 \times 81.53^2} = -1.08 \times 10^{-2}$$

函数的绝对误差为

$$\Delta C_p = \frac{\partial C_p}{\partial M}\Delta M + \frac{\partial C_p}{\partial m}\Delta m + \frac{\partial C_p}{\partial \theta_0}\Delta\theta_0 + \frac{\partial C_p}{\partial \theta_1}\Delta\theta_1$$

$= 3.52 \times 10^{-3} \times 0.2 - 1.41 \times 10^{-2} \times 0.02 + 0.206 \times 0.02 - 1.08 \times 10^{-2} \times 0.05$

$= 0.704 \times 10^{-3} - 0.282 \times 10^{-3} + 4.12 \times 10^{-3} - 0.54 \times 10^{-3}$

$= 4.00 \times 10^{-3} \text{ J}/(\text{g} \cdot \text{K})$

$$C_p = \frac{250 \times 4.27}{62.31 \times 81.53} \times 4.187 = 0.8798 \text{ J}/(\text{g} \cdot \text{K})$$

故真值 $\quad C_p = 0.8798 \pm 0.0040 \text{ J}/(\text{g} \cdot \text{K})$

由有效数字位数考虑以上的测量结果精度是否满足要求,不仅要考虑有效数字位数,还需比较各变量的测量精度,确定是否有可能提高测量精度。本例可从分析比较各变量的相对误差着手。

各变量的相对误差分别为

$$E_M = \frac{\Delta M}{M} = \frac{0.2}{250} = 8 \times 10^{-4} = 0.08\%$$

$$E_m = \frac{\Delta m}{m} = \frac{0.02}{62.31} = 3.21 \times 10^{-4} = 0.032\%$$

$$E_{\theta_0} = \frac{\Delta\theta}{\theta_0} = \frac{0.02}{4.27} = 4.68 \times 10^{-3} = 0.468\%$$

$$E_{\theta_1} = \frac{\Delta\theta}{\theta_1} = \frac{0.05}{81.53} = 6.13 \times 10^{-4} = 0.0613\%$$

其中以 $\theta_0$ 的相对误差最大,为 0.468%,是 $M$ 的 5.85 倍,是 $m$ 的 14.63 倍。为了提高 $C_p$ 的测量精度,可改善 $\theta_0$ 的测量仪表的精度,即提高测量水温的温度计精度。例如,采用贝克曼温度计,分度值可达 0.002,精度为 0.001。则其相对误差为

$$E_{\theta_0} = \frac{0.002}{4.27} = 4.68 \times 10^{-4} = 0.0468\%$$

由此可见,变量的精度基本相当。提高 $\theta_0$ 精度后, $C_p$ 的绝对误差为

$$\Delta C_p = 3.52 \times 10^{-3} \times 0.2 - 1.41 \times 10^{-2} \times 0.02 + 0.206 \times 0.002 - 1.08 \times 10^{-2} \times 0.05$$

$$= 0.704 \times 10^{-3} - 0.282 \times 10^{-3} + 0.412 \times 10^{-3} - 0.54 \times 10^{-3}$$

$$= 2.94 \times 10^{-4} \text{J}/(\text{g} \cdot \text{K})$$

系统提高精度后, $C_p$ 的真值为

$$C_p = 0.8798 \pm 0.0003 \text{ J}/(\text{g} \cdot \text{K})$$

# 第二节　实验数据处理

在整个实验过程中,实验数据处理是一个重要的环节。其目的是将实验中获得的大量数据整理成各变量之间的定量关系,以便进一步分析实验现象,得出规律,指导生产和设计。人们一般认为实验数据处理是实验结束以后的工作,其实不然,对于一篇好的研究报告而言,数据处理的思想贯穿于整个实验过程。在设计实验方案时,除了实验流程安排、装置设计和仪表选择之外,实验数据处理方法的选择也是一项重要的工作。它直接影响实验结果的质量和实验工作量的大小。因此,它在实验过程中的作用应该引起充分的重视。

## 一、确定需要测定的参数

在对整个实验全面了解、深刻认识的基础上,才能确定实验中需要测量的参数。对实验结果有影响以及整理数据时必需的参数都要一一测定,包括大气条件、设备尺寸、物料性质及操作数据等。有些参数可由其他参数导出或从手册查得,不必直接测定,如流体的黏度、密度可由其温度、压力进行计算或从手册查得。

## 二、测量参数的读数与记录

(1)必须先拟好记录表格,写明参数项目、单位、序号、实验装置台号,反复检查有无遗漏。每项读数单位必须统一,中途变更必须特别注明,每项读数的单位应在名称栏中标明,不要和数据写在一起。

(2)设备各部分运转正常、稳定后才能读取数据。当变更条件后,各项参数达到稳定需要一段时间,因此要等其稳定后方可读数,否则可能造成实验结果不合逻辑。

(3)同一条件下不同的参数最好是几个人同时读取。一个人读几个数据时应尽可能快捷,记录数据时最好同时记录时间。

(4)每次读数都应与其他有关数据及前一组数据对照,看相互关系是否合理。如不合理应及时查找原因,确认是现象反常还是读错了仪表,并在记录表中注明。

(5)有些实验的某一参数粗看似乎是常数(如直管阻力的水温,风机性能检定的大气黏度、密度等),但从整个过程看可能有较明显的差别,必须各点记录。如果只记实验开始或结束时的数据,就会造成实验结果的偏差。

(6)读取数据必须充分利用仪表的精度,读至仪表最小分度的下一位数,这位数为估计值。例如,压力表最小分度为 0.01 MPa,当压力表指针位于 0.236 MPa 处不应记为

0.24 MPa；指针恰好指在 0.24 MPa 处时应记为 0.240 MPa。注意，过多取估计值的位数是无意义的。

（7）碰到有些参数在读数过程中波动比较大，首先要设法减小其波动，如压差计的波动可用关小测压进口阀门以增大阻尼来减小（但要注意这样做滞后现象加重，稳定时间延长），读数时可记取一次波动的最高点及最低点的数据，然后取平均值，波动很小时可取一次波动的高低点之间的估计中间值。

（8）若直接由记录的实验数据作图，则在实验中应注意尽可能取等距离和整数。

（9）记录完毕应立即检查，确认有无漏记或记错之处，发现问题及时解决。

### 三、实验数据处理

实验数据处理，就是将实验测得的一系列数据，经过计算整理后，用最合适的方式表示出来。在化工实验中通常有列表法、图解法和函数式（方程法）三种表达方式。

实验数据处理时需注意：

（1）原始记录数据绝不可修改。若某实验数据经过判断为过失误差所造成，则可以舍弃。原始数据表格与数据处理表应分开表示。

（2）同一实验点的几个有波动的数据可先取其平均值，然后进行整理。

（3）应根据有效数字的运算规则，舍弃一些没有意义的数字。

（4）数据的整理过程一般是先列出表格，然后进行标绘图形和求解方程。

#### 1．实验数据的列表法

列表法就是将实验直接测定的一组数据（自变量）或根据测量值计算得到的一组数据（因变量）按一定的顺序一一对应列出数据来。列表法最为简单可行，清晰明了，便于比较，且形式紧凑，同一表格可以表示几个变量之间的关系。

实验数据表分为原始数据记录表、中间运算表和最终结果数据表。实验原始记录表应根据实验内容设计，必须在实验操作前列出。在实验过程中完成一组实验数据的测试，必须及时地将有关数据记录于表内。

一个完整的表格应包括表的序号、名称、项目、说明以及数据来源等。一般在不加说明即可了解的情况下，尽量用符号表示。在拟制实验表格时，应注意下列事项：

（1）表格设计力求简明扼要，包括符合内容的标题名称，便于阅读和使用。

（2）项目一栏要列出变量的名称、符号及单位，确保层次清楚、顺序合理。

（3）记录数字要注意有效数字位数，应与实验精确度相匹配，数值为零时应记"0"，数值空缺时应记为"－"。

（4）同一竖行的数值，小数点应上下对齐。

（5）若各数值的有效数字位数很多，但在表中只有后面几位有变化时，则只需在第一个数值写出前面的几位数，以后各数可不再写，如：

$$298.728$$
$$.731$$
$$.740$$

（6）在化工数据中有的数值很大或很小，可写成 $A \times 10^{-n}$ 或 $A \times 10^{n}$，$A$ 代表有效数字。例如，二氧化碳的亨利系数 $E$，在 20℃ 时，$E = 1.44 \times 10^{-5} kPa$，当列表时项目名称写

为 $E \times 10^{-5}$ kPa,而表中数字写为 1.44,这种情况在化工数据表达中经常遇到。

（7）若直接由记录的实验数据作图时,则在实验中应注意自变量尽可能取等间距和整数。

（8）在表格之后应以一组数据为例进行计算,把各项计算过程列出,以说明各项之间的关系,在计算中应把公式及其各项单位、数值等写清楚。

（9）运算中尽可能采用常数归纳法,将计算公式中的常数归纳作为一个常数看待。

例如,计算固定管路中不同流速下雷诺准数 $Re = \dfrac{du\rho}{\mu}$ 的数值时,因 $d$、$\rho$、$\mu$ 在实验中均为定值,可作常数处理,故可写为 $Re = Au$,$A = \dfrac{d\rho}{\mu}$,先将 $A$ 值求出,依次代入 $u$ 值即可求出相应的 $Re$ 值。

**例 2-4**　离心泵性能测定数据整理表格。

| 序号 | 流　　量 | | | | 总　　扬　　程 | | | | | 功率 | | 功率 |
|---|---|---|---|---|---|---|---|---|---|---|---|---|
| | 压差计 * /mmHg | | $R$ /mHg | $Q \times 10^3$ /(m³/s) | $p_1^*$ | $\dfrac{p_1}{\rho g}$ | $p_2^*$ | $\dfrac{p_2}{\rho g}$ | 总扬程 H /mH₂O | $N_电$ /kW | $N_轴$ /kW | $\eta$ /% |
| | 左 | 右 | | | MPa | mH₂O | MPa | mH₂O | | | | |
| 1 | 501 | 501 | 0 | 0 | 0.257 | 26.2 | -0.0047 | -0.479 | 26.96 | 1.72 | 1.40 | 0 |
| 2 | 511 | 494 | 0.017 | 1.89 | 0.267 | 27.2 | -0.0061 | -0.622 | 28.11 | 2.25 | 1.83 | 28.5 |
| 3 | 545 | 469 | 0.076 | 4.00 | 0.272 | 27.2 | -0.0080 | -0.815 | 28.80 | 2.82 | 2.29 | 49.3 |
| * 为直接测定数据 | | | | | | | | | | | | |

计算举例:(以第三组数据为例)

$R = (545 - 469) \times 10^{-3} = 0.076$ mHg

流量 $Q$ 计算公式为

$$Q = C_0 A_0 \sqrt{2g(\rho_{Hg} - \rho_{H_2O})R/\rho_{H_2O}}$$

式中:$C_0 = 0.70$;$A_0 = \pi d_0^2/4 = 0.785 \times 0.041^2 = 1.32 \times 10^{-3}$ m²。

$$\sqrt{\frac{2 \times 9.81 \times (13600 - 1000)}{1000}} = 15.7$$

$$Q = 0.70 \times 1.32 \times 10^{-3} \times 15.7 \times \sqrt{R} = 1.45 \times 10^{-2} \times \sqrt{0.076} = 4.00 \times 10^{-3} \text{m}^3/\text{s}$$

$$\frac{p_2}{\rho g} = \frac{0.272 \times 10^6}{1000 \times 9.81} = 27.7 \text{ mH}_2\text{O}$$

$$\frac{p_1}{\rho g} = \frac{-0.0080 \times 10^6}{1000 \times 9.81} = -0.815 \text{ mH}_2\text{O}$$

泵的进出口管径相等,$h_0 = 0.28$ m,且

$$H = \frac{p_2}{\rho g} - \frac{p_1}{\rho g} + h_0 + \frac{u_1^2 - u_2^2}{2g}$$

则　　　　　　　　　　　$H = 27.7 + 0.815 + 0.28 = 28.80 \text{ mH}_2\text{O}$

式中:$h_0$ 为泵进口真空表与出口压力表两测压截面之间的垂直距离实测值。

$$N_{轴} = N_{电}\ \eta_{电}\ \eta_{联} = 2.82 \times 0.83 \times 0.98 = 2.29 \text{kW}$$

式中　$\eta_{电}$——电机效率,由电机样本查得此处为 0.83;

　　　$\eta_{联}$——电机传动效率,直接传动可取为 0.98。

$$\eta = \frac{N_e}{N_{轴}} = \frac{QH\rho}{102 N_{轴}} = \frac{4.00 \times 10^{-3} \times 28.80 \times 1000}{102 \times 2.29} = 49.3\%$$

**2. 实验数据的图形法**

实验数据的图形法,是将整理得到的实验结果综合,绘成描述因变量和自变量依从关系的曲线图。其优点在于形状直观,便于比较,容易由图线直接看出数据的变化规律和趋势,有利于分析讨论问题。利用图形还有助于选择函数的形式。

1）坐标纸的选择

化工中常用的坐标系有普通直角坐标(笛卡儿坐标)、双对数坐标和单对数坐标,可根据不同的情况加以选择使用。通常我们总希望图形能成直线,因为直线最易标绘,使用起来也最方便。因此,在处理数据时尽量使曲线线性化。

例如:对于方程 $y = ax^m$,直接在直角坐标纸上做图必为一曲线,而在双对数坐标纸上为一直线。将 $y = ax^m$ 两边取对数,则有

$$\lg y = \lg a + m \lg x$$

令　$Y = \lg y, X = \lg x, A = \lg a$,则上式可写成

$$Y = A + mX$$

用 $X$、$Y$ 在直角坐标纸上作图便可得到一条直线。直线斜率为

$$m = \frac{Y_2 - Y_1}{X_2 - X_1} = \frac{\lg y_2 - \lg y_1}{\lg x_2 - \lg x_1}$$

直线截距 $A$ 为直线在 $X = 0$ 处纵轴上的读数,由 $a = \lg^{-1} A$ 可以求出 $a$ 的数值。

化工原理实验中常遇到的函数关系有

（1）直线关系:$y = a + bx$,适用直角坐标纸;

（2）幂函数关系:$y = ax^m$,适用双对数坐标纸;

（3）指数函数关系:$y = a^{mx}$,适用单对数坐标纸。

选择坐标纸还应注意比例要合适,一方面不要太小,以免影响原始数据的有效数字;另一方面也不要太大,致使超过原数据的精确度。

2）坐标的分度

对于两个变量系统,习惯上选择横轴 $x$ 为自变量,纵轴 $y$ 为因变量,要标明变量的名称、符号和单位。坐标分度系指每条坐标轴所代表的物理量的大小,实质上是选择适当的坐标比例尺。

3）图形的标绘

若在同一张坐标纸上,同时标绘几组测量值,则各点要用不同符号(如,×,△等),以示区别。若 $n$ 组不同函数同绘在一张坐标纸上,则在曲线上要标明函数关系(或名称),或标明读数方向箭头,如图 2－5 所示。

关于曲线标绘的方法和要求,请参考有关 Excel 数据的图形处理。

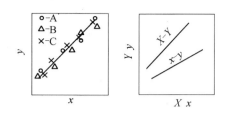

图 2 - 5　在同一图上表示几组数据和几条曲线

**3. 实验数据的方程表示法**

当一组实验数据用列表法和图形法表示后,有时还需进一步用数学方程式或经验公式把各个参数和变量之间的关系表示出来。用数学方程式表示变量之间的相互关系不但简单、形式紧凑,而且可以使用计算机。其方法是将实验中得到的数据绘制成曲线,与已知函数关系式的典型曲线(直线方程、指数方程、抛物线方程等)进行对照选择,并求出方程式中的常数和系数。

1)经验公式的选择

一个理想的经验公式,一方面要形式简单,所含任意常数不必太多;另一方面又要能够准确代表一组实验数据。这两种要求,在性质上是完全相反的。在实际工作中,有时可以二者兼顾,有时则不得不牺牲形式简单,而照顾必要的准确度。

对于一组实验数据,一般没有简单方法直接获得一个理想经验公式。通常是先将一组实验数据画图,根据经验和解析几何原理,猜测经验公式应有的形式。当用实验验证,发现此形式不完全满意时,则可另立新式,重新实验,直至获得满意结果为止。公式中最易直接试验的为直线式,因此凡在情况许可下,应尽可能使所得函数形式为直线式。在化工实验中所遇到的是在已知经验公式情况下,如何确定经验公式中常数的问题。

2)经验公式中常数的求法

经验公式中常数的求法很多,在化工原理实验中,最常用的是直线图解法、平均值法和最小二乘法。

(1)图解法。

图解法仅限于具有线性关系或适当处理后能变为直线的函数式常数的求解。对线性方程 $y = mx + b$ 作图时,先将 $x$ 与 $y$ 的各对应点画在直角坐标纸上,作一直线,这条直线的斜率就是方程中的 $m$ 值,而其在 $y$ 轴上的截距就是方程中的 $b$ 值。注意 $\Delta y$ 与 $\Delta x$ 的距离按直角坐标度量。如图 2 - 6 所示,也可选取直线上的两个点来计算直线斜率,即

$$m = \frac{y_2 - y_1}{x_2 - x_1}$$

点 $(x_1, y_1)$, $(x_2, y_2)$ 可以是直线上任意两个点。为获得最大的准确度,两点间的距离越远越好。当截距 $b$ 不易由图上获得时,也可用下式计算,即

$$b = \frac{x_2 y_1 - x_1 y_2}{x_2 - x_1}$$

**例 2 - 5**　威尔逊(Wilson)图解法,即从总传热系数中分离出对流传热系数的方法。

对流传热膜系数 $\alpha$ 定义为:在单位时间内,流体与壁面温度差是 1K,通过 $1 m^2$ 传热面所传递的热量。它表示对流传热的强度,是我们分析和强化传热问题的主要指标。

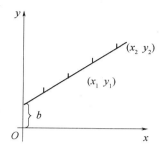

图 2-6 图解法——直角坐标图

通过实验直接测定某侧对流传热系数的数值,就必须测量该侧的壁温。测壁温是一件困难的事情,要制作专用的热电偶。热电偶必须正确地敷在壁面上,否则温度测不准。但是,沿换热器的长度和周边,温度往往是变化的,对实验技术和测试仪表的要求较高。测点布置过少,则测量结果缺乏代表性;过多则过于麻烦,甚至破坏原有的流动和传热情况。因此,如无必要,应尽量避免测量壁温。

威尔逊图解法的优点就是避免了测量壁温。采用图解法,将对流传热系数从易于测量的换热器的传热系数中分离出来,得以简捷地求取对流传热系数。这个例子说明,图解法不仅能求直线方程,还可以解决一些工程技术数据的测定问题。其基本原理如下:

传热系数 $K$ 值主要决定于两流体的对流传热系数,并与管壁热阻和垢层热阻有关,即

$$K = \frac{1}{\frac{1}{\alpha_1} + \frac{1}{\alpha_2} + \sum \frac{\delta}{\lambda}} \quad \text{或} \quad \frac{1}{K} = \frac{1}{\alpha_1} + \frac{1}{\alpha_2} + \sum \frac{\delta}{\lambda} \tag{1}$$

式中    $\alpha_1, \alpha_2$——管内及管外对流传热系数;

$\sum \frac{\delta}{\lambda}$——管壁与垢层的热阻之和。

已知流体在圆形直管内作强制对流(无相变)时,对流传热系数与流速的 0.8 次方成正比,即 $\alpha = Au^{0.8}$,其中 $A$ 为某一常数(系数)。则上式可写为

$$\frac{1}{K} = \frac{1}{Au^{0.8}} + \frac{1}{\alpha_2} + \sum \frac{\delta}{\lambda} \tag{2}$$

在一定的实验装置中,$\sum \frac{\delta}{\lambda}$ 可以认为不变,再选择一种对流传热系数 $\alpha_1$ 和 $\alpha_2$ 相差悬殊并基本保持不变的热流体作实验,则 $\frac{1}{\alpha_2} + \sum \frac{\delta}{\lambda}$ 可合并成常数 b,即

$$\frac{1}{K} = b + \frac{1}{A} \frac{1}{u^{0.8}} \tag{3}$$

设 $y = \frac{1}{K}, m = \frac{1}{A}, x = \frac{1}{u^{0.8}}$,则式(3)可写成 $y = mx + b$ 形的直线方程。

实验时测定每一个流速 $u$ 下的传热系数 $K(K$ 由传热基本方程求得),然后以 $1/u^{0.8} \sim$

$1/K$ 作图,得一直线,如图 2-7 所示。

直线的斜率为

$$m = \frac{1}{A} \quad \text{或} \quad A = \frac{1}{m}$$

直线的截距为

$$b = \frac{1}{\alpha_2} + \sum \frac{\delta}{\lambda}$$

可分别求出

$$\alpha_1 = \frac{1}{m} u^{0.8}$$

$$\alpha_2 = \frac{1}{b - \sum \dfrac{\delta}{\lambda}}$$

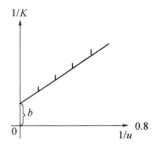

图 2-7　$1/u^{0.8} \sim 1/K$ 关系

（2）平均值法。

平均值法依据的原理是在一组测量中正负偏差出现的机率相等,即在最佳的代表线上,所有偏差的代数和为零。假定画出的理想曲线为直线,其方程为 $y = a + bx$,将所测 $n$ 对实验数据代入方程内,得 $n$ 个方程,即:$y_1 = a + bx_1$,$y_2 = a + bx_2$,$\cdots\cdots$,$y_n = a + bx_n$。然后按相等(偶数时)或近似相等(奇数时)的原则,将 $n$ 个方程分成两组,将每组方程各自相加,得出下列两个方程,即

$$\sum_{i=1}^{m} y_i = ma + b \sum_{i=1}^{m} x_i$$

$$\sum_{i=m+1}^{n} y_i = (n - m)a + b \sum_{i=m+1}^{n} x_i \tag{2-34}$$

解两个联立方程即可求得常数 $a$ 和 $b$ 的值。需要注意的是,将 $n$ 个方程分为两组时,其分法很多,实践证明按实验数据的顺序分成相等或近似相等的两组,可以得到满意的结果。

（3）最小二乘法。

利用最小二乘法求经验公式中的常数时,需要以下两个假定:

① 所有自变量的各个给定值均无误差,因变量的各值则带有测量误差;

② 最好的曲线就是能使各测量点同曲线的偏差的平方和为最小,也就是说测量值与最佳值之间的误差平方和为最小。

由于各偏差的平方均为正数,因此当平方和为最小时,这些偏差均很小,最佳曲线是尽可能靠近这些点的曲线。图 2-8 为一直线关系式曲线,为便于说明,将偏差放大了若干倍。图中偏差根据假设 $\delta$ 用上下垂直距离表示,而不用与曲线的垂直距离表示。

下面具体推导其数学表达式:设有 $n$ 对实验值 $(x_1, y_1)$、$(x_2, y_2)$、$\cdots\cdots$、$(x_n, y_n)$,适用方程 $y = b + mx$。令 $y'$ 代表计算值,当 $b$、$m$ 已知时,根据 $x$ 值计算得 $y$ 值,则有

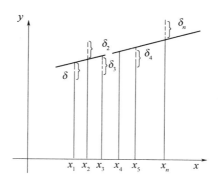

图 2-8 直线关系偏差示意图

$$\begin{cases} y'_1 = b + mx_1 \\ y'_2 = b + mx_2 \\ \vdots \quad\quad \vdots \\ \vdots \quad\quad \vdots \\ y'_n = b + mx_n \end{cases} \quad\quad (2-35)$$

每组测量值与对应的计算值的偏差 $\delta$ 为

$$\begin{cases} \delta_1 = y_1 - y'_1 = y_1 - (b + mx_1) \\ \delta_2 = y_2 - y'_2 = y_2 - (b + mx_2) \\ \vdots \quad\quad \vdots \\ \delta_n = y_n - y'_n = y_n - (b + mx_n) \end{cases}$$

偏差的平方和即为

$$\Delta = \sum_{i=1}^{n} \delta_i^2 = (y_1 - b - mx_1)^2 + (y_2 - b - mx_2)^2 + \cdots + (y_n - b - mx_n)^2 = f(b, m)$$

在数学中,设函数 $p = f(t, w, z, \cdots)$,则 $p$ 有最小值的必要条件为 $\dfrac{\partial p}{\partial t} = 0, \dfrac{\partial p}{\partial w} = 0, \dfrac{\partial p}{\partial z} = 0$ ……因为 $x_i$、$y_i$ 为测量中已固定的值,故式中只有 $b$ 和 $m$ 是变数,$\Delta$ 是 $b$、$m$ 的函数。$\Delta$ 最小值的必要条件为

$$\frac{\partial \Delta}{\partial b} = 0 \text{ 和} \frac{\partial \Delta}{\partial m} = 0 \quad\quad (2-36)$$

即

$$\frac{\partial \Delta}{\partial b} = -2(y_1 - b - mx_1) - 2(y_2 - b - mx_2) - \cdots - 2(y_n - b - mx_n) =$$

$$\sum y_i - nb - m \sum x_i = 0 \quad\quad (2-37)$$

$$\frac{\partial \Delta}{\partial m} = -2x_1(y_1 - b - mx_1) - 2x_2(y_2 - b - mx_2) - \cdots - 2x_n(y_n - b - mx_n) =$$

$$\sum x_i y_i - b \sum x_i - m \sum x_i^2 = 0 \quad\quad (2-38)$$

式(2-37)和式(2-38)是用最小二乘法求直线中常数 $b$ 和 $m$ 的一般公式。将式(2-37)和式(2-38)联立求解,即可得

$$m = \frac{\sum x_i \sum y_i - n \sum x_i y_i}{\left(\sum x_i\right)^2 - n \sum x_i^2} \qquad b = \frac{\sum x_i y_i - m \sum x_i^2}{\sum x_i}$$

或 $$b = \frac{\sum x_i \sum x_i y_i - \sum y_i \sum x_i^2}{\left(\sum x_i\right)^2 - n \sum x_i^2} \qquad m = \frac{\sum x_i y_i - b \sum x_i}{\sum x_i^2} \qquad (2-39)$$

另外,还应注意当某一函数经过处理化为直线式时,用最小二乘法所求的常数,仅适用于新变量之间的关系式。例如,当用 $\lg x$ 与 $\lg y$ 画图为一直线时,函数的形式为

$$y = kx^n$$

处理后的直线式为 $Y = B + MX$,所求得的 $B$ 与 $M$ 仅适用于 $\lg x$ 与 $\lg y$ 的关系式,而不适用于 $x$ 与 $y$ 的关系式。

**例 2-6** 空气在圆形直管中作湍流流动时与管壁进行对流传热,经测定并计算得到一组实验数据如下:

| $Re$ | $4.15 \times 10^4$ | $3.72 \times 10^4$ | $3.46 \times 10^4$ | $3.18 \times 10^4$ | $2.56 \times 10^4$ | $2.15 \times 10^4$ |
|---|---|---|---|---|---|---|
| $Nu$ | 86.7 | 82.1 | 78.0 | 70.0 | 61.2 | 53.9 |

注:运用最小二乘法的前提要求各数据精确度相同,因此表中已剔除了个别误差过大的数据

上述条件下的对流传热准数关系式为 $Nu = ARe^m$,求出上式的 $A$ 和 $m$ 值。

解:对上式两边取对数得

$$\lg Nu = \lg A + m \lg Re$$

令 $Y = \lg Nu$,$B = \lg A$,$X = \lg Re$,则 $Y = B + mX$。

可以用最小二乘法求出上式中的常数 $B$ 和 $m$,可得

$$m = \frac{\sum x \sum y - n \sum xy}{\left(\sum x\right)^2 - n \sum x^2}$$

$$B = \frac{\sum xy - m \sum x^2}{\sum x}$$

计算 $m$ 和 $B$ 的值,数据整理如下:

| $X = \lg Re$ | $Y = \lg Nu$ | $X^2$ | $Y^2$ |
|---|---|---|---|
| 4.6180 | 1.9380 | 21.3259 | 8.9497 |
| 4.5705 | 1.9143 | 20.8895 | 8.7493 |
| 4.5391 | 1.8921 | 20.6034 | 8.5884 |
| 4.5024 | 1.8451 | 20.2716 | 8.3074 |
| 4.4082 | 1.7868 | 19.4322 | 7.8766 |
| 4.3324 | 1.7316 | 18.7697 | 7.5020 |
| $\Sigma x = 26.9706$ | $\Sigma y = 11.1079$ | $\Sigma x = 121.2923$ | $\Sigma XY = 49.9734$ |

注:在运算过程中,为避免误差迅速累积,中间运算值的有效数字可以适当多取一、二位

$$m = \frac{26.9706 \times 11.1.79 - 6 \times 49.9734}{(26.9706)^2 - 6 \times 121.2923} = 0.7451$$

$$B = \frac{49.9734 - 0.7451 \times 121.2923}{26.9706} = -1.4980$$

由 $B = \lg A$ 求出 $A = 0.0318$。于是，关联式的具体形式为

$$Nu = 0.0318 \times Re^{0.745}$$

关联式和实测值的对比见下表和图 2 – 9。

| $Re \times 10^{-4}$ | 4.15 | 3.72 | 3.46 | 3.18 | 2.56 | 2.15 |
|---|---|---|---|---|---|---|
| 用关联式计算的 $Nu$ | 87.7 | 80.8 | 76.6 | 71.9 | 61.2 | 53.7 |
| 实测 $Nu$ | 86.7 | 82.1 | 78.0 | 70.0 | 61.2 | 53.9 |

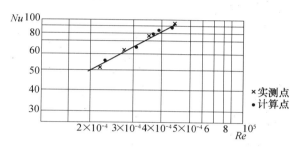

图 2 – 9　实测点和整理公式的图示

3）相关系数 $r$ 及显著性检验

（1）相关系数 $r$。

相关系数就是在回归方程的计算过程中，用以检验实验的两个变量间是否具有线性关系的一个重要指标。由回归所得线性方程 $y = ax + b$，则

$$r = \frac{\sum (x_i - \bar{x})(y_i - \bar{y})}{\sqrt{\sum (x_i - \bar{x})^2 \sum (y_i - \bar{y})^2}}$$

$$\bar{x} = \frac{\sum x_i}{n}$$

$$\bar{y} = \frac{\sum y_i}{n} \qquad\qquad (2 – 40)$$

式中　$x_i, y_i$——实验数据；

　　　$n$——实验数据的点数。

相关系数 $r$ 是用来衡量两个变量线性关系密切程度的一个数量性指标，$r$ 的绝对值总小于 1，即 $|r| \leqslant 1$ 或 $0 \leqslant |r| \leqslant 1$。其具体意义是：

① 当 $r = \pm 1$ 时，即 $n$ 组实验数据 $(x_i, y_i)$ 全部落在直线 $y = ax + b$ 上，此时称完全相关，如图 2 – 10（a）和图 2 – 10（b）所示。

② $0 \leqslant |r| \leqslant 1$ 代表绝大多数情况。当 $|r|$ 越接近 1 时，$n$ 组实验数据 $(x_i, y_i)$ 越靠近 $y = ax + b$；当 $|r|$ 偏离 1 越大，实验点越偏离直线。如图 2 – 10（c）和图 2 – 10（d）所示。

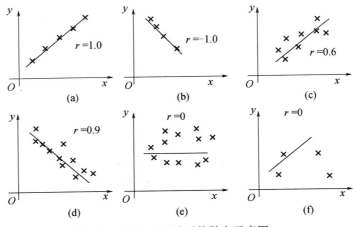

图 2 – 10　不同相关系数散点示意图

③ 当 $r = 0$ 时,变量之间无线性关系。实验点分散在直线周围,如图 2 – 10(e)和图 2 – 10(f)所示。应该指出,变量之间存在线性关系,不等于不存在其他函数关系。

(2)显著性检验。

究竟$|r|$接近到什么程度才说明 $x$ 和 $y$ 之间存在线性相关关系呢?这就有必要对相关系数进行显著性检验。一般来说,相关系数$|r|$达到使相关显著的值与实验数据点的个数 $n$ 有关。只有$|r| \geqslant r_{min}$时,才能采用线性回归方程来描述其变量之间的关系。$r_{min}$值如表 2 – 3 所列。利用该表可根据实验数据点个数 $n$ 及显著水平 $\alpha$,查出相应的 $r_{min}$,然后进行检验即可。

表 2 – 3　相关系数检验表

| 自由度 | $r_{min}$ | | 自由度 | $r_{min}$ | |
| --- | --- | --- | --- | --- | --- |
| | $\alpha = 0.05$ | $\alpha = 0.01$ | | $\alpha = 0.05$ | $\alpha = 0.01$ |
| 1 | 0.997 | 1.000 | 21 | 0.413 | 0.526 |
| 2 | 0.950 | 0.990 | 22 | 0.404 | 0.515 |
| 3 | 0.878 | 0.959 | 23 | 0.396 | 0.505 |
| 4 | 0.811 | 0.917 | 24 | 0.388 | 0.496 |
| 5 | 0.754 | 0.874 | 25 | 0.381 | 0.487 |
| 6 | 0.707 | 0.834 | 26 | 0.374 | 0.478 |
| 7 | 0.666 | 0.798 | 27 | 0.367 | 0.470 |
| 8 | 0.632 | 0.765 | 28 | 0.361 | 0.463 |
| 9 | 0.602 | 0.735 | 29 | 0.355 | 0.456 |
| 10 | 0.576 | 0.708 | 30 | 0.349 | 0.449 |
| 11 | 0.553 | 0.684 | 35 | 0.325 | 0.418 |
| 12 | 0.532 | 0.661 | 40 | 0.304 | 0.393 |
| 13 | 0.514 | 0.641 | 45 | 0.288 | 0.372 |
| 14 | 0.497 | 0.623 | 50 | 0.273 | 0.354 |
| 15 | 0.482 | 0.606 | 60 | 0.250 | 0.325 |
| 16 | 0.468 | 0.590 | 70 | 0.232 | 0.302 |
| 17 | 0.456 | 0.575 | 80 | 0.217 | 0.283 |
| 18 | 0.444 | 0.561 | 90 | 0.205 | 0.267 |
| 19 | 0.433 | 0.549 | 100 | 0.195 | 0.254 |
| 20 | 0.423 | 0.537 | 200 | 0.138 | 0.181 |

**例 2 - 7** 求对某一存在 $y = mx + b$ 线性关系的实验数据的相关系数 $r$。

| | $x_i$ | $y_i$ | $(x_i - \bar{x})$ | $(y_i - \bar{y})$ | $(x_i - \bar{x})(y_i - \bar{y})$ | $(x_i - \bar{x})^2$ | $(y_i - \bar{y})^2$ |
|---|---|---|---|---|---|---|---|
| | 1 | 3.0 | −9.88 | −4.25 | 41.99 | 97.61 | 18.06 |
| | 3 | 4.0 | −7.88 | −3.25 | 25.61 | 62.09 | 10.56 |
| | 8 | 6.0 | −2.88 | −1.25 | 3.60 | 8.29 | 1.56 |
| | 10 | 7.0 | −0.88 | −0.25 | 0.22 | 0.77 | 0.06 |
| | 13 | 8.0 | 2.21 | 0.75 | 1.59 | 4.49 | 0.56 |
| | 15 | 9.0 | 4.12 | 1.75 | 7.21 | 16.97 | 3.06 |
| | 17 | 10.0 | 6.12 | 2.75 | 16.83 | 37.45 | 7.56 |
| | 20 | 11.0 | 9.12 | 3.75 | 34.20 | 83.17 | 14.06 |
| $\sum$ | 87 | 58 | | | 131.25 | 310.84 | 55.48 |

计算相关系数,有

$$\bar{x} = \frac{\sum x_i}{n} = \frac{87}{8} = 10.88$$

$$\bar{y} = \frac{\sum y_i}{n} = \frac{58}{8} = 7.25$$

$$\sum (x_i - \bar{x})(y_i - \bar{y}) = 131.25$$

$$\sum (x_i - \bar{x})^2 = 310.84$$

$$\sum (y_i - \bar{y})^2 = 55.48$$

$$r = \frac{\sum (x_i - \bar{x})(y_i - \bar{y})}{\sqrt{\sum (x_i - \bar{x})^2 \sum (y_i - \bar{y})^2}} = 0.99947$$

进行显著性检验,实验数据点数 $n = 8$,$n - 2 = 6$,对照表 2 - 3 可知:

当 $\alpha = 0.05$ 时,$r_{min} = 0.707$;

当 $\alpha = 0.01$ 时,$r_{min} = 0.834$。

说明实验数据线性相关在 $\alpha = 0.01$ 水平上显著,可以用线性函数来描述。

# 第三章　化工基本物理量的测量

在化工、轻工、炼油等工业生产和实验研究中,会涉及到很多参数的测量与控制问题,其中最常用的有温度、压力、流量等。用来测量这些参数的仪表称为化工测量仪表。不论是选用、购买或自行设计装置,要做到选用适当,必须对测量仪表的原理与使用注意事项有一个基本了解。仪表的选用必须满足工况的需要,仪表的精度必须满足生产实验要求。选用或设计合理,既节省投资,还能获得满意的结果。本章主要对温度、压力和流量测量时所用仪表的原理、特性及安装应用,做一简要介绍。

## 第一节　压　力　测　量

压力是实验、工业生产中的重要参数,经常遇到流体静压强的测量问题,例如:核算液体流动阻力,节流式流量计测量流量,压力容器及负压设备的操作压力测控等。流体压强测量又分为流体静压测量和流体总压测量(工程技术上所测量的多为表压)。前者可采用在管道或设备壁面上开孔测压的方法,也可以将静压管插入流体中,并使管子轴线与来流方向垂直,即测压管端面与来流方向平行的方向测压(例如柏努利方程实验中静压头 $H_{静}$ 的测量);后者可用总压管(亦称 $P_{itot}$)的办法。本节着重讨论如何正确测量流体的静压强。

常用的测量压力的仪表很多,按其工作原理大致可分为四大类,即液柱式压差计、弹性式压差计、电气式压差计和活塞式压差计。现将化工实验中常用的压差计做一介绍。

### 一、液柱式压差计

液柱式压差计是基于流体静力学平衡原理设计的,应用较为广泛。其结构比较简单,精度较高。既可用于测量流体的压强,也可用于测量流体的压差。其基本结构形式如下:

**1. U 形管压差计**

U 形管压差计的结构原理如图 3 – 1 所示。

它常用一根粗细均匀的玻璃管弯制而成,也可用二根粗细相同的玻璃管做成连通器形式。管内装有液体作为指示液,U 形管压差计两端分别连接两个测压点。当 U 形管两边压强不同时,两边液面便会产生高程差 $R$,实际应用时常用来测量压差。

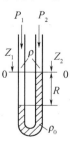

图 3 – 1　U 形管压差计

根据流体静压力学基本方程可知

$$P_1 + Z_1 \rho g + R \rho g = P_2 + Z_2 \rho g + R \rho_0 g$$

当被测管段水平放置时( $Z_1 = Z_2$ ),上式简化为

$$\Delta P = P_1 - P_2 = (\rho_0 - \rho) g R$$

式中 $\rho_0$——U 形管内指示液的密度（kg/m³）；

$\rho$——管路中流体密度（kg/m³）；

$R$——U 形管指示液两边液面差（m）；

$Z_1$、$Z_2$——距离测压口竖直高度（m）。

U 形管压差计常用的指示液为汞和水等。当测压范围很小,且流体为水时,还可用氯苯（$\rho_{20℃} = 1106$ kg/m³）和四氯化碳（$\rho_{25℃} = 1584$ kg/m³）作指示液。

记录 U 形管压差计读数时,正确方法应该是同时指明指示液和待测流体名称。例如,待测流体为水,指示液为汞,液柱高度 $R$ 为 50mm 时,压差 $\Delta P$ 的读数应为

$$\Delta P = 50 \text{ mm }(Hg - H_2O)$$

若 U 形管一端与设备或管道连接,另一端与大气相通,这时读数所反映的则是管道中某截面处流体的绝对压强与大气压之差,即为表压强。因为 $\rho_{H_2O} \gg \rho_{air}$,所以 $P_{表} = (\rho_{H_2O} - \rho_{air})gh = \rho_{H_2O}gh$。

（1）使用 U 管压差计时,应结合误差分析注意每一具体条件下液柱高度读数的合理下限。

若被测压差稳定,根据刻度读数一次所产生的绝对误差为 0.75mm,读取一个液柱高度值的最大绝对误差为 1.5mm。如要求测量的相对误差 ≤3%,则液柱高度读数的合理下限为 1.5/0.03 =50mm。

当被测压差波动很大,一次读数的绝对误差将增大时,假定为 1.5mm,读取一次液柱高度值的最大绝对误差为 3mm,则液柱高度读数的合理下限为 3/0.03 =100mm。当实测压差的液柱减小至 30mm 时,则相对误差增大至 3/30 =10%。

（2）跑汞问题:汞密度很大,是理想的 U 形管指示液,当 U 管测量流动系统两点间压力差较系统内的绝对压力很大或者突然受到较大的压力冲击时,U 管或导压管上若有接头突然脱开,则在系统内部与大气之间的强大压差下,会发生汞泄漏,污染环境。防止跑汞的主要措施有:① 设置平衡阀（如图 3 - 2 所示）,在每次开动泵或风机之前让它处于全开状态。读取读数时才将它关闭。② 在 U 形管两边上端设有球状缓冲室（如图 3 - 3 所示）,当压差过大或出现操作故障时,管内的水银可全部进入扩大的缓冲室中,避免跑汞现象的发生。③ 把 U 形管和导压管的所有接头捆牢,及时更换老化破裂的橡胶。④ U 形管压差计使用前需要注意利用排气阀排除连接压差计的管路中带入的气体。

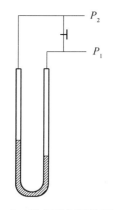

图 3 - 2　设有平衡阀的压差计

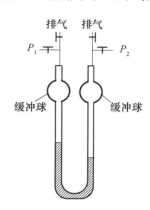

图 3 - 3　设有缓冲球的压差计

## 2. 单管压差计

单管压差计是 U 形压差计的变形,用一只杯形代替 U 形压差计中的一根管子,如图 3－4 所示。由于杯的截面 $S_{杯}$ 远大于玻璃管的截面 $S_{管}$(一般情况下 $S_{杯}/S_{管} \geqslant 200$),所以其两端有压强差时,根据等体积原理,细管一边的液柱升高值 $h_1$ 远大于杯内液面下降 $h_2$,即 $h_1 \gg h_2$,这样 $h_2$ 可忽略不计,在读数时只需读一边液柱高度,减少了读数误差,最大误差比 U 形压差计减少近一半。

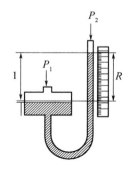

图 3－4　单管压差计

## 3. 倾斜式压差计

倾斜式压差计是将 U 形压差计或单管压差计的玻璃管与水平方向作 $\alpha$ 角度的倾斜。它使读数 $R$ 放大了 $1/\sin\alpha$ 倍,即 $R' = R/\sin\alpha$,有利于减小读数带来的相对误差。如图 3－5 所示。

根据此原理设计的 Y－61 型倾斜微压计,结构如图 3－6 所示。微压计用密度为 0.81 的酒精作指示液,不同倾斜角的正弦值以相应的 0.2、0.3、0.4 和 0.5 数值,标刻在微压计的弧形支架上,以供使用时选择。

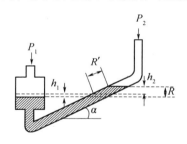

图 3－5　倾斜式压差计

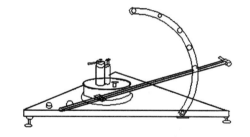

图 3－6　Y－61 型倾斜微压计

## 4. 倒 U 形管压差计

倒 U 形压差计(也称为 π 型压差计)的结构如图 3－7 所示,这种压差计的特点是以空气为指示剂,适用于较小压力的测量。

使用时需要排气,操作原理同 U 形压差计相同。在排气时旋塞 3、4 全开,排气完毕后,调整倒 U 形管内的水位。如果水位过高,关旋塞 3、4,可打开旋塞 5 以及旋塞 1 和 2;如果水位过低,关闭旋塞 1 和 2,打开旋塞 5 及旋塞 3 或 4,使部分空气排出,直至水位合适为止。

## 5. 双液微压计

这种压差计用于测量微小压力,如图 3－8 所示。它一般用于测量气体压力的场合,其特点是 U 形管中装有两种密度相近的指示液,且 U 管两臂上设有一个截面积远大于管截面积的"扩大室"。

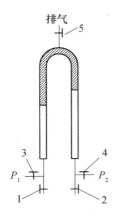
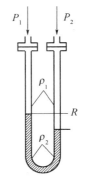

图 3 - 7　倒 U 形管压差计　　　　图 3 - 8　双液微压计

由流体静压力学基本方程得

$$\Delta P = P_1 - P_2 = (\rho_1 - \rho_2)gR$$

当 $\Delta P$ 很小时,为了扩大读数 $R$,减小相对读数误差,可通过减小 $\rho_1 - \rho_2$ 来实现,所以对两指示液的要求是尽可能使两者密度相近,且有清晰的分界面。工业上常用石蜡油和工业酒精,实验中常用的有氯苯、四氯化碳、苯甲基醇和氯化钙浓液等,其中氯化钙浓液还可以用不同的浓度来调节密度。

当玻璃管径较小时,指示液易与玻璃管发生毛细现象,双液微压计应选用内径不小于 5mm(最好大于 8mm)的玻璃管,以减小毛细现象带来的误差。因为玻璃管的耐压能力低,过长易破碎,所以双液微压计一般仅用于 $1 \times 10^5 Pa$ 以下的正压或负压(或压力)的场合。

## 二、弹性式压差计

弹性式压差计是利用各种型式的弹性元件,在被测介质的压力作用下,产生相应的弹性变形(一般用位移大小),根据变形程度来测出被测压力的数值。常用的弹性元件有:单圈弹簧管、多圈弹簧管、波纹膜片、波纹管等。实验室中最常见的是弹簧管压力表(又称波登管压力表)。它的测量范围宽,应用广泛。其结构如图 3 - 9 所示。

弹簧管压力表的测量元件是一根弯成 270°圆弧的椭圆截面的空心金属管(如图 3 - 10所示),其自由端封闭,另一端与测压点相接。当通入压力后,由于椭圆形截面在压力作用下趋向圆形,弹簧管随之产生向外挺直的扩张变形——产生位移,此位移量由封闭着的一端带动机械传动装置,使指针显示相应的压力值。该压差计用于测量正压,称为压力表;测量负压时,称为真空表。

在选用弹簧管压力表时,应注意工作介质的物性和量程。同时还应注意其精度,在表盘下方小圆圈中的数字代表该表的精度等级。一般使用 2.5 级、1.5 级、1 级,对于测量精度要求较高时,可用 0.4 级以上的压力表。

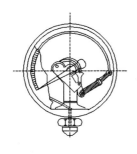

图 3-9　弹簧管压力表

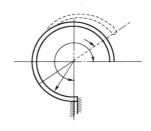

图 3-10　弹簧管压力表空心金属管

在化工生产过程中,常常需要把压力控制在某一范围内,即当压力低于或高于给定范围时,就会破坏正常工艺条件,甚至可能发生危险。这时应采用带有报警或控制触点的压力表。将普通弹簧管压力表稍加变化,便可成为电接点信号压力表。它能在压力偏离给定范围时,及时发出信号,以提醒操作人员注意或通过中间继电器实现压力的自动控制。

图 3-11 是电接点信号压力表的结构和工作原理示意图。压力表指针上有动触点 2,表盘上另有两个可调节的指针,上面分别有静触点 1 和 4。当压力超过上限给定数值(此数值由静触点 4 的指针位置确定)时,动触点 2 和静触点 4 接触,红色信号灯 5 的电路被接通,使红灯发亮。当压力低到下限给定数值时,动触点 2 与静触点 1 接触,接通了绿色信号灯 3 的电路。静触点 1、4 的位置可根据需要灵活设置。

### 三、电气式压差计

电气式压差计一般是将压力的变化转换成电阻、电感或电势等电学参数的变化,从而实现压力的间接测量。这种压差计反应较迅速,易于远距离传送,适用于测量压力快速变化、脉动压力、高真空、超高压的场合。

**1. 膜片压差计**

膜片压差计测压弹性元件是平面膜片或柱状的波纹管,受压力后引起变形和位移,经转换变成电信号远传指示,从而实施压力的测量。图 3-12 所示为 CMD 型电子膜片压差计。当流体的压强传递到紧压于法兰盘间的弹性膜时,膜受压,中部向左(右)移动,带动差动变压器线圈内的铁心移动,通过电磁感应将膜片的行程转换为电信号,再通过显示仪表直接显示出来。为了避免压力太大或操作失误时损坏膜片,一般会装有保护挡板 2,当一侧压力过大时,保护挡板压紧在该侧橡皮片上,从而关闭膜片与高压的通道,使膜片不致超压。这种压差计可代替水银 U 形管,减少水银污染,信号可远传,但精确度比 U 形管略差。

**2. 压变片式压力变送器**

此变送器是利用应变片作为转换元件,将被测压力 $P$ 转换成应变片电阻值的变化,然后经过桥式电流转换为毫伏级的信号变化。应变片是由金属导体或半导体材料制成的电阻体,其电阻 $R$ 随压力 $P$ 所产生的应变而变化。假如将两片应变片分别以轴向与径向两方向固定在圆筒上,如图 3-13(a)所示,圆筒内通以被测压力 $P$,由于在压力 $P$ 作用下圆筒产生应变,并且沿轴向和径向的应变值不一样,引起 $r_1$、$r_2$ 数值发生了变化。$r_1$、$r_2$ 和固

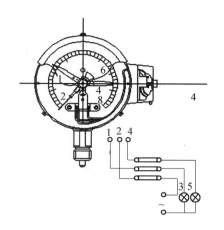

图 3 - 11　电接点信号压力表
1,4—静触点；2—动触点；3—绿灯；5—红灯。

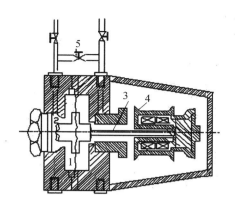

图 3 - 12　CMD 型电子膜片压差计
1—膜片；2—保护挡板；3—铁芯；
4—差动变压器线圈；5—平衡阀。

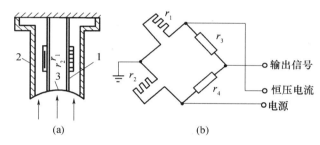

(a)　　　　　　　　　　(b)

图 3 - 13　压变片式压力变送器
（a）传感筒；（b）测量电路。

定电阻 $r_3$、$r_4$ 组成测量桥路,如图 3 - 13(b)所示。当 $r_1 = r_2$ 时,桥路平衡,输出电压 $\Delta U = 0$;当 $r_1$ 与 $r_2$ 数值不等时,测量桥路失去平衡,输出电压 $\Delta U$。应变式压力变送器就是根据 $\Delta U$ 随压力 $P$ 变化来实现压力的间接测量。

应变电阻值还随环境温度的变化而变化。温度对应变片电阻值有显著影响,从而产生一定的误差,一般采用桥路补偿和应变片自然补偿的方法,来清除环境温度变化的影响。这方面的详细内容可参阅专业参考书。

**3. 霍耳片式压力变送器**

霍耳片式压力变送器是利用霍耳元件将压力引起的位移变化转换成电势信号的改变,从而实现压力的间接测量。

霍耳效应如图 3 - 14 所示,将霍耳元件（如锗半导体薄片）放置在磁场强度为 $B$ 的磁场中,当电流 $I$ 从 $Y$ 方向加入时,沿 $X$ 方向产生电动势 $U_H$ 称为霍耳电势(注意 H 型半导体薄片与 P 型半导体薄片产生的 $U_H$ 方向相反),可表示为

$$U_H = KBI$$

式中　$U_H$——霍耳电势；

$K$——霍耳常数；

$B$——磁场强度；

$I$——输入电流。

将霍耳元件和弹簧管配合,组成霍耳片式弹簧管压力变送器,如图3-15所示。被测压力由弹簧管1的固定端引入,弹簧管的自由端与霍耳片3相连接,在霍耳片的上下方垂直安放两对磁极,使霍耳片处于两对磁极形成的非均匀磁场中。在被测压力作用下,弹簧管自由端产生位移,改变霍耳片在非均匀磁场中的位置,将机械位移量转换成电量——霍耳电势$U_H$,以便将压力信号进行远传和显示。

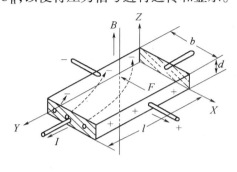

图3-14 霍耳效应          图3-15 霍耳片式弹簧管压力变送器

霍耳片式压力变送器的优点是外部尺寸和厚度小,测量精度高($U_H$与$B$大小呈线性关系),测量范围宽。缺点是效率低。

## 四、流体压力测量中的技术要点

**1. 压差计的正确选用**

1)仪表类型的选用

仪表类型的选用必须满足工艺生产或实验研究的要求,例如:是否需要远传变送、报警或自动记录等,被测介质的物理化学性质和状态(黏度、温度、腐蚀性、清洁程度等)是否对测量仪表提出特殊要求,周围环境条件(温度、湿度、振动等)对仪表类型是否有特殊要求等。总之,正确选用仪表类型是保证安全生产及仪表正常工作的重要前提。

2)仪表的量程范围应符合工艺生产和实验操作的要求

仪表的量程范围是指仪表刻度的下限值到上限值,它应根据操作中所需测量的参数大小来确定。测量压力时,为了避免压差计超负荷,压差计的上限值应该高于实际操作中可能的最大压力值。对于弹性式压差计,在被测压力比较稳定的情况下,其上限值应为被测最大压力的4/3倍;在测量波动较大的压力时,其上限值应为被测最大压力的3/2倍。此外,为了保证测量值的准确度,所测压力值不能接近仪表的下限值,一般被测压力的最小值应不低于仪表全量程的1/3。

根据所测参数大小计算出仪表的上下限后,还不能以此值作为选用仪表的极限值。仪表标尺的极限值不是任意取的,它是由国家主管部门用标准规定的。因此,选用仪表标尺的极限值时,要按照相应的标准中的数值选用(一般在相应的产品目录或工艺手册中可查到)。

3)仪表精度级的选取

仪表精度级是由工艺生产或实验研究所允许的最大误差来确定的。一般地说,仪表越精密,测量结果越精确、可靠。但不能认为选用的仪表精度越高越好,因为越精密的仪表,一般价格越高,维护和操作使用要求相对苛刻。因此,应在满足操作要求的前提下,本着节约的原则,正确选择仪表的精度等级。

**2. 测压点的选择**

测压点的选择对于正确测得静压值十分重要。根据流体流动的基本原理可知,测压点应选在受流体流动干扰最小的地方。例如,在管线上测压,测压点应选在离流体上游的管线弯头、阀门或其他障碍物 40～50 倍管内径的距离,确保紊乱的流线经过该稳定段后在近壁面处的流线与管壁面平行,形成稳定的流动状态,从而避免动能对测量的影响。根据流动边界层理论,若条件所限,不能保证 40～50 倍管内径的稳定段,可设置整流板或整流管,清除动能的影响。

**3. 测压孔口的影响**

测压孔,又称取压孔。由于在管道壁面上开设了测压孔,不可避免地扰乱了孔口处流体流动的情况,流体流线会向孔向弯曲,并在孔内引起旋涡,这样从测压孔引出的静压强和流体真实的静压强存在误差。此误差与孔附近的流动状态有关,也与孔的尺寸、几何形状、孔轴方向、深度等因素有关。从理论上讲,测压孔径越小越好,但孔口太小使加工困难,且易被脏物堵塞,另外还使测压的动态性能差。一般孔径为 0.5～1mm,孔深 $h$:孔径 $d \geqslant 3$,孔的轴线要求垂直壁面,孔周围处的管内壁面要光滑,不应有凸凹或毛刺。

**4. 压差计的安装和使用**

1）测压孔取向及导压管的安装、使用

（1）被测流体为液体。为防止气体和固体颗粒进入导压管,水平或倾斜管道中取压口安装在管道下半平面,且与垂线的夹角成 45°,如图 3-16(a)所示。在测量系统两点间的压力差时,应尽量将压差计装在取压口下方,使取压口至压差计之间的导压管方向都向下,这样气体就较难进入导压管。如果压差计不得不装在取压口上方,则从取压口引出的导压管应先向下敷设 1000mm,然后向上弯接压差计,其目的是形成 1000mm 的液封,阻止气体进入导压管。实验时,首先将导压管内的原有空气排除干净,为了便于排气,应在每根导气管与压差计的连接处安装一个放气阀,利用取压点处的正压,用液体将导管内气体排出,导压管的敷设宜垂直地面或与地面成不小于 1:10 的倾斜度。若导压管在两端点间有最高点,则应在最高点处装设集气罐。

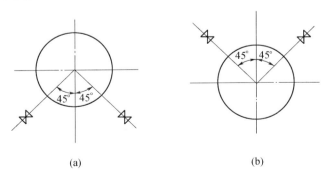

(a)                                              (b)

图 3-16　管道上取压口的布置图

（2）被测流体为气体。为防止液体和固体粉尘进入导压管,宜将测量仪表装在取压口上方。如果必须装在下方,应在导压管路最低点处装设沉降器和排污阀,以便排出液体和粉尘。在水平或倾斜管中,气体取压口宜安装在管道上半平面,与垂线夹角≤45°,如图3-16(b)所示。

（3）介质为蒸气。以靠近取压点处冷凝器内凝液液面为界,将导压管系统分为两部分:取压点至凝液液面为第一部分,内含蒸汽,要求保温良好;凝液液面至测量仪表为第二部分,内含冷凝液,避免高温蒸汽与测压元件直接接触。引压管一般做成如图3-17所示的型式,该型式广泛应用于弹簧管压差计,以保障压差计的精度和使用寿命。

此外,为了减少蒸汽中凝液滴的影响,常在引压管前设置一个截面积较大的凝液收集器。在测量高黏度、有腐蚀性、易冻结、易析出固体的被测流体时,常采用隔离器和隔离液,如图3-18所示。隔离器应具有足够大的容积和水平截面积,隔离液除与被测介质不互溶之外,还应与被测介质不起化学反应,且冰点足够低,能满足具体问题的实际需要。常用的隔离液如表3-1所列。

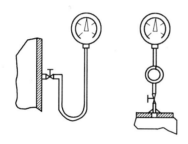

图 3-17　引压管型式

图 3-18　隔离器和隔离液

表 3-1　常用的隔离液

| 隔离液名称 | 20℃下的密度 $\rho$/(kg·m$^{-3}$) | 冰点和被测液体 |
|---|---|---|
| 甲基甘油 | 0.95 ~ 0.96 | -60℃ |
| 甘油酒食酸酯 | 1262 | -17℃ |
| 甘油酒食酸酯和水的混合物（体积比1:1） | 1130 | -22.5℃ |
| 磷苯二甲酸二丁酯 | 1047 | -35℃ |
| 乙醇 | 789 | -112℃ |
| 乙二醇 | 1113 | -12℃ |
| 乙二醇和水的混合物(体积比1:1) | 1070 | 36℃ |
| 变压器油 | 870 | 液氨,氨水,硝酸钠,亚硝酸钠,硫酸,苛性钠,硫化铵,苯乙烯,乙苯 |
| 二氯代乙醚 | 1222 | 次氯酸盐 |
| 氟油 |  | 氯气 |
| 五氯乙烷 |  | 硝酸 |
| 水 | 1000 | 重油,$C_4$,$C_8$,煤气 |

| 隔离液名称 | 20℃下的密度 $\rho$/(kg·m$^{-3}$) | 冰点和被测液体 |
|---|---|---|
| 煤油 | 800 | 半水煤气,氯化氢气体及液体 |
| 液体石蜡 | 883 | 三氯氢硅,焦油,硫酸 |

（4）全部导压管应密封良好,无渗漏现象,有时会因小小的渗漏造成很大的测量误差,因此安装导压管后应做一次耐压试验,试验压力为操作压力的1.5倍,气密性试验为400mmHg柱。

（5）在测压点处要装切断阀门,以便于压差计和引压导管的检修。对于精度级较高或量程较小的压差计,切断阀门可防止压力的突然冲击或过载。

（6）引压导管不宜过长,以减少压力指示的迟缓。如果导管长度超过10m,应选用其他远距离传示的压差计。

2）压差计的安装

安装地点应力求避免振动和高温的影响。弹性压差计在高温情况下,其指示值将偏高,一般应在低于50℃的环境下工作,或利用必要的防高温防热措施。在安装液柱式压差计时,要注意安装的垂直度,读数时视线与分界面之弯月面相切。

3）压差计的使用

（1）测量液体流动管道上下游两点间压差。若气体混入,形成气液两相流,其测量结果不可取。因为单相流动阻力与气液两相流阻力的数值及规律性差别很大。例如在离心泵吸入口处是负压,文丘里管等节流式流量计的节流孔处可能是负压,管内液体从高处向低处常压贮槽流动时,高段压强是负压,这些部位有空气漏入时,对测量结果影响很大。如图3-19所示,回水管末端高悬于水槽上方,当水以一定流速落入水面时,将大量空气带入深处,这些空气易被吸入管（负压）内,并向实验管路系统的下游流动,直接影响测量结果的准确性。

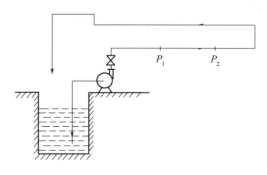

图3-19　空气易被吸入的液体流动系统

（2）多取压点的测量。操作时应避免旁路流动,使测量结果准确可靠。如图3-20所示。

测量压力 $\Delta P_{C-C'}$ 时,若压力较小,可利用水倒U管;若压力较大,则利用汞U形管,此时若不关闭阀门1和2,孔板上游的水有一部分绕经 C—11—1—2—12—C′ 到达孔板下游,以致直接通过孔板的水流量变小,使 $\Delta P_{C-C'}$ 变小。同理,在压力较大时,若不关闭阀

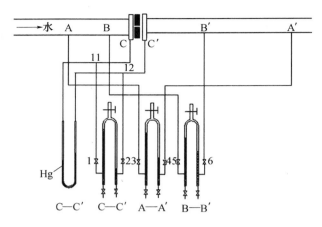

图 3 – 20　流量计实验中旁路流动对系统压力测量的影响

门 3、4、5、6 都将导致 $\Delta P_{C-C'}$ 变小。

# 第二节　流体流量测量

　　为了有效地进行操作和控制,在化工生产和科学实验中,经常需要测量其过程中各种介质的流量,以便为生产操作和控制提供依据。流量系指单位时间内经过管道截面的流体,是进行经济核算的一个重要参数。若流体的量以体积表示,称为体积流量 $m^3/h$;若以质量表示,则称为质量流量 $kg/h$。

　　目前测量流量的仪表大致可分为三大类,即速度式流量仪表、体积式流量仪表和质量流量计。常用的速度式流量仪表有节流式流量计、转子式流量计、毕托管;体积式流量仪表有湿式气体流量计、皂膜流量计等;质量流量计分直接式和间接式两种。直接式质量流量计目前常用的有量热式、角动量式、振动陀螺式、马格努斯效应式和科里奥利力式等质量流量计。间接式质量流量计是用密度计与容积流量直接相乘求得质量流量的。

　　以下对最常用的几种流量计进行介绍。

## 一、节流式(压力式)流量计

　　节流式流量计是基于流体流动的节流原理,利用流体流经节流装置时产生压力力而实现测量的。它通常由能将被测流量转换压力信号的节流件(孔板、喷嘴)和测量压力差的压差计所组成,是化工和石油工业及实验室中应用较为广泛的一种流量计。

　　**1. 流量基本方程式**

　　对于可压缩流体,从柏努利方程式可以推出节流式流量计流量基本方程式为

$$V_s = C_o S_o \varepsilon \sqrt{\frac{2(P_1 - P_2)}{\rho}}$$

$$S_o = \pi d_o^2 / 4$$

式中　$(P_1 - P_2)$——节流件前后取位点的压强差;

　　　　$\rho$——流体密度;

　　　　$S_o$——节流件开孔面积;

$C_0$——孔流系数;

$\varepsilon$——膨胀校正系数;

$d_0$——节流孔直径。

对于不可压缩流体 $\varepsilon = 1$;对于压缩流体,$\varepsilon < 1$。$\varepsilon$ 值与直径比 $\beta$ 及压力相对变化值 $\Delta P/P_1$、气体等熵值 $K$ 及节流件形式等因素有关,可查阅流量计专著。

孔流系数 $C_0$ 是一个影响因素复杂、变化范围较大的量,其数值与以下因素有关:

(1)节流装置的形式。

(2)截面比 $m$ 和直径比 $\beta$。$m = S_0/S = d_0^2/D^2$,$S$、$D$ 分别代表管道的截面积和直径; $\beta = d_0/D$。

(3)按管道计算的雷诺数 $Re_D = \dfrac{uD\rho}{\mu}$ 和流体的黏度。

(4)管道内壁粗糙度。

(5)孔板入口边缘的尖锐程度。

(6)取压方式。孔板的取压方式有 5 种:角接取压法、理论取压法、径距取压法、法兰取压法和管接取压法。喷嘴的取压方式有:角接、径距和喉接。对于文丘里管,目前有角接取压法。了解每种取压方式的具体情况可查阅有关专著。

对于标准节流件,由于节流件的结构、尺寸比例和安装要求都有明确的规范,一般情况应使用标准节流件,因而孔流系数有确定的数据可查,不必自行测定。若达不到标准节流装置各项规定指标时,确定某一具体节流装置的流量 – 压力关系的唯一方法是对它进行实际标定。

测量系数 $C$ 与流体因素的关系常用以下数字形式表示:

(1)对于标准孔板,$C = k_1 k_2 k_3 C_0$;

(2)对于其他标准节流装置,$C = k_1 k_2 C_0$。

式中:$C_0$ 为原始流量系数,它是在光滑管道中管内雷诺数 $Re_D$ 大于界限雷诺数 $Re_K$ 条件下用实验方法测得;$k_1$ 为黏度校正系数;$k_2$ 为管壁粗糙度校正系数;$k_3$ 为孔板入口边缘不尖锐度的校正系数。文丘里管没有尖锐的入口边缘,因而没有 $k_3$。$k_1$,$k_2$,$k_3$,$C_0$ 系数的选用参考有关流量测量文献。

2. 常用节流式流量计简介

1)孔板

其结构形式如图 3 – 21 所示,它具有结构简单、易加工、造价低的特点,但其能量损失大于文丘里管和喷嘴。

安装孔板的条件是:流体从孔板的圆柱形锐孔一侧流进,从呈喇叭状一侧流出,不能装反。

标准孔板加工时,应注意进口边沿必须尖锐,不应有毛刺、凹坑、侧角、滑痕等,否则流量 – 压力关系发生变化,无法进行精确计算。

孔板在使用一段后,若进口面圆柱形部分的尖锐边沿因磨损或腐蚀而变圆,则同样流量下压力 $\Delta P$ 将变小,产生 4% ~ 5% 误差。所以在测量易使节流装置变脏、磨损和变形的介质时,不宜选用孔板。

法兰取压标准孔板的选用范围为:管径 $D = 50 \sim 750 \text{mm}$;

直径比 $\beta = 0.10 \sim 0.75$；最小雷诺数 $Re_{D_{\min}} = 8 \times 10^3 \sim 4.80 \times 10^5$，后者随 $\beta$ 而变。

角接取压标准孔板的适用范围：管径 $D = 50 \sim 1000\text{mm}$；直径比 $\beta = 0.22 \sim 0.80$；最小雷诺数 $Re_{D_{\min}} = 5 \times 10^3 \sim 1.98 \times 10^5$，后者随 $\beta$ 而变。

由此可见，对小直径管道，无标准孔板可供选用。

2）喷嘴

其结构形式如图 3 - 22 所示，它的能量损失仅次于文丘里管，有较高的测量精度，因其对腐蚀性大、脏污的介质不太敏感而得到广泛应用。

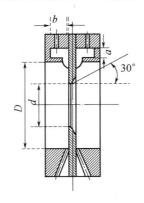 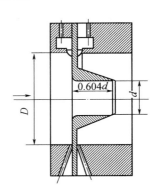

图 3 - 21　孔板结构示意图　　　图 3 - 22　喷嘴结构示意图

标准型喷嘴利用角接取压方式，适用范围为：管径 $D = 50 \sim 500\text{mm}$；直径比 $\beta = 0.32 \sim 0.80$；最小雷诺数 $Re_{D_{\min}} = 3.93 \times 10^4 \sim 5.78 \times 10^4$，后者随 $\beta$ 的变化不大。

3）文丘里管流量计

为了减少流体流经节流件时的能量损失可用一段渐缩管、渐扩管代替孔板或喷嘴，这样构成的流量计称为文丘里流量计，如图 3 - 23 所示。

文丘里流量计上游的测压口距开始收缩处的距离至少应为二分之一管径，下游取压口设在最小流通截面处（文喉）。由于有渐缩段和渐扩段，流体在其内的流速改变平缓，涡流较少，管处增加的动能在其后渐扩的过程中大部分转换为静压能，所以能量损失大大减少，这是其优点，但其制造工艺较为复杂，成本高，一般较少使用。

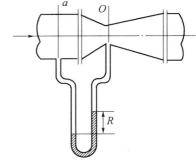

图 3 - 23　文丘里流量计结构示意图

**3. 节流式流量计的安装和使用**

节流式流量计工作原理是：一定的流量在管内节流件前后有特定的速度分布和流动状态，经节流孔时产生速度变化和能量损失，产生压力差，通过测量压力获得流量。实际应用节流式流量计时，流量测量误差往往超过国家标准要求的 2%，有时甚至可达 10% ~ 20%，对于关键的工艺条件来说，这样大的误差是不允许的。

1）节流式流量计使用条件

（1）流体必须是牛顿型流体，在物理上和热力学上是单相的，或者可认为是单相的，至少在经过节流件时不发生相变化。

（2）流体在节流装置前后必须完全充满管道整个截面。

（3）流体流量稳定，即不随时间而变或变化非常缓慢。节流式流量计不适用于对脉动流和临界流的流量进行测量。

（4）节流件前后的直管段足够长，长度要求可查阅专著。

2）节流式流量计的安装

（1）安装时，需检查节流装置的管道直径是否符合设计要求，允许偏差范围为：当 $d_0/D > 0.55$ 时，允许偏差为 $0.005D_0$；当 $d_0/D \leqslant 0.55$ 时，允许偏差为 $0.02D_0$。其中，$d_0$ 为孔径，$D$ 为管径。

（2）安装节流装置用的垫圈，在夹紧之后内径不得小于管径。

（3）节流件的中心应位于管中心线上，最大允许误差为 $0.01D$，节流件入口端面应与管道中心线垂直。

（4）在节流件上下游至少 2 倍管道直径的距离内，无明显不光滑的凸块电焊渣，凸出的垫片以及露出的铆钉、温度计套管、取压口接头等。

（5）注意节流件的安装方向。使用孔板时，圆柱型锐孔应朝向上游，使用喷嘴和 1/4 圆喷嘴时，喇叭形曲面应朝向上游。使用文丘管时，较短的渐缩段应装在上游，较长的渐扩段应装在下游。

（6）取压口导压管及压力测量问题对流量精度影响很大，安装时可参考第 3 章第 1 节部分。

3）节流式流量计的使用

节流装置经过长期使用后，必须考虑有关腐蚀、磨损、结垢问题，若观察到节流件的几何尺寸和形状已发生变化，应采取有效措施妥善处理。

当被测流体的密度与设计计算或标定用的流体密度不同时，应对流量 – 压力关系进行修正。在测量条件下，流量读数为 $Q_{读}$，实际流量设为 $Q'$，流体密度为 $\rho'$ 时，有

$$\frac{Q_{读}}{Q'} = \sqrt{\frac{\rho'}{\rho}}$$

$Q_{读}$ 有时是从仪表盘上直接读出的，有时是压差计测得压力差后，由原标定的流量 – 压力差关系求得的，单位为 $\text{m}^3/\text{s}$，上式适用于各种气体或液体。但对于低温或高压气体，由理想气体状态方程知：$\dfrac{P}{\rho T} = \dfrac{P'}{\rho' T'}$，将此代入上式得

$$Q' = Q_{读}\sqrt{PT'/P'T}$$

式中：$T$、$P$ 分别为原设计或标定情况下的温度（K）和压力（Pa）；$T'$、$P'$ 为实际测量条件下的温度（K）和压力（Pa）。

## 二、转子流量计

转子流量计，又称浮子流量计，具有结构简单、价格便宜、刻度均匀、直观、量程比较大（10:1）、使用方便等特点，特别适用于较小流量测量。若选择适当的锥形管及转子材

料,可用来测量有腐蚀性流体的流量,所以在化工生产和实验中被广泛利用。

### 1. 工作原理

转子流量计测量原理与节流式流量计有着根本的不同。节流式流量计是在节流面积不变的条件下,以气压变化来反映流量的大小;而转子流量计是在保证压降不变的条件下,利用节流面积的变化来反映流量的大小,其结构形式如图3-24所示。

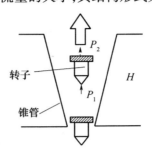

图3-24 转子流量计结构示意图

转子流量计的测量部分由一个垂直的锥形玻璃管与管内的转子所组成。当被测流体自下而上通过锥形管,作用于转子的上升力大于浸在流体中的转子重量时,转子上升,转子最大外径与锥形管内壁之间的环隙面积随转子的升高而增大,流速也随之下降,作用于转子的上升力也随之减小。当上升力等于转子浸在流体中的重量时,转子便稳定在某一高度上,即:转子在锥形管内的平衡流量的高低与被测流体的流量大小相对应。这时便可直接从锥管刻度上读出实际流量。

根据力学原理,当转子稳定在某一高度时,受力平衡,即

$$(P_1 - P_2)S_f = V_f\rho_f g - V_f\rho g \quad \text{或} \quad P_1 - P_2 = V_f g(\rho_f - \rho)/S_f$$

此时,流体流经环形截面的流量-压强关系与流体流过孔板流量计小孔的情况相类似,因此可仿照孔板流量计的流量公式写出转子流量计的流量公式,即

$$V_S = C_R S_R \sqrt{2(P_1 - P_2)/\rho}$$
$$V_S = C_R S_R \sqrt{2g V_f(\rho_f - \rho)/(S_f\rho)}$$

式中:$C_R$ 为转子流量计孔板系数;$S_R$ 为转子与玻璃管的环隙截面积;$V_f$ 为转子的体积;$S_f$ 为转子最大部分的截面积;$\rho_f$ 为转子材质的密度;$\rho$ 为被测流体的密度。

### 2. 转子流量计的换算和修正

转子流量计在出厂时要进行标定,其标定条件如表3-2所列。

表3-2 转子流量计出厂标定条件

| | 介质种类 | 温度/℃ | 压力/mmHg |
|---|---|---|---|
| 气体转子流量计 | 空气 | 20 | 760 |
| 液体转子流量计 | 水 | 20 | 760 |

若使用条件与标定条件不符时,需进行修正或重新标定。

1）液体介质

$$Q_{实} = Q_N \sqrt{\frac{\rho_{水}(\rho_f - \rho)}{\rho(\rho_f - \rho_{水})}}$$

式中：$Q_{实}$ 为实际流量值；$Q_N$ 为标定时刻度流量值（转子流量计的示值）；$\rho_{水}$ 为 20℃时水的密度；$\rho$ 为被测介质的密度。

2）气体介质

因为 $\rho_f \gg \rho_{air}$，流量公式可简化为 $Q_{实} = Q_N \sqrt{\frac{\rho_1}{\rho_2}}$

式中：$\rho_1$ 为标定状态下所用空气的密度；$\rho_2$ 为被测介质密度。

（1）$Q_{实} = Q_N \sqrt{\frac{P_1 T_2}{P_2 T_1}}$

为了工艺计算方便，还须将 $Q_{实}$ 换算为标准状况下的流量 $Q_{实0} = Q_{实} \sqrt{\frac{P_2 T_0}{P_0 T_2}}$，代入得

$$Q_{实0} = Q_N \frac{T_0}{P_0} \sqrt{\frac{P_1 P_2}{T_1 T_2}}$$

式中：$Q_{实0}$ 为换算为标准状况下的流量；$T_1$、$P_1$ 为标定状态下温度和压力；$T_2$、$P_2$ 为使用状态下温度和压力；$T_0$、$P_0$ 为标准状态下温度和压力。

（2）如果用于测量异种气体且状态不同时，$\frac{\rho_1}{\rho_{1,0}} = \frac{P_1 T_0}{P_0 T_1}$，$\frac{\rho_2}{\rho_{2,0}} = \frac{P_2 T_0}{P_0 T_2}$，代入得

$$Q_{实} = Q_N \sqrt{\frac{P_1 T_2 \rho_{1,0}}{T_1 P_2 \rho_{2,0}}}$$

将 $Q_{实}$ 换算为标准状态得

$$Q_{实0} = Q_N \frac{T_0}{P_0} \sqrt{\frac{P_1 P_2 \rho_{1,0}}{T_1 T_2 \rho_{2,0}}}$$

式中：$\rho_{1,0}$ 为标准状态下标定气体的密度；$\rho_{2,0}$ 为标准状态下被测气体的密度。

3）改变量程时的修正

需要改变量程时，有两种方法进行修正。

（1）在同一转子流量计中更换转子材料（几何尺寸不变），流量可修正为

$$Q' = Q \sqrt{\frac{\rho'_f - \rho}{\rho_f - \rho}}$$

式中：$\rho'_f$ 为更换转子材料的密度。常见的转子材料的密度见表 3-3。

表 3-3 转子材料密度

| 材料 | 胶木 | 玻璃 | 铝 | 铁 | 不锈钢 | 铅 |
|---|---|---|---|---|---|---|
| 密度/(kg·cm⁻³) | 1450 | 2440 | 2860 | 7800 | 7900 | 1350 |

（2）将实心转子掏空成为空心转子，内加填充物来改变转子质量，由流量基本方程可知，转子流量改变后的流量 $Q'$ 与改变前的流量 $Q$ 遵循

$$Q' = Q\sqrt{\frac{(\rho'_f - \rho)V'_f}{(\rho_f - \rho)V_f}} = Q\sqrt{\frac{M'_f - V'_f\rho}{M_f - V_f\rho}}$$

式中：$M'_f$、$V'_f$为改变后的转子质量和转子体积。

由于改变转子质量$M'$的同时，实际上也改变了转子的体积$V_f$或密度$\rho_f$。若测量体积或密度有困难时，应重新对流量计进行标定。

**3. 转子流量计的安装使用和维修**

（1）转子流量计应安装在垂直、无震动的管道上。不允许有明显的倾斜，否则会造成测量误差。

（2）转子流量计前的直管长度应保证不少于$5D$（$D$为流量计的通径）。

（3）转子流量计在安装使用前，应检查测量的介质、刻度值、工作压力是否与实际相符，其误差不应超过允许值。

（4）转子流量计（特别是大口径的）搬动时应将转子顶住，以防金属转子撞破玻璃锥管。

（5）调节和控制流量不宜采用电磁阀、球阀等速开阀门，否则转子会冲到顶部，因骤然受阻，失去平衡，将玻璃锥管撞破或将转子撞碎或变形损坏。

（6）转子流量计的锥形管和转子要经常清洗，因为粘附有污垢后，转子质量、环形截面积会发生变化，甚至出现不能上下垂直浮动等情况，从而引起测量误差。

（7）选用转子流量计，应考虑转子和基础材料必须符合被测流体的要求。流量计的正常测量值最好选在测量上限的$1/3\sim2/3$刻度地方。

（8）被测流体温度若高于70℃时，应在流量计外测安装保护罩，以防玻璃管因溅有冷水而骤然破裂。国产 LZB 型系列转子流量计的最高工作温度有120℃ 和160℃ 两种。

## 三、测速管（毕托管）

### 1. 结构原理

测速管实际上是将静压力与总压的测量结合在一起，可以测量点速度和速度分布。如图 3-25 所示，它是由两根弯成直角的同心套管所组成，外管的管口是封闭的，在外管前端分别与液柱压差计相联接。其测量原理在化工原理教材中详尽叙述，且测速管的结构尺寸已标准化。

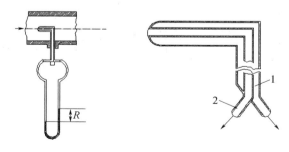

图 3-25　测速管测量原理和结构示意图

对于不可压缩流体，毕托管的流速基本方程为

$$U_r = \xi \sqrt{\frac{2(P_0 - P)}{\rho}}$$

式中    $U_r$——测验处的点速度（内管管口外侧沿管轴方向的点）；

         $P$—— 测速管取压孔处的静压力；

         $P_0$——测速管内的管口截面上的总压力；

         $\rho$ ——流体的密度；

         $\xi$ —— 校正系数（对于标准毕托管，$\xi = 1$）。

**2. 测量方法**

测速管只能测量某一点的流速，可以被用来测量导管截面上的速度分布情况，不适于流量测量。常用的测速管测量的方法有：

1）经验关系法

将测速管口置于管道的中心线上，测得流体的最大流速 $U_{max}$，再由 $U_{max}$ 算出 $Re_{max}$，然后从图 3 - 26 中查出 $U/U_{max}$，即可求得截面的平均流速 $U$，进而求得管中流体的流量为

$$Q = AU = \frac{\pi}{4}D^2 U$$

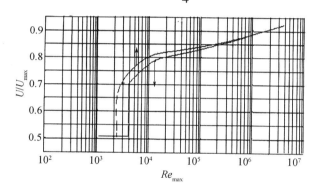

图 3 - 26   $U/U_{max}$ 与 $Re_{max}$ 的关系图

2）积分法

整个管截面的体积流量为        $Q = \int_0^R 2\pi r u_r \mathrm{d}r$

（1）在垂直和水平方向上选取一系列测量点，测取一系列的 $U_r - r$ 数据，并绘制出 $U_r - r$ 曲线；

（2）从 $U_r - r$ 曲线上读取一系列 $U_r - r$ 数据。

（3）用 $U_r - r$ 曲线上的数据，标绘 $2\pi r U_r - r$ 曲线，在 $0 \sim R$ 范围内进行图解积分，所求值即为流量 $Q$。

**3. 安装注意事项**

测速管安装时要注意：

（1）探头一定要对正来流，任何角度的偏差即会造成测量的误差，因 $P_0 - P$ 值较小，所以常需与微压差计配套使用。

（2）测速点位于均匀流段。上下游应有保持 $50D$ 以上的直管距离，或设置整流装置。

（3）测速管的直径以不大于管道内径的 1/50 为宜。

（4）测速管常用在大直径管路中测量气体。因测压孔较小容易堵塞,因此一般不宜用于含固体杂质的体系。

### 四、涡轮流量计

涡轮流量计是在动量矩守恒原理的基础上设计的。与其他流量计相比,涡轮流量计的优点为:① 测量精度高。精度可达到 0.5 级以上。在狭小测量范围内甚至可达 0.1%,可作为校验 1.5 ~ 2.5 级普通流量计的标准计量仪表。② 对被测信号变化的反应快。被测介质为水时,涡轮流量计的时间常数一般都小于 100ms,特别适用于脉动流量的测量。

**1. 结构及工作原理**

涡轮流量计由涡轮流量变送器(如图 3 – 27 所示)和显示仪表组成,其中涡轮流量变送器的主要组成部分有前后导流器、涡轮和轴承、磁电转换器(包括永久磁铁和感应线圈)、前置放大器。

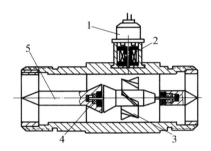

图 3 – 27　涡轮流量变送器结构图
1—前置放大器;2—磁电应转换器;3—涡轮;
4—轴承;5—导流器。

流体在进入涡轮前,先经导流器导流,避免流体自旋改变流体和涡轮叶片的作用角度,保证精度。导流器装有摩擦很小的轴承,用以支撑涡轮。涡轮由导磁的不锈钢制成,装有数片螺旋形叶片。当导磁性叶片旋转时,周期性改变磁电系统的磁阻值,使通过涡轮上方线圈的磁通量发生周期性变化。在线圈内感应出脉冲电信号——脉冲数。这个信号经过前置放大器在显示仪表上显示。

**2. 涡轮流量计的特性**

涡轮流量计的特性有两种表示方法:

（1）脉冲信号的频率 $f$ ——体积流量 $Q$ 曲线。

（2）仪表常数 $\xi$ —— $Q$ 体积流量曲线,如图 3 – 28 所示。$\xi$ —— $Q$ 曲线应用较普遍。由物理学理论可知

$$f = nz = \frac{w}{2\pi}z$$

式中:$f$ 为脉冲数,次/秒;$n$ 为涡轮转数;$w$ 为涡轮旋转角速度,与流体 $u$ 成正比;$z$ 为涡轮叶片数。

所以有 $f \propto u$,$f \propto Q_v$ 或 $f = \xi Q_v$。

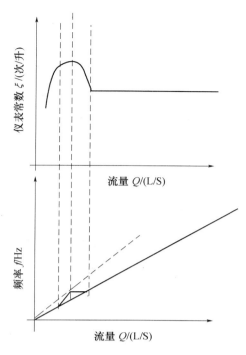

图 3 - 28　涡轮流量计的特性曲线图

仪表常数 $\xi$ 为每个流体通过时输出的电脉冲数,即

$$\xi = f / Q' = N/(Q\tau)$$

式中　$\tau$——测量时间;

$N$——在 $\tau$ 时间内的脉冲总数。

从涡轮流量计的特性曲线图 3 - 28 可以看出:

(1)流量很小的流体通过流量计时,涡轮并不转动。只有当流量大于某一最小值,即能克服最大静摩擦力矩时,涡轮才开始转动。

(2)流量较小时,仪表特性不良,主要是由粘性摩擦力矩的影响所致。当流量大于某一数值后,才近似为线性关系,应该认为这是变送器测量范围的下限。由于轴承寿命和压力损失等条件限制,涡轮转速不宜太大,故测量范围上限应有限制。

**3. 涡轮流量计的使用**

(1)正确选用流量系数值。由于影响 $\xi$ 的因素很多,其值由实验测定的在允许流量范围内取得的平均值。每一个涡轮变送器都有一个流量系数(出厂时已经标定),相互不能混淆,而且必须在相应的流量和黏度范围内使用,以保证测量精度。

(2)使用涡轮流量计时,一般加装过滤器以保证被测介质的净洁,减少磨损,并防止涡轮被卡住。

(3)安装时,必须保证变送器的前后有一定的直管段,使流向比较稳定。一般入口段长度取管道内径的 10 倍以上,出口段取 5 倍以上。

### 五、湿式气体流量计

湿式气体流量计（转鼓流量计）如图 3 – 29 所示。绕轴转动的转鼓被隔板分成 4 个气室，气体通过轴从仪表背面的中心进气口引入。由于气体的进入，推动转鼓转动，并不断地将气体排出。转鼓每转动一圈，有 4 个标准体积的气体排出，同时通过齿轮机构由指针指示或机械计数器计数，也可以将转鼓的转动次数转换成电信号作远传显示。区别于一般的单位时间的流量，湿式气体流量计测得的是累计流量。

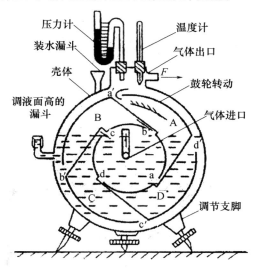

图 3 – 29　湿式气体流量计结构示意图

湿式气体流量计在测量气体体积总量时，其准确度较高。特别是小流量时，它的误差比较小，一般适用于流量不太大的场合，是实验室常用的仪表之一。

湿式气体流量计每个气室的有效体积是由预先注入流量计内的液面控制的，所以在使用时必须检查液面是否达到预定的位置。安装使用时，仪表必须保持水平。另外使用时还需注意被测气体不能溶于液封液体。

### 六、皂膜流量计

皂膜流量计由一根具有刻度线指示的已知内径的玻璃管和含有肥皂液的橡皮球组成，如图 3 – 30 所示。肥皂液是示踪剂。当气体通过皂膜流量计的玻璃管时，肥皂液膜在气体的推动下，沿管壁缓缓向上移动。在一定时间内，皂膜通过标准体积刻度线，表示在该时间内通过由刻度线指示的气体体积量，从而可得到气体的平均流量。

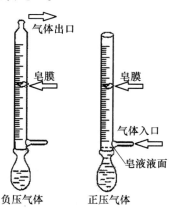

图 3 – 30　皂膜流量计示意图

为了保证测量精度,皂膜速度应小于 4cm/s,安装时要保证皂膜流量计的垂直度。每次测量前,按一下橡皮球,使在管壁上形成皂膜,以便指示气体通过皂膜流量计的体积。为了使皂膜在管壁上顺利移动,在使用前须用皂液润湿玻璃管壁。

皂膜流量计结构简单,测量精度高,可作为校准流量计的基准流量计,便于实验室制备。推荐尺寸有管径为 1cm、长度 25cm 和管径为 10cm、长度 100 ~ 150cm 两种规格。

## 七、流量计的校正

对于非标准化的各种流量仪表,例如转子、涡轮、椭圆齿轮等流量计,仪表制造厂在出厂前都进行了流量标定,建立流量刻度标尺,或给出流量系数、校正曲线。必须指出,仪表制造厂是以空气或水为工作介质,在标准技术状况下标定得到上述数据的。然而,在实验室或生产上应用时,工作介质、压强、温度等操作条件往往和原来标定时的条件不同。为了精确地使用流量计,则在使用之前需要进行现场校正工作。另外,对于自行改制(如更换转子流量计的转子)或自行制造的流量计,更需要进行流量计的标定工作。

对于流量计的标定和校验,一般采取体积法、称重法和基准流量计法。体积法或称重法是通过测量一定时间内排出的流体体积量或质量来实现的;基准流量计法是用一个已校正过的精度等级较高的流量计作为被校验流量计的比较基准。流量计的标定的精度取决于测量体积的容器或称重的秤、测量时间的仪表以及基准流量计的精度。以上各个测量精度组成整个标定系统的精度,即被测流量计的精度。由此可知,若采用基准流量法标定流量,欲提高被标定的流量计的精度,必须选用精度较高的流量计。

对于实验室而言,上述三种方法均可使用。对于小流量的液体流量计的标定,经常使用体积法或称重法,如用量筒作为标准体积容器或用天平称重。对于小流量的气体流量计,可以用标准容量瓶、皂膜流量计或湿式气体流量计等进行标定。

流量计标定的参考流程,如图 3 - 31、图 3 - 32 所示。安装被标定的流量计时,必须保证流量计前后有足够长的直管稳定段。对于大流量的流量计,标定的流程和小流量的类同,仅将标准计量槽、标准气柜代替上述的量筒、标准容量瓶即可。

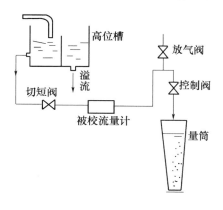

图 3 - 31　流量计标定的参考流程图 1

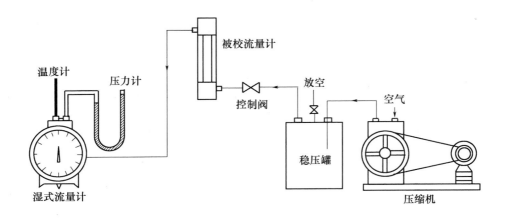

图 3－32　流量计标定的参考流程图 2

# 第三节　温 度 测 量

在化工生产和科学实验中,温度是测量和控制的重要参数之一。化工生产过程都伴随着物质的化学、物理性质的改变,必然有能量的转化和交换,其中热交换是能量交换中最普遍的交换形式,一般化学反应与温度有着直接的关系。所以,温度的测量和控制是保证化工生产实现稳定、高产、安全、优质、低能耗的关键之一。

## 一、温度测量的基本概念

### 1.温度的基本概念

温度是表征物体冷热程度的物理量。某物体温度高(或低)就是指该物体热(或冷)的意思。物体冷热的程度则是由物体分子平移运动(也叫热运动)的平均动能的大小来决定的。所以,温度是大量分子热运动的集体表现,含有统计意义。对于个别分子来说,温度是没有意义的。

温度和热量之间没有直接的关系。温度是表征物体冷热程度的物理量,温度不能够直接测量,只能借助于冷、热物体之间的热交换,通过物体随温度变化的某些特性来间接测量。通过对选择物的物理性质(如几何尺寸、密度、黏度、导热率、电阻等)的测量,便可以定量地给出被测物体的温度值,从而实现被测物体的温度测量。例如,常见的体温测量,就是利用测温物质(体温表中的水银)通过玻璃与被测物体(人体)相接触,待达到热平衡状态(约需 5 min)后,通过观察水银的体积变化来确定人体温度的高低。

### 2.温标的概念

所谓温标,就是用来衡量温度的标尺。它是用数值来表示温度的一种方法,规定了温度的起点(零点)和测量温度的基本单位"度"。各种温度计的刻度数值均由温标确定。

1）摄氏温标

它是利用物体受热后体积膨胀的性质建立起来的。摄氏温标（以符号℃表示）规定在标准大气压下冰的融点为0℃、水的沸点为100℃。在0℃到100℃之间划分成100等份，每等份为1℃。

2）华氏温标

它也是以物体受热后体积膨胀的性质建立起来的。华氏温标（以符号℉表示）规定在标准大气压下冰的融点为32℉，水的沸点为212℉，中间划分为180等份，每等份称为1℉。摄氏温标和华氏温标之间的关系为

$$n\text{℃} = (1.8n + 32)\text{℉}$$

式中　$n$——摄氏温标的温度示值。

摄氏、华氏温标法测得的温度数值，随物体的物理性质（如水银的纯度）及玻璃管材料的不同而不同，不能精确地保证世界各国所采用的基本测温单位"度"的完全一致。随着科学技术的发展，人们试图将温标与自然界的某一客观规律相联系，摆脱以前各种经验温标依赖于某种特定的测温物质的缺点，提出一种与物体任何物理性质无关的温标，这就是热力学温标。

3）热力学温标

热力学温标是以热力学第二定律为基础的温标，又称凯氏温标（K）。它规定分子运动停止时的温度为绝对零度（或称最低理论温度）。

热力学温标是纯理论的。热力学温标的实现直接按照定义测量热力学温度，是十分困难的，很难付诸实用，只能借助于气体温度计来实现。而气体温度计较复杂，不便实际应用，所以就采用了一种国际协议性的实用温标。这种温标不仅与热力学温标相近，而且复现精度高，使用方便。

4）国际实用温标

国际实用温标选择一些纯物质的平衡温度作为温标基准点；规定了不同温度范围内的基准仪器；建立了基准仪器的示值与国际温标间关系的补插公式，应用这些公式可以求出任何两个相邻基准点温度之间的温度值。几经修改，最近一次定名为1990年国际实用温标（IPTS—90）。新的国际实用温标规定，热力学温度是基本温度，用符号 T 表示。温度的单位是开尔文，用符号 K 表示。定义 1K 是水的三相点热力学温度的 1/273.16。

国际实用开尔文温度和国际实用摄氏温度是用符号 $T_{90}$ 和 $t_{90}$ 来加以区别的，$T_{90}$ 和 $t_{90}$ 的关系是

$$t_{90} = T_{90} - 273.15$$

**3. 测温仪表的分类**

温度测量范围甚广，测温仪表种类也很多。按使用的测量范围分，常把测量600℃以上的测温仪表叫高温计，把测量600℃以下的测温仪表叫温度计；按工作原理分，则分为膨胀式温度计、压力式温度计、热电阻温度计、热电偶高温计、辐射高温计五类；按测量方式分，则可分为接触式与非接触式两大类。各种温度计的特点如表3-4所列。

表 3 - 4　温度计的种类及特点

| 型 式 | 温度计种类 | 优点 | 缺点 |
|---|---|---|---|
| 接触式仪表 | 玻璃液体温度计 | 结构简单,使用方便,测量准确,价格低廉 | 测量上限和精度受玻璃质量的限制,易碎,不能记录与远传 |
| | 压力表式温度计 | 结构简单,不怕震动,具有防爆性,价格低廉 | 精度低,测温距离较远时,仪表的滞后性较大 |
| | 双金属温度计 | 结构简单,机械强度大,价格低 | 精度低,量程和使用范围均有限 |
| | 热电阻 | 测温精度高,便于远距离、多点、集中测量和自动控制 | 不能测量高温,由于体积大,测点温度较困难 |
| | 热电偶 | 测温范围广,精度高,便于远距离、多点、集中测量和自动控制 | 需自由端补偿,在低温段测量精度较低 |
| 非接触式仪表 | 辐射式高温计 | 测温元件不破坏被测物体温度场,测温范围广 | 只能测高温,低温段测量不准,环境条件会影响测量准确度。对测量值修正后才能获得真实温度 |

## 二、化工生产和实验中常用的温度计

### 1. 玻璃管液体温度计

1) 工作原理

它是生产和实验中最常用的一类温度计,如水银温度计和酒精温度计。玻璃管液体温度计由装有液体的玻璃温包、毛细管和刻度标尺三部分构成,如图 3 - 33 所示。它的测温原理就是利用了液体在受热后体积发生膨胀的性质。液体的热膨胀可表示为

$$V_{t_1} - V_{t_2} = V_{t_0}(a - a')(t_2 - t_1)$$

式中　$V_{t_1}$、$V_{t_2}$——液体受热前后的体积;

$V_{t_0}$——同一液体在 0℃时的体积;

$a'$——盛液容器(如玻璃温包和毛细管)的体积膨胀系数;

$a$——液体体积膨胀系数。其值越大,液体的体积随温度的升高而增加的数值也越大,因此选用系数 $\alpha$ 数值大的工作液体可提高温度计的测量精度。

2) 常用玻璃管液体温度计介绍

玻璃管液体温度计测量范围比较狭窄,约在 - 80 ~ 400℃范围,精度也不太高,但比较简便,价格低廉。在生产和实验中得到广泛的使用。按用途可分为工业用、实验室用和标准水银温度计三种。

(1) 标准水银温度计分一等和二等两种,其分度值为 0.05 ~ 0.1℃,如图 3 - 34 所示。一般用于其他温度计的校验,有时亦用于实验研究中的精密测量。标准温度计是 7 支(二等)或 9 支(一等)为一套,测量

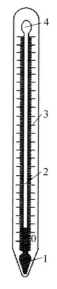

图 3 - 33　玻璃管
液体温度计

1—玻璃温包;2—毛细管;
3—刻度标尺;4—膨胀室。

范围为 −30 ~ +300℃。除 −30 ~ +20℃ 及 0 ~ +50℃ 两支外,其他温度计(如 50 ~ 100℃、100 ~ 150℃、150 ~ 200℃、200 ~ 250℃、250 ~ 300℃)都必须有中间膨胀容器和零位标记,在毛细管上端还带有安全穴。

（2）实验室用温度计一般是棒状的,内标尺式。这种温度计具有较高的精度和灵敏度,适用于实验研究使用。测温范围为 −30 ~ +300℃,有 8 支一组和 4 支一组两种。

（3）工业用温度计一般做成内标尺式,其下部有直、90°角和135°角三种结构,如图3-35所示。为了避免温度计在使用时被碰伤,在其外面罩有金属保护管如图3-36所示。由于套管的存在使温度计的受热减慢,测温滞后,为此在玻璃温包和套管之间充垫石墨、铜屑、铅屑等导热系数大的物质,以减少这些不良影响。

目前水银温度计最小的分度值可达 1/100℃,常见的是 1℃、1/2℃、1/5℃ 和 1/10℃。有些特殊用途的,如贝克曼温度计,其标尺整个测量范围只有 5 ~

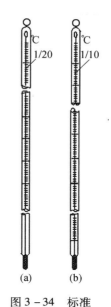

图3-34　标准
水银温度计
（a）一等标准；（b）二等标准。

6℃,或更小,分度值可达 0.002℃ 或更小。由于分度越细,制造越困难,价格越昂贵。因此,在选择温度计时需从实验误差要求考虑,不可任意提高分度值的级别。

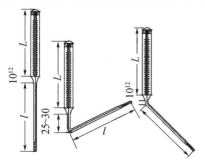

图3-35　工业用水银温度计　　　　图3-36　带金属保护管的工业用水银温度计

3）玻璃液体温度计使用注意问题

玻璃液体温度计(例如水银温度计)价格低廉,工作可靠,实验室经常使用。虽然简单仍发现使用时出现差错的情况,必须进行修正和标定。

（1）露出柱的修正。

大多数精密玻璃温度计都是全浸式的(温度计刻度标注时标准温度的介质浸至刻度示值处),使用时要求被测介质也浸至示值,如果达不到这项要求,则应加修正值,即

$$\Delta t = \alpha h(t - t_1)$$

式中　$\Delta t$——液柱露出部分的修正值;

$\alpha$——工作液体与玻璃的相对体积膨胀系数,对工作液为水银 $\alpha = 0.00016$,对工作液为酒精 $\alpha = 0.00103$;

$h$——液柱露出高度。

（2）玻璃温度计的标定。

通常用标准温度计进行比较标定。做出标定曲线以便随时查用。

使用时间较长的温度计因骤冷骤热而变形，会增加误差。通过检查零点是否偏移可以判断，否则需要重新标定。

当玻璃温度计出现液柱中断现象时，可将水银温度计包放于干冰中，这时水银收缩，全部回至包内；对酒精温度计则甩动或冷却包端，使之复原。但无论何种温度计，修复后必须重新标定。

**2. 热电偶温度计**

热电偶温度计的优点是结构简单、坚固耐用、使用方便、测温范围广、热惯性小、精度高，便于远距离、多点、集中测量和自动控制，是应用最广的一种温度计。它不仅能用来测量流体的温度，而且还能用来测量固体及固体壁面的温度。

1）热电偶工作原理

把不同金属丝的两端分别互相焊接，构成如图3-37所示的回路。当两端温度不同时，在回路中就会产生热电动势，这种现象称为热电效应。这样组成的热电偶，温度高的接头叫热端（或工作端），温度低的叫冷端（或自由端）。焊制热电偶的金属丝叫偶丝，焊成的两根偶丝叫做热电极，有正极和负极之分。与仪表连接时，正极应对应正端，负极应对应负端。

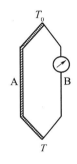

图3-37 热电偶原理图

热电偶产生的热电动势由两部分组成（接触电势和温差电势），大小决定于两个热电极的材料和两端温差，与长度、直径无关。如果热电偶冷端温度维持恒定（如0℃），则热电偶的电动势随热端温度变化而变化。这样，把热电偶联入仪表回路中，如图3-38所示，就可用仪表显示热电动势的数值。若该热电偶经过标准热电偶校正，经换算则可直接读出准确温度。

热电偶通常由热电极、绝缘子、保护管和接线盒等部分组成，其结构如图3-39所示。

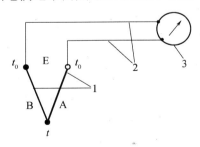

图3-38 热电偶测温系统示意图
1—热电偶；2—导线；3—测量仪表。

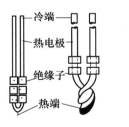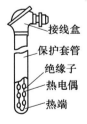

图3-39 热电偶的结构

2）常用热电偶

虽然任何两种金属导体都可配制成热电偶，但并不一定能成为可使用的测温元件，作为实用的热电偶还有一些基本要求。常用热电偶及其特性如表3-5所列。

表 3 - 5　常用热电偶及其特性

| 热电偶名称<br>项目 | | 铂铑$_{30}$ - 铂铑$_6$<br>（WRLL） | 铂铑$_{10}$ - 铂<br>（WRLB） | 镍铬 - 镍硅<br>（WREU） | 镍铬 - 考铜<br>（WREA） |
|---|---|---|---|---|---|
| 统一设计型号 | | WRR | WRP | WRN | WRK |
| 分度号 | | LL - 2 | LB - 3 | EU - 2 | EA - 2 |
| 热电极材料 | 正热电极 | 铂铑$_{30}$合金 | 铂铑$_{10}$合金 | 镍铬合金 | 镍铬合金 |
| | 负热电极 | 铂铑$_6$合金 | 纯铂 | 镍硅合金 | 考铜合金 |
| | 线径/mm | D 0.4 ~ 0.5 | D 0.4 ~ 0.5 | D 1.0 ~ 2.5 | D 1.0 ~ 2 |
| | 化学成分 | Pt70%,Rh30% | Pt90%,Rh10% | Cr9 ~ 10%,Mn0.3%<br>Si0.6%,Co0.4%<br>其余为 Ni | Ni90%,Cr9.7%<br>Si0.3% |
| | | Pt94%,Rh6% | Pt100% | Mn0.6%,Si2 ~ 3%<br>Co0.4 ~ 0.7%<br>其余为 Ni | Ni44%<br>Cu56% |
| 100℃时的电势/mV | | 0.034 | 0.643 | 4.10 | 6.95 |
| 使用温度范围/℃ | 长期使用 | 300 ~ 1600 | - 20 ~ 1300 | - 50 ~ 1000 | - 50 ~ 800 |
| | 短期使用 | 1800 | 1600 | 1200 | 800 |
| 0 ~ 300℃ 允许误差/℃ | | ± 3 | ± 3 | ± 4 | ± 4 |
| 300℃以上允许误差/℃ | | ± 0.5% t | ± 0.5% t | ± 1% t | ± 1% t |
| 主要特性 | | 性能稳定,精度高,适于氧化性和中性介质中使用,热电势小,价格贵,冷端在 40℃ 以下时,温度不用修正 | 复制精度和测量准确度高,用于精密测量及作基准热电偶,性能稳定,但热电势小,成本高 | 复制性好,热电势大,线性好,化学稳定性较高,价格便宜,是工业生产中最常用的一种 | 热电势大,灵敏度高,价格便宜,考铜合金丝易受氧化而变质,材质较硬,不易得到均匀的线径 |

任意两种材料组成热电偶时,热电动势就等于这两种材料的热电动势的代数差,热电动势大的材料为正极。例如,镍铬和考铜组成的热电偶,当冷端为 0℃、热端 100℃时,热电偶的热电动势等于 6.95mV。镍铬为正极,考铜为负极。有关热电偶的技术数据参考有关温度测量文献。

3）铠装式热电偶

由于实验研究要求热电偶小型化,使用灵活方便,寿命长,为此产生了铠装式热电偶。这种热电偶是用不锈钢或镍基材料作为外套管,以绝缘材料隔开与热偶丝结合在一起,拉制成坚实的组合体。绝缘材料以氧化镁、氧化铝或氧化铍者较多,但它们都有吸湿性,易影响绝缘性能,一般常温常压下要求绝缘电阻应大于 20MΩ。铠装式热电偶的产生大大方便了实验室的测温操作,目前已实现了微型化。国际上最小的铠装式热电偶直径可达0.25mm。我国统一设计的铠装式热电偶规格如表 3 - 6 所列。

表 3－6　铠装热电偶的规格

| 套管外径/mm | 0.5 | 1.0 | 1.5 | 2.0 | 2.5 | 3.0 | 4.0 | 6.0 |
|---|---|---|---|---|---|---|---|---|
| 套管壁厚/mm | 0.06 | 0.12 | 0.18 | 0.24 | 0.30 | 0.36 | 0.48 | 0.72 |
| 芯丝直径/mm | 0.1 | 0.2 | 0.3 | 0.4 | 0.5 | 0.6 | 0.8 | 1.0 |
| 最大长度/m | 12 | 30 | 50 | 80 | 100 | 150 | 200 | 250 |

　　铠装式热电偶具有独特优点,主要表现在结构紧凑、体积小、热容小、热惯性小、对被测温度反应快、时间常数小、有良好机械性能、耐振动和冲击。例如:工业热电偶时间常数小的不大于20s,稍大的在20s到4min以上;铠装式热电偶的时间常数为0.05s,对温度变化反应灵敏而及时。另外,很细的铠装式热电偶可绕性好,可弯曲的最小半径只有热电偶外径的2.5倍,能在复杂结构上测温,可直接插入反应器内,测量反应床层温度变化,套管空间很小,对微型反应装置甚为适用,可用于化工高压装置的测温,也可焊接在设备各测温点处,对微量热、差热等热分析用处极大。铠装式热电偶结构如图3－40所示。

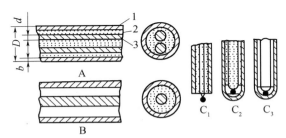

图 3－40　铠装式热电偶结构图

1—金属外套管;2—绝缘物;3—热偶丝;A—双丝;
B—单丝;$C_1$—露头式;$C_2$—密封式;$C_3$—接壳式。

4) 补偿导线的选用

　　热电偶只有当自由端温度恒定且已知时,测温才有可能。但在一般情况下,由于热电偶的自由端常常靠近设备或管道,自由端温度不仅受环境温度的影响,而且还受设备和管道中物料温度的影响,所以自由端温度是不稳定的。另外,与热电偶相连的测量仪表也不宜安装在被测对象附近。因此,应设法把热电偶的自由端延伸至远离被测对象且温度又比较稳定的地方。最简单的方法是用贱金属组成的热电偶代替标准化热电偶(在0~100℃范围内热电特性接近),将热电偶丝延长。例如,铜－康铜所组成的热电偶与镍铬－镍硅热电偶在100℃以下其热电特性是一致的。以不太长的镍铬－镍硅丝作为高温测量端,然后以较长的铜－康铜丝(即补偿导线)去接替两热电极,达到自由端延伸的目的。它既经济又把热电偶的自由端延伸至远离被测对象且环境温度又比较恒定的地方。这种方法就称补偿导线法。在工业上应用非常广泛,其连接方法如图3－41所示。

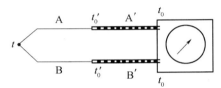

图 3－41　补偿导线在测温回路中的连接

A、B—热电偶电极;A′、B′—补偿导线;
$t_0$—热电偶原自由端温度;$t_0$—新自由端温度。

在实践中,人们还找到了适合与其他热电偶配用的补偿导线,如表3-7所列。

表3-7 常用补偿导线

| 热电偶名称 | 补偿导线 | | | | 在工作端为100℃自由端为0℃时的标准热电势/mV | 每米导线电阻值/Ω | | |
|---|---|---|---|---|---|---|---|---|
| | 正极 | | 负极 | | | 截面(1mm²) | 截面(1.5mm²) | 截面(2.5mm²) |
| | 材料 | 颜色 | 材料 | 颜色 | | | | |
| 镍铬-镍硅 | 铜 | 红 | 康铜 | 棕 | 4.10±0.15 | 0.52 | 0.35 | 0.21 |
| 铂铑-铂 | 铜 | 红 | 99.4%Cu,0.6%Ni | 绿 | 0.64±0.03 | 0.05 | 0.03 | 0.02 |
| 镍铬-考铜 | 镍铬合金 | 紫 | 考铜 | 黄 | 6.9±0.3 | 1.15 | 0.77 | 0.46 |
| 铁-康铜 | 铁 | 白 | 康铜 | 棕 | 5.02±0.05 | 0.61 | 0.41 | 0.24 |
| 铜-考铜 | 铜 | 红 | 考铜合金 | 黄 | 4.76±0.15 | 0.50 | 0.33 | 0.20 |

必须指出:使用补偿导线时,应当注意补偿导线的正、负极必须与热电偶的正、负极对应相接。此外,正、负两极的接点温度 $t_0$ 应保持相同;延伸后的自由端温度应当恒定或配用本身具有自由端温度自动补偿装置的仪表。这样,应用补偿导线才有意义。

5)热电偶的自由端温度补偿

采用补偿导线之后,仅仅是把热电偶的自由端从温度较高和不稳定的地方延伸到温度较低和比较稳定的操作室,但它还不是全补偿。因为工业上常用的各种热电偶的分度表(温度与毫伏对照表),均是以自由端温度为0℃作为基准来分度的;由于实际应用时自由端的温度往往高于0℃,这时与热电偶配用的测温仪表所测得的示值必然偏小,而且测量值也要随着自由端温度(即操作室的温度)的变化而变化。很明显,测量结果就会产生误差。所以,在进行热电偶测温时,只有将自由端保持为0℃,或是进行一定的修正后,才能得出准确的测量结果。这种做法称为热电偶的自由端温度补偿。

(1)自由端保持为0℃的方法。

保持自由端温度为0℃的方法如图3-42所示,即把热电偶的自由端经补偿导线延伸后,插入盛有变压器油的试管中。该试管则置于盛有冰水混合物的保温瓶中,使其温度保持在0℃,用铜导线引出。这样,测量仪表所测得的读数就是实际温度 $t$。这种方法多用于实验室中。

(2)补偿电桥(又称冷端温度补偿器)法。

补偿电桥法是利用不平衡电桥产生的不平衡电压,来补偿热电偶因自由端温度变化而引起的热电势变化值,从而达到等效地使自由端温度恒定的一种自动补偿法。如图3-43所示。

(3)补偿热电偶法。

在生产实践中,为了节省补偿导线和投资费用,常用多支热电偶配用一台公用测温仪表,通过转换开关实现多点间歇测量,其接线如图3-44(a)所示。补偿热电偶(CD的热电极材料可以与测量热电偶相同,也可以与测量热电偶的热电偶相同,还可以是测量热电偶的补偿导线)是为了保持自由端温度恒定而设置的。它是将一支补偿热电偶的工作端插入2~3m深的地下或放在其他恒温室中,使其温度恒为 $t_0$,而自由端都接在温度为 $t_1$ 的同一个接线盒中。其测温仪表的指示值则为 E($t,t_0$)所对应的温度,而不受接线盒所处温度 $t_1$ 变化的影响。它的等效原理如图3-44(b)所示。

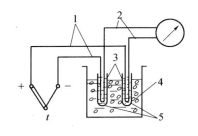 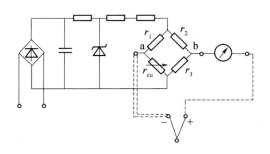

图 3-42　热电偶自由端保持 0℃ 的方法

1—补偿导线；2—铜导线；3—试管；
4—冰水混合物；5—变压器袖。

图 3-43　具有补偿电桥的热电偶测温线路

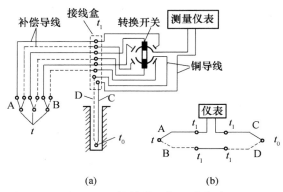

(a)　　　　　　　(b)

图 3-44　补偿热电偶连接线路

（a）接线图；（b）等效原理图。

### 3. 电阻温度计

热电偶一般适用于感测 500℃ 以上的温度；对于 500℃ 以下的中、低温，利用热电偶温度计进行测量，有时就不一定适合。因为在中、低温区，热电偶输出的热电势很小。例如在 0~100℃ 的温度域内，铂铑-铂热电偶热电势为 0.64mV，如此小的热电势对电子电位差计的放大器和抗干扰措施要求都很高，仪表维修也困难；且在较低的温度区域，由于自由端温度变化而引起的相对误差就显得很突出，而不易得到全补偿。所以，在中、低温区，一般是使用另一种温度计——热电阻温度计来进行温度的测量。

#### 1）热电阻的测温原理

导体（或半导体）的电阻值是随温度的变化而变化的。一般来说，它们存在如下关系：

$$R = R_0 [ 1 + \alpha(t + t_0) ]$$

式中　$R$——温度为 $t$℃ 时热电阻值；

　　　$R_0$——温度为 0℃ 时热电阻值；

　　　$\alpha$——电阻温度系数。

电阻温度计就是利用导体（或半导体）的电阻值随着温度变化这一特性来进行温度测量的，即：把温度的变化所引起导体电阻的变化，通过测量电路（电桥）转换成电压（mV）信号，然后送入显示仪表以指示或记录被测温度。

热电阻温度计和热电偶温度计的测温原理不同。热电偶温度计是把温度的变化通过测温元件——热电偶转换为热电势的变化来测量温度;而热电阻温度计则是把温度的变化通过测温元件——热电阻转换为电阻值的变化来测量温度。与它配套的二次仪表也是有区别。以动圈式仪表为例,热电偶应配尾号为 1 的动圈表,如 XCZ – 101 型动圈式仪表;热电阻应配尾号为 2 的动圈表,如 XCZ – 102 型动圈式仪表。这一点在使用时必须予以充分注意。

热电阻温度计适用测量 – 200℃ ~ + 500℃ 范围内液体、气体、蒸汽及固体表面的温度。它和热电偶温度计一样,也具有远传、自动记录和实现多点测量等优点。

热电阻温度计一般由热电阻(材料和支架)、显示仪表和连接导线所组成。

2)常用热电阻

目前最常用的热电阻是铂热电阻和铜热电阻两种。随着低温和超低温测量技术的发展,铟、锰、碳等已被选做热电阻材料。

(1)铂热电阻。

在氧化性介质中,铂在很大温度范围(13.81K ~ 903.89K)内,具有很高的物理化学稳定性,被认为是制造热电阻最好的材料。铂电阻除在国际实用温标中,13.81K ~ 903.89K 范围内作为基准器复现温标外,还可作为标准热电阻温度计,同时也广泛用于制造工业用电阻温度计。但在还原性介质中,铂容易被沾污变脆,使其电阻温度特性改变。

铂在 0℃ 以上其电阻与温度的关系很近似于直线,其电阻温度系数 $\alpha$ 约为 $3.9 \times 10^{-3}/℃$。

常用的 WZR 型铂热电阻的感温元件是用直径 $\varphi = 0.05 \sim 0.07mm$ 的铂丝绕在云母、石英或陶瓷支架上制成的,如图 3 – 45 所示。

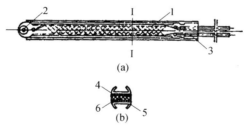

图 3 – 45　WZB 型铂电阻体

1—铂丝;2—铆钉;3—银导线;4—绝缘片;

5—夹持件;6—骨架。

为减少引出线和连接导线电阻因环境温度变化所引起的测量误差,希望铂电阻初始值 $R_0$ 越大越好。但 $R_0$ 太大,将使电阻体积增大,热惯性也增大。同时,流过热电阻的测量电流在热电阻上产生的热量也增大,从而带来额外的测量误差。我国目前常用的工业铂热电阻 $B_1$、$B_A$ 分度号取 $R_0 = 46.00\Omega$,$B_2$、$B_{A2}$ 分度号取 $R_0 = 100\Omega$。标准铂热电阻取 $R_0 = 10\Omega$ 或 $30\Omega$(同一 $R_0$ 有两个分度号,是根据铂丝纯度的不同)。

对于电阻体引出线也有一定的要求,一般要求引出线对金属热电阻丝及连接导线(铜导线)不会产生很大的热电势,且化学稳定性好。标准仪表用金或铂作为引出线。工业用热电阻的引出线,高温下用银,低温下用铜。

使用电桥作测量仪表时,工业用铂电阻的引出线不是两根,而是三根,这样可以减小热电阻与测量仪表之间连接导线电阻因环境温度变化所引起的测量误差。

为了使电阻体免受腐蚀性介质的侵蚀和外来的机械损伤,延长使用寿命,一般外面均套有保护管。作为保护套管的材料,要求能够耐温(高温与低温)、耐腐蚀、能承受温度剧变、有良好的气密性及足够的机械强度等,一般分为金属和非金属两大类。金属保护管常用碳钢、黄铜及各种不同牌号的不锈钢制成,非金属保护管主要采用玻璃、石英和塑料等。

(2)铜热电阻

铜仅用来制造 $-50 \sim +150℃$ 范围内的工业用电阻温度计,它有以下特点:①在上述温度范围内,铜的电阻与温度的关系是线性的,即:$R_t = R_0(1 + \times \alpha t)$;②电阻温度系数高,$\alpha = (4.25 \sim 4.28) \times 10^{-3}/℃$;③容易得到纯态,价格便宜;④电阻率(也称比电阻)比铂小 5/6;⑤铜易氧化,因此只能在较低的温度($-50℃ \sim +150℃$)及没有水分和没有侵蚀性介质中工作。

如果对敏感元件没有什么特殊要求,且工作温度又较低时,采用铜电阻温度计,其灵敏度还是很高的。但由于有后两个缺点存在,故限制了它的广泛应用。

值得进一步讨论的是当用铜做热电阻时,由于铜的电阻率比铂的电阻率小,所以要制成一定电阻值的热电阻,与铂相比,若热阻丝的长度相同时,则铜电阻丝就很细,这将使机械强度大大降低;若线径相同时,则长度又要增大数倍,这将使电阻体体积增大,对使用、测量都不利。另外,当温度超过 100℃ 时,铜容易氧化。因此,它只能在低温及没有侵蚀性的介质中工作,其工作温度上限一般不超过 150℃。

铜电阻体是一个铜丝绕组(包括锰铜补偿部分),它是由直径约为 0.1mm 的高强度漆包铜线用双线无感绕法在圆柱形塑料支架上而成,如图 3-46 所示。

常用的铜电阻感温元件的型号为 WZC,分度号为 Cu50 和 Cu100。

3)对热电阻支架的要求

为保证热电阻温度计的测量精度,并使测温元件做得体积小,且不使金属丝因电阻体支架膨胀而产生内应力。热电阻支架材料有石英、云母、陶瓷和塑料等。塑料支架只适用于 100℃ 以下的低温测量;云母适用于 500℃ 以下的温度测量;石英玻璃有良好的耐热性和绝缘性,适于较高温度的测量。

支架的形状通常有平板形、圆柱和螺旋型等,如图 3-47 所示。一般地说,螺旋形支架是作为标准或实验室用的铂电阻体的支架,平板形支架多数作为铂电阻体的支架,圆柱形支架大多作为铜电阻体的支架。

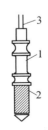

图 3-46 铜电阻体
1—塑料骨架;2—漆包线;3—引出线。

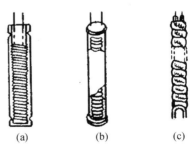

图 3-47 常用铜电阻支架形状
(a)平板形;(b)圆柱形;(c)螺旋形。

4）热电阻的型号及基本特性

热电阻的型号采用汉语拼音字母来表示:第一字母 W 表示温度,第二字母 Z 表示电阻,第三字母则分别表示热电阻的分度号,铂电阻为 B,铜电阻为 G,如果下脚标有"2",则表示双支热电阻。例如,铜热电阻的型号为 WZC,铂热电阻的型号为 WZB 或 $WZB_2$。

热电阻的主要技术特性如表 3-8 所列。

表 3-8　热电阻的主要技术特性

| 名称 | | 分度号 | 温度范围/℃ | 温度为0℃时阻值 $R_0/\Omega$ | 电阻比 $R_{100}/R_0$ | 主要特点 |
|---|---|---|---|---|---|---|
| 标准热电阻 | 铂电阻(WZP) | Pt10 | -200~850 | 10±0.01 | 1.385±0.001 | 测量精度高,稳定性好,可作为基准仪器 |
| | | Pt50 | | 50±0.05 | 1.385±0.001 | |
| | | Pt100 | | 100±0.1 | 1.385±0.001 | |
| | 铜电阻(WZC) | Cu50 | -50~150 | 50±0.05 | 1.428±0.002 | 稳定性好,便宜;但体积大,机械强度较低 |
| | | Cu100 | | 100±0.1 | 1.428±0.002 | |
| | 镍电阻(WZN) | Ni100 | -60~180 | 100±0.1 | 1.617±0.003 | 灵敏度高,体积小;但稳定性和复制性较差 |
| | | Ni300 | | 300±0.3 | 1.617±0.003 | |
| | | Ni500 | | 500±0.5 | 1.617±0.003 | |

## 三、测温显示仪表

热电偶温度计和热电阻温度计需与显示仪表配套使用,常用仪表有手动电位差计、动圈仪表、自动电子电位差计、数字式电压表以及其他具有数字显示功能的仪表等。

（1）测定热电势数值时,选用电位差计和毫伏计是最方便的。尤其手动电位差计,其测定精密度高,最小读数可达到 0.01μV。电位差计测温精度比毫伏计高,为实验室测量精确温度和校正热电偶的最理想仪器。

（2）要求仪表能直接指示温度时,可用温度指示仪,如 XCT-101、XCT-102 动圈式温度指示仪和测温毫伏计,都是电磁式表头。仪表都是在规定条件下分度的(如配热偶型号、冷端温度、外接电阻值等),使用必须符合分度条件,热电偶分度号和仪表分度号必须一致。

目前面板式数字温度测定仪在实验室内被大量使用。在仪表面板内有数码管或发光二极管用以显示被测温度,同样也要求热电偶分度号与仪表分度号配装。这种仪表型号种类繁多,有晶体管或集成电路构成,也有采用微处理器和单片机。通常有三位半和四位半两种。对于测定温度范围不大并且要求测量精度不太高的,选用三位半的面板显示仪表即可满足要求。前者显示温度波动在最后一位数字 1℃;后者显示温度在最后一位数字 0.1℃。

（3）要求既能指示温度又自动控制温度时,可选用温度指示调节仪。动圈式温度指示调节仪是其中之一。这类仪表包括:①指示部分,如磁电式表头;②断偶保护部分,热电偶断路指示自动向满刻度方向偏转,停在给定温度以外,使控温停止加热;③温度调节部分,有位式调节,时间比例调节和比例、积分、微分调节等方式。XCT－101 型动圈式温度指示调节是位式调节,需配合使用接触器。XCT－191 是动圈式无触点连续式温度调节仪器,但必须与 ZK－1 型可控硅电压调整器配合使用,通过改变可控硅导通角来控制负载加热。这种仪表精度较高,加热温度比较平稳,是实验室大量使用的一种仪表。另一种带有 PID 调节性能的自动控温仪表是 DWT－702 型自动精密温度调节器。该仪表没有温度指示,但可通过拨码改变给定的温度。这类仪器造价虽高,但精度较高,是实验操作人员更愿采用的一种仪表。

（4）要求指示并记录温度时,可采用电子电位差计与热电偶配套使用,也可以附有温度自控部分。目前较为流行的单板机温度控制与温度数字显示以及打印机联接、微机测定温度与自控温度以及屏幕显示联接,都是较新的测温与控温手段。这类仪表在实验室有逐渐取代上述各种测温、控温的趋势。一种型号为 YCC 系列的温度显示和控制仪表是较好的一类产品,它突出的优点是:结构简单、抗干扰性好,采用计算机实现智能化控制,控制精度高。该仪器可使用多种不同的传感器,通过改变参数实现一机多用的功能,免去一台仪器只能适应一种分度符号传感器测温的缺点,并且还可进行程序控制,此外还可多路显示温度或多路控制温度以及与打印机联机的功能,很适用于实验科学研究使用。

我国生产的测温仪表种类繁多,在选用有关的仪表时应参照有关的自动化仪表产品样本,注意仪表的精度等级。仪表的等级为 0.1、0.2、0.5、1.0、1.5、2.5、4.0 等系列等级,即指测量时可能产生的误差占满刻度的百分比。精度级的数字越小,则准确度就越高。同一等级的仪表选用量程的恰当与否,也影响测量的准确度。如两只 2.0 级毫伏表,一只量程为 0～50mV,另一只量程为 0～100mV。用前一只表测量 50mV 的电势产生的误差为 $50 \times 0.2\% = 1mV$;而用后一只测量 100mV 的电势则误差为 $100 \times 0.2\% = 2mV$,扩大了一倍。可见精度等级相同,量程越大,则误差也越大(精度级定义的是相对误差)。故只要量程够用,应选量程较小的仪表去测量,通常量程的选择应使最大测量读数在 2/3 左右为宜。

### 四、温度测量技术要点

#### 1. 正确地选用温度计

在选用温度计之前,要了解如下情况:

（1）测量的目的、测温的范围及精度要求;

（2）测温的对象:是流体还是固体;是平均温度还是某点的温度(或温度分布);是固体表面还是颗粒层中的温度;被测介质的理、化性质和环境状况等;

（3）被测温度是否需要远传、记录和控制;

（4）在测量动态温度变化的场合,需要了解对温度计的灵敏度要求。

#### 2. 温度计的校正和标定

在使用任何的测温仪表之前,必须了解该仪表的量程、分度值和仪表的精度,并对该仪表进行标定或校正。对于自制的测温仪表,如自制的热电偶,在使用前必须进行标定。对于已修复的受损温度计和精密测量的温度计,更需要进行温度计的校正。

1）校正和标定的方法

温度计的校正和标定有直接法和基准温度计法。前者系在测量范围内选定几种已知相变温度的基准物,将被测温度计(或感温元件)插入所选基准物中进行标定和校正,例如:水的三相点(水的固态、液态和气态三相间的平衡点)为273.16K;在标准大气压下,水的沸点(水的液态和气态间的平衡点)为373.15K;锌的凝固点(锌的固态和液态间的平衡点)为692.73K 等。基准温度计法使用方便,故在实验中应用较多。现以300℃以下的标定和校正为例进行说明。

选择适当量程范围的基准温度计,该温度计一般为二等标准温度计,并将被校温度计(或感温元件)和它一起放在恒温槽中的同一温度区域,而且温度计在槽中浸没的深度需至校正温度的位置。300℃以下不同温度范围需选用如下的介质系统:

(1)冰点以下的校正:先将温度计插入酒精溶液中,然后加入干冰,使温度降到0℃以下,加入干冰量要视欲达到的校正温度而定。

(2)冰点的校正:将温度计插入冰屑、水共存的测量槽中。

(3)95℃以下校正:在盛自来水的恒温槽中进行,但要注意恒温槽的精度。

(4)95 ~ 300℃校正:在盛有油的恒温槽中进行。200℃以下,使用变压器油;200 ~ 300℃使用52#机油。

2)标定和校正的流程

玻璃温度计的校正只要一个满足精度的恒温槽。在槽内盛相应的介质,将基准温度计和被校温度计一起插入即可。

热电偶和热电阻的标定,除了将感温元件(热电偶或热电阻)和基准温度计一起插入恒温槽内,热电偶与热电阻的校正还需按一定流程配置,分别如图3-48、图3-49所示。必须注意,感温元件与基准温度计的水银包插在恒温槽的同一水平面上。

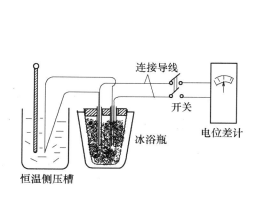

图3-48 热电偶校正流程

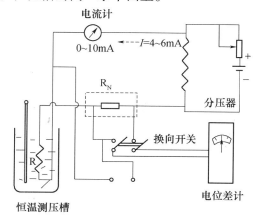

图3-49 热电阻的校正流程

### 3. 温度计的安装

接触式温度计,如玻璃温度计、热电偶、热电阻等,感温元件必须与被测介质充分接触,以利两者间的传热过程。为了减小感温元件所测得的温度和介质的实际温度之间的误差,要选择适当的测温点,并注意温度计的安装。

1)流体温度的测量

以测温的实例进行说明。现有一烟道气管道,其中装有一个换热器,回收一部分热量。现要求测量换热器以后的烟道气温度,如图3-50所示。设烟道气的温度为$t$,换热器的壁面温度为$t_1$,环境温度为$t_2$,热电偶的温度$t_0$。$t_0 > t_1, t \geqslant t_2$。估计测量误差$\Delta t = t - t_0$以及减小误差的途径。

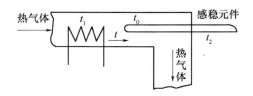

图3-50　测温实例

分析:温度计从烟道气中吸收的热量为$Q_1$,感温元件传给预热器的热量为$Q_2$,以及对管道周围环境的散热为$Q_3$。当达到动态平衡时,$Q_1 = Q_2 + Q_3$

在热电偶的显示仪表上显示某值$t_0$。若$Q_2 + Q_3 > Q_1$,则由传热原理知,必定存在误差$\Delta t = t - t_0$。为了减小测温误差,需尽可能地减小感温元件的热量损失,以及提高感温元件所在处的传热性能。以上两点需在温度计安装时引起注意。

(1)选择适当的测温点。测温点应该选在流体湍动程度比较大的地方。这样可获得较高的传热性能,即提高给热系数。例如温度计安装在弯头处,并把感温元件迎着来流。若必须设在直管段时,感温元件部分需插入管的中心部分,且尽可能与流向成90°角,至少也要迎着来流成45°角。

(2)增大温度计的受热面积。为了保证温度计的受热面积,需保证温度计的插入深度,一般插入150~300mm。若小管道测温时,不能保证这样深度,需要将测温点处的管径适当扩大,或采取其他措施。

(3)减小温度计向周围环境的散热面积。为了减少散热量,尽量使温度计插入管道内,以减少向周围环境的散热面积,并且将温度计的裸露部分以及相应的管道或设备加以良好的保温。

(4)若温度计需要有保护套管时,保护套管须采用导热性能差的材料,如陶瓷、不锈钢等,并以选用细长的薄管壁为宜。采用导热性能差的保护套,会使温度计的灵敏度下降,导致动态性能差,为此经常会在套管内充填变压器油、铜屑、石墨屑等。

当测量高温气体温度时,由于管壁向环境的散热是以热辐射的方式传递,散热量与温度的四次方差成正比。如果安装温度计时未采取适当措施,就会导致较大的测量误差。一般的措施是在温度计外设置防辐射的隔离罩或用抽气的方法提高温度计周围的气体速度,得到较大的给热系数,以减少测量误差。

2)壁面温度的测量

测量壁面温度一般采用热电偶。它能测量壁面上某点温度,且测量精度高。但热电偶固定在被测壁面上,壁面的热量将沿着热电偶丝以传导方式向环境散发热量,致使被测壁面的温度场发生变化,故热电偶所测得的温度并非真实的温度,而是变化后的温度场的温度,因此存在测量误差。

实验室中的壁面上固定热电偶热端的方法有如下三种方式:

(1)点接触。点接触固定法系热电偶的工作端用焊接或嵌接方式固定在壁面上某点。前者用于薄壁,后者用于厚壁,如图3-51所示。这种结构使通过热电偶丝散失的热量$Q$,仅由该点供应,温度场变化较大,故测量误差较大。

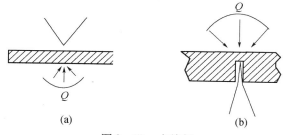

图3-51 点接触
(a)直接焊接法;(b)嵌接法。

(2)平行焊接触。平行焊接触是将热电偶的两根丝分别焊在被测壁面上,两焊点的间距保持1~5mm,如图3-52所示。由于热电偶散失的热量来源于两根电热丝之间的一个小区域,单位面积散失的热量较小,温度场的变化不大,测量误差不大。它适用于等温体和均匀材质的壁面。

(3)等温线接触。等温线接触系热电偶的工作端同壁面某点接触后,其热电偶丝沿等温面敷设一段距离后引出,如图3-53所示。这种固定方法的测量误差最小,是实验研究中应用最广泛的方法。

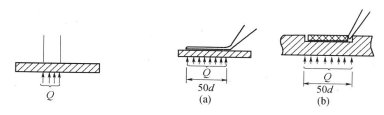

图3-52 平行焊接触          图3-53 等温线接触

对于非金属壁面,往往先将热电偶焊接在导热性能良好的金属薄片(铜片)上,然后将该薄片和壁面紧密接触,由此可得到满意的测量结果。

若被测壁面的一测是流体,需注意热电偶固定在壁面上以后,流体流动受到影响,引起流动场的改变,相应地改变了流体与壁面间的传热情况和壁面温度场,产生较大的测量误差。为了减少对流体流动的影响,推荐采用图3-53(b)所示的嵌接法,并在焊接后将表面磨光,保持壁面的平滑。同时,热电偶导线必须从流体的下游方向引出,使导线对流动的影响发生在测温之后,从而达到使测量误差最小。

测量壁面温度时,还需注意测温点的选择。根据壁面测温的要求,选取具有代表性的点作为测温点。例如,拟测量管子断面的壁温,而且断面上存在温度分布,对于这种情况可选取几个测温点,由各点的温度来计算其平均值表示该断面的壁温。

为了保证测量温度的精度,除了上述感温元件的安装之外,必须注意测温显示仪表和连接导线的安装。例如:显示仪表是否远离电场、强磁场;导线是否需要屏蔽,导线的电阻是否有要求;仪表的型号、规格是否与感温元件匹配,其测量精度是否符合要求。总之,显示仪表的安装需要按该仪表样本中规定的安装要求执行。

# 第四章　化工单元操作实验

## 实验一　流体流动阻力的测定

### 一、实验目的

（1）了解流体流过直管或管件阻力的测定方法。
（2）掌握直管摩擦系数 $\lambda$ 与雷诺数 $Re$ 之间关系的变化规律。
（3）熟悉液柱压差计和转子流量计的使用方法。
（4）测定流体流过阀门、变径管件（突然扩大、突然缩小）的局部阻力系数 $\xi$。

### 二、实验内容

（1）以水为工作介质，测定流体流经直管（不锈钢管、镀锌管）时摩擦系数 $\lambda$ 与雷诺数 $Re$ 之间关系。
（2）测定全开截止阀、突然扩大及突然缩小的阻力系数 $\xi$。

### 三、基本原理

流体在管路中流动时，由于粘性剪应力和涡流的存在，不可避免地引起流体压力的损失。流体在流动时所产生的阻力有直管摩擦阻力（又称沿程阻力）和管件的局部阻力。这两种阻力，一般都是用流体的压头损失 $h_f$ 或压强降 $\Delta P_f$ 表示。

**1. 直管阻力**

直管摩擦阻力 $h_f$ 与摩擦系数 $\lambda$ 之间的关系（范宁公式）如下

$$h_f = \lambda \cdot \frac{l}{d} \cdot \frac{u^2}{2} \qquad (4-1)$$

式中　$h_f$——直管阻力损失（J/kg）；

　　　$l$——直管长度（m）；

　　　$d$——直管内径（m）；

　　　$u$——流体平均速度（m/s）；

　　　$\lambda$——摩擦系数，无因次。

摩擦系数 $\lambda$ 是雷诺数 $Re$ 和管壁相对粗糙度 $\varepsilon/d$ 的函数，即 $\lambda = f(Re, \varepsilon/d)$。对一定相对粗糙度而言，$\lambda = f(Re)$。$\lambda$ 随 $\varepsilon/d$ 和 $Re$ 的变化规律与流体流动的类型有关。层流时，$\lambda$ 仅随 $Re$ 变化，即 $\lambda = f(Re)$；湍流时，$\lambda$ 既随 $Re$ 变化，又随相对粗糙度 $\varepsilon/d$ 改变，即 $\lambda = f(Re, \varepsilon/d)$。

由柏努利方程式可知，阻力损失 $h_f$ 的计算如下

$$h_f = (Z_1 - Z_2)g + \frac{P_1 - P_2}{\rho} + \frac{u_1{}^2 - u_2{}^2}{2} \qquad (4-2)$$

当流体在等直径的水平管中流动时,产生的摩擦阻力可由式(4-2)简化而得,即

$$h_f = \frac{P_1 - P_2}{\rho} = \frac{\Delta P}{\rho} = \frac{\Delta P_f}{\rho} \qquad (4-3)$$

式中　$\rho$——流体的平均密度($kg/m^3$);

　　　$P_1$——上游测压截面的压强(Pa);

　　　$P_2$——下游测压截面的压强(Pa);

　　　$\Delta P$——两测压点之间的压强差(Pa);

　　　$\Delta P_f$——单位体积的流体所损失的机械能(Pa)。

压强差 $\Delta P$ 的大小采用液柱压差计来测量,即在实验设备上于待测直管的两端或管件两侧各安装一个测压孔,并使之与压差计相连,便可测出相应压差 $\Delta P$ 的大小。

本实验的工作介质为水,在一定的管路中流体流动阻力的大小与流体流速密切相关。流速大,产生的阻力大,相应的压差大;流速小,阻力损失小,对应的压差也小。为扩大测量范围,提高测量的准确度,小流量下用水-空气∩型压差计;大流量下用水-水银 U 型压差计。据流体静力学原理,对水-空气∩型压差计,压差 $\Delta P$ 为

$$\Delta P = (\rho - \rho_{空气})g\Delta R \approx \rho g\Delta R \qquad (4-4)$$

式中　$\Delta R$——压差计的读数($mH_2O$);

　　　g——重力加速度($m/s^2$);

　　　$\rho_{空气}$——空气在操作条件下的密度($kg/m^3$)。

对于水-水银 U 型压差计,有

$$\Delta P = (\rho_{Hg} - \rho)g\Delta R \qquad (4-5)$$

式中　$\rho_{Hg}$——水银的密度($kg/m^3$)。

其余符号的意义同式(4-4)。

整理式(4-1)和式(4-3),得

$$\lambda = \frac{2d}{l \cdot u^2} \cdot \frac{\Delta P}{\rho} \qquad (4-6)$$

而

$$Re = \frac{du\rho}{\mu} \qquad (4-7)$$

式中　$\mu$——流体的平均黏度(Pa·s)。

在实验设备中,管长 $l$ 与管内径 $d$ 已固定。用水进行实验时,可认为水温不变,则 $\rho$ 与 $\mu$ 也是定值。所以该实验即为测定直管段的流动阻力引起压强降 $\Delta P$ 与流速 $u$ 的关系。流量 $V_h$ 的测定用转子流量计,由管内径的大小可算出流速 $u$ 的值。调节一系列的流量,即可测定和计算出一系列的 $\lambda$ 与 $Re$ 值,在双对数坐标中绘出 $\lambda - Re$ 关系曲线。

**2. 局部阻力**

局部阻力是由于流体流经管件、阀门及流量计时,因流速的大小和方向发生了变化,流体受到干扰和冲击,由涡流现象加剧而造成的。局部阻力通常有两种表示方法,即当量

长度法和阻力系数法。当量长度法是将流体流过管件或阀门而产生的局部阻力,用相当于流体流过与其具有相同管径的若干米长的直管阻力损失来表示,这个直管长度称为当量长度,用 $l_e$ 表示,其特点是便于管路总阻力的计算。局部阻力的实验测定通常采用阻力系数法。

根据阻力计算通式

$$h_f = \xi \frac{u^2}{2} \qquad (4-8)$$

式中  $\xi$ —— 阻力系数,无因次;

　　　$u$ —— 在小截面管中流体的平均流速(m/s)。

对于处在水平管路上的管件或阀门亦有式(4-8)这一关系,由此可知

$$\Delta P = \Delta P_f = \rho h_f \qquad (4-9)$$

即两测压点间的压强差 $\Delta P$ 等于因流动阻力而引起的压强降 $\Delta P_f$。

1)全开的截止阀

式(4-9)中 $\Delta P_f$ 为两测压点间的局部阻力与直管阻力之和。由于管件或阀门距测压孔的直管长度很短,引起的摩擦阻力与局部阻力相比可以忽略,$\Delta P_f$ 可近似认为全部由局部阻力损失引起。

$\Delta P_f$ 的大小通过测量 $\Delta P$ 来获得。由于全开的截止阀的阻力系数较大,所以 $\Delta P$ 采用水-水银 U 型压差计来测量,原理同式(4-5)。由式(4-3)和式(4-8)可导出

$$\xi = \frac{2\Delta P}{u^2 \rho} \qquad (4-10)$$

$\xi$ 的大小与管径、阀门的材料及加工精度有关。

2)突然扩大与突然缩小

在水平管的两测压点间列柏努利方程式为

$$\frac{u_1{}^2}{2} + \frac{P_1}{\rho} = \frac{u_2{}^2}{2} + \frac{P_2}{\rho} + h_f \qquad (4-11)$$

局部阻力　　　$$h_f = \frac{P_1 - P_2}{\rho} + \frac{u_1{}^2 - u_2{}^2}{2} \qquad (4-12)$$

式中  $P_1$ —— 上游测压截面的压强(Pa);

　　　$P_2$ —— 下游测压截面的压强 (Pa);

　　　$u_1$ —— 上游侧管内流体的流速(m/s);

　　　$u_2$ —— 下游侧管内流体的流速 (m/s)。

由此可见,$\Delta P_f$ 的大小除了包括局部阻力损失和可忽略的摩擦阻力损失之外,还包括动能和静压能之间能量转换值。由于突然扩大与突然缩小阻力系数 $\xi \leqslant 1$,$\Delta P$ 可由水-空气∩型压差计来测量,而阻力系数 $\xi$ 可由式(4-4)、式(4-8)、式(4-12)联立求得。特别注意 $\Delta P$ 与动能变化的正负值。同样调节一系列的流量,可获取相应的阻力系数 $\xi$ 值。

### 四、实验装置与流程

#### 1. 实验流程

实验装置流程如图 4-1 所示。水由离心泵从循环水槽中抽出,经两个并联的转子流量计计量后通过阀门控制流体流经不同的管路系统,最后流回水槽循环使用。管路系统中两根不同材料的直管用于测定直管阻力,第三根用于测定截止阀、突然扩大与突然缩小的局部阻力。

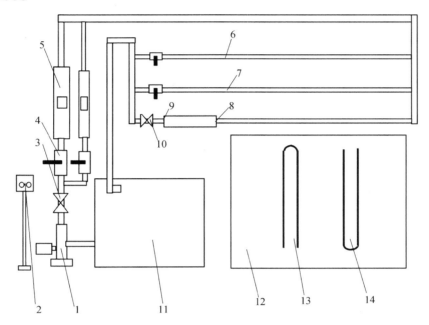

图 4-1   流体流动阻力实验装置流程图

1—离心泵;2—泵开关;3—泵出口调节阀;4—球阀;5—转子流量计;6—光滑管;7—粗糙管;
8—突然扩大;9—突然缩小;10—截止阀;11—水槽;12—压差计面板;13—∩型压差计;14—U型压差计。

#### 2. 测压系统

测压系统采用 U 型、∩ 型两类压差计。本装置有一套水 – 水银 U 型压差计和一套水 – 空气 ∩ 型压差计,并根据流量大小选用不同的压差计。所有压差计在使用前都需进行排气操作。

#### 3. 流量测量

大流量,用大转子流量计(LZB-80)测量;小流量,用小转子流量计(LZB-40)测量。

#### 4. 主要设备尺寸

(1) DN25 镀锌管:$d_{内} = 27.5mm, l = 3.5m$;

(2) DN25 不锈钢管:$d_{内} = 27.5mm, l = 3.5m$;

(3) DN25 不锈钢截止阀;

(4) $d_1 = 27.5mm$、$d_2 = 52.5mm$ 的突然扩大和 $d_1 = 52.5mm$、$d_2 = 27.5mm$ 的突然缩小,材质均为不锈钢。

(5) IST 托架式单级单吸离心泵,规格为 IST65-50-125;

（6）不锈钢水槽：长 1200mm × 宽 600mm × 高 800mm。

## 五、实验步骤

（1）熟悉实验装置，了解各阀门、旋塞的作用。

（2）检查水槽是否充满水，给水槽注水。

（3）关闭离心泵的出口阀，防止因启动电流太大而损坏电动机。同时关闭应该关闭的阀门，以防液体渗漏，影响流量和压强的测量。

（4）检查泵轴、叶轮是否转动。若转动灵活，接通电源，打开开关，启动离心泵。

（5）排气：

① 管路排气。在大流量下，使管内呈单相稳定流动。

② 测压导管排气。对待测管路上的压差计的引压管依次排气；在大流量下，打开 U 型压差计上端的放气旋塞，排除引压管内的气泡；∩ 型压差计的排气，将其上端的放气旋塞打开，直至连续出水为止，之后调整其液位为满刻度的 1/2 高度。

③ 检查排气是否完善。将水量开大后，再关闭离心泵的出口阀，观察压差计两端的液位是否平齐。若不平齐，继续排气操作。注意∩型压差计的流量不得超过 6m³/h。

（6）数据测量。

测量阻力的顺序依次为光滑管、粗糙管、局部阻力（阀门、突然扩大、突然缩小同时测量），实验数据记录在原始数据表中。

直管阻力用离心泵的出口阀来调节流量进行测量。调节一个阀门开度，经一定时间稳定后，记录一个流量，同时记录压差计的读数。实验从最小流量到最大流量依次测取 12 ~ 15 组数据。为尽可能使实验数据在对数坐标中分布均匀，用小流量计测取 5 ~ 6 组数据，用大流量计测取 7 ~ 9 组数据。

局部阻力的测定与直管阻力的测定步骤相同。在 2.0 ~ 6.0m³/h 之间，按从小到大的顺序依次测 5 组数据。

（7）实验结束，关闭离心泵的出口阀，停泵。

（8）测量实验前和实验后的水温，取其平均值作为测量水温。

## 六、实验报告

（1）绘制原始数据表和数据整理表。

（2）在双对数坐标中分别绘制不锈钢管、镀锌管的 $\lambda - Re$ 曲线。

（3）计算局部阻力系数 $\xi$，并取其平均值。

（4）写出典型数据的计算过程，分析和讨论实验现象。

## 七、思考题

（1）如何检验系统内的空气已经被排除干净？

（2）U 型压差计的零位应如何校正？

（3）待测截止阀接近出水管口，即使在最大流量下，其引压管内的气体也不能完全排出。试分析原因，应该采取何种措施？

（4）测压孔的大小和位置，测压导管的粗细和长短对实验有无影响？为什么？

（5）试解释突然扩大、突然缩小的压差计读数在实验过程中有什么不同现象？

（6）不同管径、不同水温下测定的 $\lambda - Re$ 曲线数据能否关联到同一曲线？

（7）在 $\lambda - Re$ 曲线中,本实验装置所测 $Re$ 在一定范围内变化,如何增大或减小 $Re$ 的变化范围？

（8）实验以水作为介质,作出 $\lambda - Re$ 曲线,对其他流体是否适用？为什么？

（9）影响 $\lambda$ 值测量准确度的因素有哪些？

# 实验二　离心泵特性曲线的测定

## 一、实验目的

（1）了解离心泵的结构和特性。

（2）熟悉离心泵的操作方法、运行特点及注意事项。

（3）掌握离心泵特性曲线的测定方法及表示方法。

## 二、实验内容

测定单级离心泵在一定转速下的特性曲线。

## 三、基本原理

离心泵是应用最广泛的一种液体输送设备。它的主要特性参数包括流量 $Q$、扬程 $H$、功率 $N$、效率 $\eta$,这些参数之间存在着一定的关系。在一定的转速下,$H$、$N$、$\eta$ 都随流量 $Q$ 变化而变化,以曲线形式表示这些参数之间的关系就是离心泵的特性曲线。离心泵的特性曲线是选用离心泵和确定泵的适宜操作条件的主要依据。离心泵的特性曲线不能用解析法进行计算,只能通过实验来测定。

**1. 流量 $Q$ 的测定**

用离心泵的出口阀调节流量。大流量下通过涡轮流量传感器和流量演算仪直接读出流量值。小流量下由于涡轮传感器上的信号失真,需要用计量槽和秒表实测流量,具体有

$$Q = \frac{A\Delta L}{\Delta t} \qquad (4-13)$$

式中　$Q$——通过离心泵的流量（$\mathrm{m^3/s}$）;

　　　$A$——计量槽的横截面积（$\mathrm{m^2}$）;

　　　$\Delta t$ ——流体流入计量槽的时间间隔（s）;

　　　$\Delta L$——$\Delta t$ 时间内计量槽液位上升高度（m）。

**2. 扬程 $H$ 的测定**

离心泵的扬程,又称离心泵的压头,是指泵对单位重量的流体所提供的有效能量,其单位为 m 液柱,一般由实验测定。在离心泵的吸入口（取截面 1 - 1）和排出口（取截面 2 - 2）之间列柏努利方程式得

$$Z_1 + \frac{P_1}{\rho g} + \frac{u_1^2}{2g} + H = \frac{P_2}{\rho g} + \frac{u_2^2}{2g} + H_{f(1-2)} + Z_2 \qquad (4-14)$$

整理得

$$H = (Z_2 - Z_1) + \frac{P_2 - P_1}{\rho g} + \frac{u_2^2 - u_1^2}{2g} + H_{f(1-2)}$$

式中　$Z_1$——离心泵的吸入口处截面 1-1 的高度(m)；

　　　$Z_2$——离心泵的排出口处截面 2-2 的高度(m)；

　　　$P_1$——离心泵的吸入口处截面 1-1 的压强(Pa)；

　　　$P_2$——离心泵的排出口处截面 2-2 的压强(Pa)；

　　　$u_1$——离心泵的吸入管内流体的流速(m/s)；

　　　$u_2$——离心泵的排出管内流体的流速(m/s)；

　　　$\rho$——流体在实验温度下的密度(kg/m³)；

　　　$g$——重力加速度(m/s²)；

　　　$H_{f(1-2)}$——离心泵的入口和出口之间管路内流体的流动阻力(m 液柱)。

而 $H_{f(1-2)}$ 为管路内流动阻力,不包括泵本身内部的流动阻力。当所选截面很接近时,此值很小,可忽略不计。而压强 $P_1$,$P_2$ 可通过真空表和压力表的读数求出,读数单位为 MPa。

$$P_1 = P_a - P_1' \times 10^6 + h_1 \rho g \tag{4-15}$$

$$P_2 = P_a + P_2' \times 10^6 + h_2 \rho g \tag{4-16}$$

式中　$P_a$——当地大气压(Pa)；

　　　$P_1'$——真空表读数(MPa)；

　　　$P_2'$——压力表读数(MPa)；

　　　$h_1$——真空表测压管的高度(m)；

　　　$h_2$——压力表测压管的高度(m)。

实验中有 $h_1 = h_2$,则

$$H = (Z_2 - Z_1) + \frac{P_2' + P_1'}{\rho g} \times 10^6 + \frac{u_2^2 - u_1^2}{2g} \tag{4-17}$$

**3. 轴功率 $N$ 的测定**

离心泵的轴功率是指泵轴所需的功率,也就是电动机直接传递给泵轴的功率大小。实验中不直接测定泵轴功率,而是用三相功率表测量电动机的输入功率。

$$N = N_电 \cdot \eta_电 \cdot \eta_传 \tag{4-18}$$

式中　$N_电$——电动机的输入功率(kW)；

　　　$\eta_电$——电动机的效率,从电动机铭牌上查得；

　　　$\eta_传$——传动效率,联轴器连接,$\eta_传 = 1$。

$N_电$ 由三相功率表直接测定,计算式为

$$N_电 = \alpha \cdot C \times 10^{-3} \tag{4-19}$$

式中　$\alpha$——功率表偏转格数；

　　　$C$——功率表仪表常数(W/格),对于 D33-W 型功率表 $C = 40$ W/格。

**4. 离心泵的效率 $\eta$**

泵的效率是有效功率与轴功率之比。

$$\eta = \frac{N_e}{N} \qquad\qquad (4-20)$$

式中 $N_e$——泵的有效功率,指单位时间流体从泵获得的功的大小(kW)。

$$N_e = QH\rho g = \frac{QH\rho \times 9.81}{1000} = \frac{QH\rho}{102} \qquad\qquad (4-21)$$

$$\eta = \frac{QH\rho}{102N} \qquad\qquad (4-22)$$

式中 $Q$——泵流量($\mathrm{m^3/s}$);

$\quad\quad H$——泵扬程(m);

$\quad\quad N$——泵的轴功率(kW)。

**5. 转速的测定**

转速($n$)是指泵轴的旋转速度,单位为 r/min。泵的特性曲线是指在某单位恒定转速下的曲线,即:在一定特性曲线上的一切实验点,其转速都是相同的。但对实际感应电动机在流量变化时,其转速也会略有变化。这样随流量的变化,各个实验点的转速有差异。实验中转速的大小是用数字式转速表来测定。

在绘制特性曲线之前,须将实验数据换算为指定转速 $n_1$ 下的数据,换算如下

流量为

$$Q_1 = Q \cdot \frac{n_1}{n} \qquad\qquad (4-23)$$

扬程为

$$H_1 = H \cdot \left(\frac{n_1}{n}\right)^2 \qquad\qquad (4-24)$$

轴功率为

$$N_1 = N \cdot \left(\frac{n_1}{n}\right)^3 \qquad\qquad (4-25)$$

## 四、实验装置与流程

**1. 实验流程**

装置及流程如图 4-2 所示,水从水池经底阀吸入水泵,增压后经出口阀调节流量大小,流经涡轮流量传感器、计量槽再流回水池。

**2. 主要设备尺寸及仪表规格**

(1)循环水池,规格:长 2000mm × 宽 1500mm × 高 1100mm。

(2)不锈钢计量槽,规格:长 800mm × 宽 400mm × 高 800mm。

(3)BA - 6 离心泵一台。进口管为 DN50,$d_{内} = 52.5\mathrm{mm}$;出口管为 DN40,$d_{内} = 41\mathrm{mm}$。

(4)LWGY 涡轮流量传感器一台,仪表常数 $\varphi = 72.8 \sim 74.4$。

(5)LCD - 2 型可编程流量演算仪一台。

(6)D33 - W 型三相功率表一块。

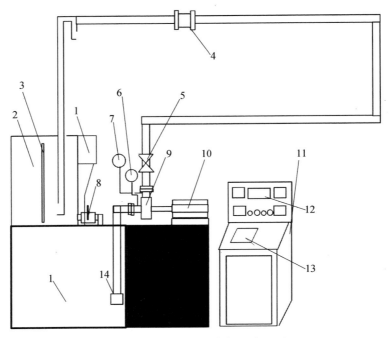

图 4 – 2 离心泵性能测定装置流程图

1—水池；2—计量槽；3—液位计；4—涡轮流量计；5—出口调节阀；6—真空表；7—压力表；
8—球阀；9—离心泵；10—电机；11—仪表柜；12—流量显示仪；13—功率表；14—底阀 15—溢流管。

（7）KL – 007 多功能数显转速表一块。

（8）压力表（0 ~ 0.25MPa）一个，真空表（ – 0.1 ~ 0MPa）一个，为 1.5 级。

（9）秒表一块。

（10）0 ~ 50℃水银温度计一个。

## 五、实验步骤

（1）熟悉设备、流程及所用三相功率表、流量演算仪的使用方法。

（2）旋转泵轴以检查泵轴的润滑情况，用手转动联轴器看是否转动灵活。如转动灵活，表明离心泵可以启动。

（3）打开泵的出口调节阀和充水阀，向泵壳内灌水，直至泵壳内空气排净；然后关闭泵的出口调节阀和充水阀。

（4）启动离心泵，然后再按下泵 – 功率表连锁开关，听到"咔咔"两声，松开手指，功率表同时启动。

（5）打开出口阀使流量达到最大，进行系统的排气操作。

（6）数据测量。将离心泵的出口阀旋开，直到流量达到最大，开始记录数据。从最大流量到最小流量（零）依次测取数据。大流量下流量值可以从演算仪上直接读取；小流量下改用手动实测流量。实验中每调节一个流量后稳定一段时间，然后同时记录流量值、压力表读数、真空表读数、功率表偏转格数及转速值，直到出口阀全部关闭，即流量为零时为止。注意不要忘记读取流量为零时的各有关参数。

（7）实验完毕，关闭泵的出口调节阀，停泵并关闭电源。做好清洁卫生工作。

（8）水温的测量。取实验前后水温的算术平均值作为测量温度。

## 六、实验报告

（1）绘制原始数据表和数据整理表。
（2）在直角坐标纸上绘制一定转速下泵的特性曲线。
（3）写出典型数据的计算过程,分析和讨论实验现象。

## 七、思考题

（1）为什么启动离心泵前要先灌泵? 如果灌水排气后泵仍启动不起来,你认为可能是什么原因?
（2）为什么启动离心泵时要关出口调节阀和功率表开关? 启动离心泵后若出口阀不开,出口处压力表的读数是否会一直上升,为什么?
（3）什么情况下会出现气蚀现象?
（4）为什么泵的流量改变可通过出口阀的调节来达到? 是否还有其他方法来调节流量?
（5）正常工作的离心泵,在其进口管线上设阀门是否合理? 为什么?
（6）为什么在离心泵吸入管路上安装底阀?
（7）测定离心泵的特性曲线为什么要保持转速的恒定?
（8）为什么流量越大,入口真空表读数越大而出口压力表读数越小?

# 实验三 过 滤 实 验

## 一、实验目的

（1）了解板框过滤机的构造、流程和操作方法;
（2）测定某一压强下过滤方程式中过滤常数 $K$、$q_e$、$\theta_e$,增进对过滤理论的理解;
（3）测定洗涤速率与最终过滤速率的关系。

## 二、实验内容

用板框过滤机在恒定压力(0.05MPa, 0.1MPa)下分离 10% ~15% 碳酸钙溶液,测定滤液量与过滤时间的关系,并求得过滤常数。

## 三、基本原理

过滤是将悬浮液送至过滤介质的一侧,在其上维持比另一侧高的压力,液体则通过介质而成滤液,而固体粒子则被截流逐渐形成滤渣。过滤速率由过滤压力及过滤阻力决定,过滤阻力由二部分组成:滤布和滤渣。因为滤渣厚度随时间而增加,所以恒压过滤速率随着时间而降低。对于不可压缩性滤渣,在恒压过滤情况下,滤液量与过滤时间的关系可用下式表示

$$(V + V_e)^2 = K \cdot A^2 \cdot (\theta + \theta_e) \qquad (4-26)$$

式中 $V$——$\theta$ 时间内的滤液量（$m^3$）；

$\qquad V_e$——虚拟滤液量（$m^3$）；

$\qquad A$——过滤面积（$m^2$）；

$\qquad K$——过滤常数（$m^2/s$）；

$\qquad \theta$——过滤时间（$s$）；

$\qquad \theta_e$——相当于得到滤液 $V_e$ 所需的过滤时间（$s$）。

过滤常数一般由实验测定。为了便于测定这些常数，可将式（4-26）改写为

$$(q + q_e)^2 = K(\theta + \theta_e) \qquad\qquad (4-27)$$

式中 $q = \dfrac{V}{A}$——过滤时间为 $\theta$ 时，单位过滤面积的滤液量（$m^3/m^2$）；

$\qquad q_e = \dfrac{V_e}{A}$——在 $\theta_e$ 时间内，单位过滤面积虚拟滤液量（$m^3/m^2$）。

**1. 过滤常数 $K$、$q_e$、$\theta_e$ 的测定方法**

将式（4-27）进行微分，得

$$2(q + q_e)dq = Kd\theta$$

即

$$\frac{d\theta}{dq} = \frac{2}{K}q + \frac{2}{K}q_e \qquad\qquad (4-28)$$

此式形式与 $Y = A \cdot X + B$ 相同，为一直线方程。若以 $d\theta/dq$ 为纵坐标，$q$ 为横坐标作图，可得一直线，其斜率为 $2/K$，截距为 $2q_e/K$，便可求出 $K$、$q_e$ 和 $\theta_e$。但是 $d\theta/dq$ 难以测定，故式（4-28）左边的微分 $d\theta/dq$ 可用增量比 $\Delta\theta/\Delta q$ 代替，即

$$\frac{\Delta\theta}{\Delta q} = \frac{2}{K}q + \frac{2}{K}q_e \qquad\qquad (4-29)$$

因此，在恒压下进行过滤实验，只需测出一系列的 $\Delta\theta$、$\Delta q$ 值，然后以 $\Delta\theta/\Delta q$ 为纵坐标，以 $q$ 为横坐标（$q$ 取各时间间隔内的平均值）作图，即可得到一条直线。这条直线的斜率为 $2/K$，截距为 $2q_e/K$，进而可算出 $K$、$q_e$ 的值；再将 $q = 0$、$\theta = 0$ 代入式（4-26）即可求出 $\theta_e$。

**2. 洗涤率速率与最终过滤速率的测定**

在一定的压强下，洗涤速率是恒定不变的，因此它的测定比较容易。它可以在水量流出正常后开始计量，计量多少也可根据需要决定。

洗涤速率 $\left(\dfrac{dV}{d\theta}\right)_w$ 为单位时间所得的洗涤量。

$$\left(\frac{dV}{d\theta}\right)_w = \frac{V_W}{\theta_W} \qquad\qquad (4-30)$$

式中 $V_W$——洗液量（$m^3$）；

$\qquad \theta_W$——洗涤时间（$s$）。

至于最终过滤速率的测定是比较困难的，因为它是一个变数。为了测得比较准确，过滤操作要进行到滤框全部被滤渣充满以后再停止。根据恒压过滤基本方程，恒压过滤最

终速率为

$$\left(\frac{\mathrm{d}V}{\mathrm{d}\theta}\right)_E = \frac{KA^2}{2(V + V_e)} = \frac{KA}{2(q + q_e)} \tag{4-31}$$

式中　$\left(\dfrac{\mathrm{d}V}{\mathrm{d}\theta}\right)_E$——最终过滤速率;

　　　$V$——整个过滤时间 $\theta$ 内所得的滤液总量;

　　　$q$——整个过滤时间 $\theta$ 内通过单位过滤面积所得的滤液总量。

其他符号的意义与式(4-26)相同。

### 四、实验装置与流程

**1. 装置流程**

过滤实验装置的流程如图4-3所示。

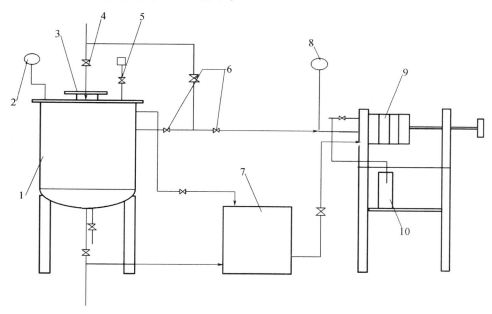

图4-3　过滤实验装置流程图

1—滤浆罐;2—压力表;3—加料口;4—压缩空气进口阀;5—压力调节阀;

6—球阀;7—洗涤水贮槽;8—压力表;9—板框压滤机;10—量筒。

**2. 主要设备**

(1) 配浆槽:($\phi560\mathrm{mm} \times 750\mathrm{mm}$)2个(每两组过滤装置共用一个)。

(2) 洗水罐:($\phi273\mathrm{mm} \times 500\mathrm{mm}$)4个。

(3) 板框过滤机:为两套明流式板框过滤机和两套暗流式板框过滤机。

其中:① 明流式过滤机,滤框内尺寸为170mm×170mm,滤框厚度为20mm,过滤面积 $A = (0.17 \times 0.17 - 0.785 \times 0.07^2/2) \times 2 = 0.056\mathrm{m}^2$,滤框总容积 $= (0.17 \times 0.17 - 0.785 \times 0.07^2/2) \times 0.02 = 0.00056\mathrm{m}^3$;

② 暗流式过滤机,滤框内尺寸为118mm×118mm,滤框厚度为38mm,过滤面积 $A = (0.118 \times 0.118 - 0.785 \times 0.05^2) \times 2 = 0.024\mathrm{m}^2$,滤框总容积 $= (0.118 \times 0.118 - 0.785 \times$

$0.05^2$ ) $\times 0.038 = 0.00045 m^3$ 。

（4）计量桶：2个量筒（1000mL）。

（5）秒表。

## 五、实验方法

**1. 准备工作**

（1）仔细了解板框压滤机的滤板、滤框的构造，滤板的排列顺序，过滤时滤液及洗涤时洗水流径的路线。

（2）测量所用该块滤框的过滤面积。

（3）检查各阀门的开启位置，并使其处于关闭状态。

（4）按顺序排列滤板与滤框（1—2—3—2—1—2—3……）。为了节省时间，实验时只用一组板框，因此要把其余组框用盲板（橡胶垫）同实验用的板框隔开。滤布应先湿透，然后安装。安装时滤布孔要对准滤机孔道，表面要拉平整，不能起皱。

（5）配置滤浆。

首先打开进水阀、溢流阀，使料浆管水位至溢流口时，关闭进水阀及溢流阀。然后启动空压机，打开压缩空气进口阀，使料浆罐内液体处于均匀搅拌状态，从加料口加入超轻碳酸钙，使其质量浓度为8%～10%范围内，全开压力调节阀，封闭加料口。

（6）准备好实验用的仪器及工具（如秒表、量筒、温度计等）。

**2. 实验工作**

（1）调节压缩机出口阀门及压力调节阀使料浆罐维持正常的操作压力（0.05MPa或0.1MPa表压）。

（2）将计量用量筒放置于滤液出口处，准备好秒表。

（3）开启压滤机和滤浆管入口阀门以及滤液出口阀，操作过程中随时调节压力调节阀，恒定压力应以板框入口处压力表读数为准。

（4）当有滤液流出时，开始记录时间，连续记录一定滤液量所需时间。开始时，滤液流量较大，可按每1000mL滤液量读取一个时间。当滤液流量减小时，可按每500mL或200mL滤液量读取一个时间。

（5）当流速减慢，滤液呈滴状流出时，即可停止操作。关闭滤浆管入口阀门及滤液出口阀，开始进行洗涤操作。

（6）将水放进洗涤罐，关闭进水阀。打开洗水压缩空气阀，维持洗涤压力和过滤压力一致，开启洗水进口阀，进行洗涤，洗水穿过滤渣后流入计量筒，同时记录时间。测取有关数据，记录两组洗涤数据。

（7）洗涤完毕，关闭所有阀门，全开压力调节阀，待压力表读数为0时，旋开压紧螺杆，并将板框打开，卸出滤渣。清洗滤布，整理板框，重新组合，调节另一压力，进行下一次操作。

**3. 结束工作**

（1）打开压缩空气吹堵阀。分别开启滤浆管入口阀，使管内滤浆吹入滤浆罐及板框内，以防堵塞管路。

（2）卸除滤渣清洗滤布及实验现场。搞好清洁卫生和工作。

## 六、实验报告

（1）列出实验原始数据表和数据整理表。

（2）绘出 $\dfrac{\Delta\theta}{\Delta q} - q$ 图。

（3）计算出 $k$、$q_e$、$\theta_e$ 值。

（4）列出所得的过滤方程式。

（5）计算举例，并讨论实验结果。

（6）思考题解答。

## 七、思考题

（1）为什么过滤开始时，滤液常有浑浊，过一定时期才转清？

（2）滤浆浓度和过滤压强对 $K$ 值有何影响？

（3）有哪些因素影响过滤速率？

（4）$\Delta q$ 取大些好，还是取小一些好？同一次实验，$\Delta q$ 取得不同，所得出 $k$、$q_e$ 之值会不会不同？

# 实验四　总传热系数的测定

## 一、实验目的

（1）了解换热器的结构，掌握换热器的操作方法。

（2）掌握换热器总传热系数 $K$ 的测定方法。

（3）了解流体的流量和流向不同对总传热系数的影响。

## 二、实验内容

测定套管换热器中水－水物系在常用流速范围内的总传热系数 $K$，分析强化传热效果的途径。

## 三、基本原理

在工业生产中，要完成加热或冷却任务，一般是通过换热器来实现的，即换热器必须在单位时间内完成传送一定的热量以满足工艺要求。传热系数 $K$ 是换热器性能指标之一。通过对这一指标的实际测定，可对换热器操作、选用及改进提供依据。

传热系数 $K$ 值的测定可根据热量恒算式及传热速率方程式联立求解。

传热速率方程式为

$$Q = K S \Delta t_m \qquad (4-32)$$

通过换热器所传递的热量可由热量恒算式计算，即

$$Q = W_h C_{ph}(T_1 - T_2) = W_c C_{pc}(t_2 - t_1) + Q_{损} \qquad (4-33)$$

若实验设备保温良好，$Q_{损}$可忽略不计，所以有

$$Q = W_h C_{ph}(T_1 - T_2) = W_c C_{pc}(t_2 - t_1) \qquad (4-34)$$

式中　　$Q$——单位时间的传热量(W);

$K$——总传热系数($\text{W} \cdot \text{m}^{-2} \cdot \text{℃}^{-1}$);

$\Delta t_m$——传热对数平均温度差(℃);

$S$——传热面积(这里基于外表面积)($\text{m}^2$);

$W_h$, $W_c$——热、冷流体的质量流量(kg/s);

$C_{ph}$, $C_{pc}$——热、冷流体的平均定压比热($\text{J} \cdot \text{kg}^{-1} \cdot \text{℃}^{-1}$);

$T_1$, $T_2$——热流体的进出口温度(℃);

$t_1$, $t_2$——冷流体的进出口温度(℃)。

$\Delta t_m$ 为换热器两端温度差的对数平均值,即

$$\Delta t_m = \frac{\Delta t_2 - \Delta t_1}{\ln \dfrac{\Delta t_2}{\Delta t_1}} \qquad (4-35)$$

当 $\dfrac{\Delta t_2}{\Delta t_1} \leqslant 2$ 时,可以用算术平均温度差$\left(\dfrac{\Delta t_2 + \Delta t_1}{2}\right)$代替对数平均温度差。由式(4-32)和式(4-34)及式(4-35)所计算出的传热系数 $K$ 为测量值 $K_{测}$。

传热系数的计算值 $K_{计}$ 可用下式进行计算,即

$$K_{计} = \frac{1}{\dfrac{1}{\alpha_0} + \dfrac{1}{\alpha_i} + \sum \dfrac{\delta}{\lambda} + R_S} \qquad (4-36)$$

式中　　$\alpha_0$——换热器管外侧流体对流传热系数($\text{W} \cdot \text{m}^{-2} \cdot \text{℃}^{-1}$);

$\alpha_i$——换热器管内侧流体对流传热系数($\text{W} \cdot \text{m}^{-2} \cdot \text{℃}^{-1}$);

$\delta$——管壁厚度(m);

$\lambda$——管壁的导热系数($\text{W} \cdot \text{m}^{-2} \cdot \text{℃}^{-1}$);

$R_S$——污垢热阻($\text{m}^2 \cdot \text{℃/W}$)。

当管壁和垢层的热阻可以忽略不计时,式(4-36)可简化为

$$K_{计} = \frac{1}{\dfrac{1}{\alpha_0} + \dfrac{1}{\alpha_i}} = \frac{\alpha_i \alpha_0}{\alpha_i + \alpha_0} \qquad (4-37)$$

## 四、实验装置及流程

### 1. 实验流程

本实验装置为一套管换热器,采用冷水 – 热水系统,流程如图4-4所示。冷水经转子流量计计量后进入换热器的冷水流道,进行热交换后排入地沟。热水槽中的水被加热到预定温度后,由管道泵送至流量计计量,再进入换热器的热水流道,进行热交换后返回热水槽循环使用。在冷热水进、出口处都分别装有热电偶测量温度。

实验装置设有逆流和并流两种流程,通过换向阀门改变冷水的流向,进而测得两流体逆流或并流流动时的总传热系数。

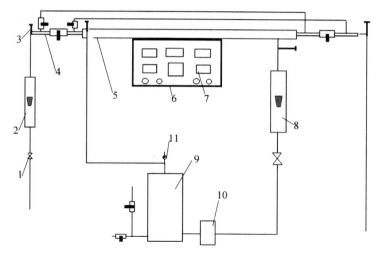

图 4 - 4　总传热系数测定实验装置流程图

1—调节阀；2—转子流量计；3—热电偶；4—换向阀；5—套管换热器；6—仪表箱；
7—温度显示仪；8—转子流量计；9—热水罐；10—管道泵；11—排气阀。

**2. 主要设备仪表规格**

（1）套管换热器：内管为紫铜管，管径 $d_o = 6mm$；换热管长度 $l = 1.075m$。

（2）测温装置：热电偶配以数字温度显示仪。

（3）热水发生器：$\phi 219mm \times 6mm$，材质为不锈钢；加热器功率：1kW，由智能程序控温仪控制并显示其中温度。

（4）流量计：LZB - 15 转子流量计，范围 0 ~ 160 L/h；LZB - 25 转子流量计，范围 0 ~ 400 L/h。

## 五、实验报告

（1）整理原始数据记录表，将有关数据整理在数据处理表中。

（2）列出实验结果，写出典型数据的计算过程，分析和讨论实验现象。

## 六、实验步骤

（1）熟悉流程、管线，检查各阀门的开启位置，熟悉各阀门的作用。

（2）将热水发生器水位约维持在其高度的2/3，把换向阀门组调配为逆流。

（3）打开总电源开关，通过智能程序控温仪设定加热器温度，通电加热并启动管道泵，开启热水调节阀调节热水流量为定值。

（4）当热水发生器温度接近设定值时，开启冷水离心泵和出口阀，调节冷水阀使冷水流量为定值。实验过程中注意开启冷水槽上水阀，勿使槽内水位下降太多。

（5）待冷、热水温度稳定后，记录冷、热水的进出口温度。

（6）调节冷水阀，改变冷水流量，测取 6 个数据。注意，每次流量改变后，必须有一定的稳定时间，待有关参数都稳定后，再记录数据。

（7）把换向阀门组调配为并流，调节冷水阀，改变冷水流量，待温度稳定后记录有关参数。

（8）实验结束后,关闭调节阀门,关闭热水泵的电源开关,并关闭冷水离心泵出口阀及离心泵,最后关闭总电源。

## 七、思考题

（1）影响传热系数 $K$ 的因素有哪些?
（2）在实验中哪些因素影响实验的稳定性?
（3）根据实验结果分析如何强化传热?

# 实验五　对流传热系数的测定

## 一、实验目的

（1）学会对流传热系数的测定方法。
（2）测定空气在圆形直管内(或螺旋槽管内)的强制对流传热系数,并把数据整理成准数关联式,以检验通用的对流传热准数关联式。
（3）了解影响对流传热系数的因素和强化传热的途径。

## 二、实验内容

测定不同空气流量下空气和水蒸汽在套管换热器中的进、出口温度,求得空气在管内的对流传热系数。

## 三、基本原理

### 1. 准数关联式

对流传热系数是研究传热过程及换热器性能的一个很重要的参数。在工业生产和科学研究中经常采用间壁式换热装置来达到物料的冷却和加热目的,这种传热过程是冷热流体通过固体壁面(传热元件)进行的热量交换,由热流体对固体壁面的对流传热、固体壁面的热传导和固体壁面对冷流体的对流传热所组成。

由传热速率方程式可知,单位时间单位传热面所传递的热量为

$$q = K(T - t) \qquad (4-38)$$

而对流传热所传递的热量,对于冷热流体可由牛顿定律表示为

$$q = \alpha_h \cdot (T - T_{w1}) \qquad (4-39)$$

或

$$q = \alpha_c \cdot (t_{w2} - t) \qquad (4-40)$$

式中　$q$——传热量($W/m^2$);

$\quad\quad\alpha$——给热系数($W/m^2$);

$\quad\quad T$——热流体温度(℃);

$\quad\quad t$——冷流体温度(℃);

$\quad\quad T_{w1}$、$t_{w2}$——热、冷流体侧的壁温(℃);

$\quad\quad c$——冷侧;

$\quad\quad h$——热侧。

由于对流传热过程十分复杂,影响因素极多,目前尚不能通过解析法得到对流传热系数的关系式,它必须由实验加以测定获得各影响因素与对流传热系数的定量关系。为了减少实验工作量,采用因次分析法将有关的影响因素无因次化处理后,组成若干个无因次数群,从而获得描述对流传热过程的无因次方程。在此基础上组织实验,并经过数据处理得到相应的关系式。流体在圆形(光滑)直管中做强制对流传热时,传热系的变化规律可用准数关联式表示为

$$N_u = CR_e^m P_r^n \qquad\qquad (4-41)$$

$$N_u = \frac{\alpha d}{\lambda} \qquad\qquad (4-42)$$

$$R_e = \frac{du\rho}{\mu} = \frac{dw}{A\mu} \qquad\qquad (4-43)$$

式中　$N_u$——努塞尔特准数;

　　　　$Re$——雷诺准数;

　　　　$P_r$——普兰特准数;

　　　　$w$——空气的质量流量(kg/s);

　　　　$d$——热管内径(m);

　　　　$A$——换热管截面积($m^2$);

　　　　$\mu$——定性温度下空气的黏度(Pa·S);

　　　　$\lambda$——定性温度下空气的导热系数($W \cdot m^{-1} \cdot ℃^{-1}$);

　　　　$\alpha$——对流传热系数($W \cdot m^{-2} \cdot ℃^{-1}$)。

当流体被加热时,$n = 0.4$;被冷却时,$n = 0.3$。此式的适用范围为:$Re > 10000$,$0.7 < P_r < 120$,长与管径比$\frac{L}{d_i} > 60$,低黏度的流体($\mu < 2\mu_水$)。

计算各物理量的定性温度用进出口温度的算术平均值。

对空气而言,在较大的温度和压力范围内,$P_r$准数实际上保持不变,取$P_r = 0.7$。因空气被加热,取$n = 0.4$,则式(4-51)可简化为

$$N_u = C' \cdot Re^m \qquad (C' = C \cdot P_r^n = 0.867C) \qquad (4-44)$$

螺旋槽管的准数关联式为$N_u = 0.00406 Re^{10175}$。

**2. 对流传热系数$\alpha$的测定**

在套管换热器中,环隙中通水蒸汽,内管管内通空气,水蒸汽冷凝放热加热空气。当传热达到稳定后,空气侧对流传热系数$\alpha_i$与总传热系数$K$有以下关系,即

$$\frac{1}{K} = \frac{1}{\alpha_i} + \frac{\delta}{\lambda} + \frac{1}{\alpha_o} \qquad\qquad (4-45)$$

式中　$\delta$——管壁厚度(m);

　　　　$\lambda$——管壁材料的导热系数($W \cdot m^{-1} \cdot ℃^{-1}$);

　　　　$\alpha_i$——管内对流传热系数($W \cdot m^{-2} \cdot ℃^{-1}$);

　　　　$\alpha_o$——管外对流传热系数($W \cdot m^{-2} \cdot ℃^{-1}$)。

因管内流动的是空气,管外流动的是水蒸汽,所以两侧污垢热阻可不计。式中$\frac{\delta}{\lambda}$为黄

铜管壁热传导的热阻,其中 $\delta = 0.001\mathrm{m}, \lambda = 377\mathrm{W(m \cdot ℃)}$,所以 $\dfrac{\delta}{\lambda}$ 很小,$\dfrac{1}{\alpha_0}$ 为蒸汽冷凝膜的热阻,与 $\dfrac{1}{\alpha_i}$ 相比,$\dfrac{\delta}{\lambda}$ 和 $\dfrac{1}{\alpha_0}$ 很小可以忽略,所以 $K \approx \alpha_i$。

根据传热速率方程和热量衡算式有如下关系,即

$$Q = KS\Delta t_m = WC_p(t_{出} - t_{进}) \tag{4-46}$$

$$\Delta t_m = \frac{(T - t_{出}) - (T - t_{进})}{\ln \dfrac{T - t_{出}}{T - t_{进}}}$$

式中　$Q$——传热速率(W);

$K$——总传热系数($\mathrm{W \cdot m^{-2} \cdot ℃^{-1}}$);

$W$——空气的质量流量(kg/s);

$C_p$——空气的平均比热($\mathrm{J \cdot kg^{-1} \cdot ℃^{-1}}$);

$t_{出}$——空气出口温度(℃);

$t_{进}$——空气进口温度(℃);

$\Delta t$——对数平均温度差(℃);

$T$——蒸汽温度(℃)。

于是式(4-46)可改写为

$$Q = \alpha_i s\Delta t_m = WC_p(t_{出} - t_{进}) \tag{4-47}$$

从而得到管内空气对流传热系数的计算式为

$$\alpha_i = \frac{WC_p(t_{出} - t_{进})}{s\Delta t_m} = \frac{V_s \rho C_p(t_{出} - t_{进})}{s\Delta t_m} \tag{4-48}$$

式中　$V_s$——空气的体积流量($\mathrm{m^3/s}$);

$\rho$——流经流量计处空气密度($\mathrm{kg/m^3}$)。

所以当传热达到稳定后,用蒸汽温度可计算出 $\Delta t_m$,利用仪器测出各数据,就能计算出实测值 $\alpha_i$,从而整理出 $N_u$ 准数与 $R_e$ 准数之间的函数关系,最后确定 $C$ 与指数 $m$。

**3. $Re$ 与 $N_u$ 的计算**

$$Re = \frac{\rho du}{\mu} = \frac{\rho 4V_s}{\mu \pi d_i} = 1.274 \frac{\rho V_s}{\mu d_i} \tag{4-49}$$

式中　$d_i$——管内径(m);

$\mu$——定性温度下空气的黏度($\mathrm{Pa \cdot S}$)。

$$N_u = \frac{\alpha_i d_i}{\lambda} \tag{4-50}$$

式中　$\lambda$——定性温度下空气的导热系数($\mathrm{W \cdot m^{-1} \cdot ℃^{-1}}$)。

**4. 流量的测量和密度的计算**

$$\rho = 1.293 \times \frac{273}{760} \times \frac{P_a + R_p}{273 + t} \tag{4-51}$$

式中　$P_a$——大气压强(可取当地大气压)(mmHg);

　　　$R_p$——流量计前端被测介质表压强(mmHg);

　　　$t$——流量计前端被测介质温度(℃)。

$$V_s = V_0 \sqrt{\frac{\rho_{g0}}{\rho_s}}$$

式中　$V_0$——转子流量计的读数;

　　　$\rho_{g0}$——标定转子时空气的密度;

　　　$\rho_s$——实际操作情况时气体密度。

## 四、实验装置及流程

### 1. 实验流程

本实验有四套套管换热器组成,其中一套是螺旋槽管,另三套是光滑管。空气由风机输送,经转子流量计计量后送套管换热器内管换热后排向大气。蒸汽由蒸汽发生器经蒸汽调节阀送入套管换热器的套管环隙,不凝性气体由放气阀排出,冷凝水由排液阀排出。实验装置流程如图4-5所示。

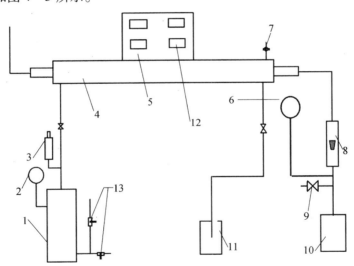

图4-5　对流传热实验装置流程图

1—蒸汽发生器;2—压力表;3—安全阀;4—套管换热器;5—仪表箱;6—微型压力表;7—放气阀;
8—转子流量计;9—旁通阀;10—气泵;11—冷凝水罐;12—温度显示仪;13—阀门。

### 2. 主要设备仪表规格

(1)光滑管 $d_i = 17.8$mm;螺旋槽管 $D_i = 17.8$mm;光滑管与螺旋槽管均为黄铜管,换热管长度均为1.224m。

(2)风机型号:D2-4型微音气泵。

(3)热点阻:Cu50型。

(4)蒸汽发生器:用 $\phi 219$mm $\times 6$mm 不锈钢管制成,由2kW电加热棒加热,其中1kW为常加热,1kW由智能程序控温仪控制并显示其温度。

（5）流量计：LZB-40空气转子流量计，范围为 6~60m³/h。

## 五、实验方法

（1）把蒸汽发生器加蒸馏水至恒定水位，然后关闭蒸汽阀，打开总电源开关，给温控仪设定适当温度。

（2）待蒸汽发生器内温度接近设定温度时，打开蒸汽阀门，使蒸汽进入套管环隙，并打开放气阀排除不凝性气体。微开排液阀，以便冷凝水及时排除。

（3）打开空气旁通阀，开启风机，调节阀门使流量到指定刻度，待稳定后，记录数据。

（4）改变空气流量，稳定后，读取数据。

（5）实验结束后，先全开旁通阀后关闭风机，最后关闭总电源开关。

（6）读大气压差计值，记录操作条件下大气压强值。

注意：实验过程中应及时排除不凝性气体和冷凝水。但在排放过程中，尽量不要影响实验操作的稳定性。

## 六、实验报告

（1）在双对数坐标纸上以 $N_u$ 为纵坐标，以 $R_e$ 为横坐标绘出 $N_u - R_e$ 曲线。

（2）整理出光滑管或螺旋槽管的 $N_u = CR_e{}^m$ 准数方程式。

（3）列出实验结果，写出典型数据的计算过程，分析和讨论实验现象。

## 七、思考题

（1）实验过程中，蒸汽温度改变对实验结果有什么影响？如何保持蒸汽温度恒定？

（2）本实验中，空气与蒸汽流径能否改变？这样安排的优点是什么？

（3）实验过程中，如何判断传热达到稳定？

（4）蒸汽冷凝过程中不凝性气体存在对实验结果会有什么影响？应采取什么措施解决？

# 实验六　精馏实验

## 一、实验目的

（1）熟悉精馏装置的流程及筛板精馏塔的结构。

（2）熟悉精馏塔的操作方法，通过操作掌握影响精馏操作的各因素之间的关系。

（3）掌握测定筛板精馏塔的全塔效率和单板效率的方法。

## 二、实验内容

对体积分数为 15%~20% 的乙醇-水溶液进行分离，掌握连续精馏装置的开车和停车操作程序和调节方法，并在不同操作工况下测定精馏塔的全塔效率和全回流下的单板效率。

### 三、基本原理

#### 1. 精馏塔的操作

精馏塔的性能与操作有关,实验中应严格维持物料平衡,正确选择回流比和塔釜加热量(塔的蒸气速度)。

1)根据进料量及组成、产品的分离要求,维持物料平衡

(1)总物料衡算。

在精馏塔的操作中,物料的总进料量应恒等于总出料量,即

$$F = W + D \qquad (4-52)$$

当总物料不平衡时,最终将导致破坏精馏塔的正常操作,例如:进料量大于出料量,将引起淹塔;而出料量大于进料量时,将引起塔釜干料。

(2)各个组分的物料衡算。

在满足总物料平衡的条件下,还应满足各个组成的物料平衡,即

$$Fx_F = Dx_D + Wx_W \qquad (4-53)$$

由式(4-52)和式(4-53)联立求解可知,当进料量 $F$、进料组成 $x_{Fi}$ 以及产品的分离要求 $x_{Di}$、$x_{Wi}$ 一定的情况下,必须严格保证馏出液 $D$ 和釜液 $W$ 的采出率为

$$\frac{D}{F} = \frac{x_F - x_W}{x_D - x_W} \qquad (4-54)$$

$$\frac{W}{F} = 1 - \frac{D}{F} \qquad (4-55)$$

由上可知,如果塔顶采出率 $D/F$ 过大,即使精馏塔有足够的分离能力,在塔顶也得不到规定的合格产品。

2)选择适宜的回流比,保证精馏塔的分离能力

回流比的大小对精馏塔的尺寸有很大影响,但对已有的精馏塔而言,塔径和塔板数已定,回流比的改变主要影响产品的浓度、产量、塔效率及塔釜需要的加热量等。在塔板数一定的情况下,正常的精馏操作过程要有足够的回流比,才能保证一定的分离效果,获得合格产品。一般应根据设计的回流比严格控制回流量和馏出液量。

3)维持正常的气液负荷量,避免发生不正常操作状况

(1)液泛。

塔内气相靠压力自下而上逐板流动,液相靠重力自上而下通过降液管而逐板流动。显然,液体是自低压空间流至高压空间。因此,塔板正常工作时,降液管中的液面必须有足够的高度,才能克服塔板两侧的压降而向下流动。若气液两相之一的流量增大,使降液管内流体不能顺利下流,管内液体必然积累。当管内液体增高到越过溢流堰顶部时,两板间液体相连,该层塔板产生积液,并依次上升,最终是全塔充满液体,这种现象称为液泛,亦称淹塔。此时全塔操作被破坏,操作时应避免液泛发生。

当回流液量一定时,塔釜加热量过大使上升蒸汽量增加,气体穿过板上液层时造成两板间压降增大,使降液管内液体不能下流而造成液泛;当塔釜加热量一定时,进料量或回

流量过大,降液管的截面不足以使液体通过,管内液面升高,也会发生液泛现象。因此操作时应随时调节塔釜加热量和进料量及回流量匹配。

（2）雾沫夹带。

上升气流穿过塔板上液层时,将板上液体带入上层塔板的现象称为雾沫夹带。过量的雾沫夹带造成液相在塔板间的反混,进而导致塔板效率严重下降。

影响雾沫夹带量的因素主要是上升气速和塔板间距。气速增加,雾沫夹带量增大;塔板间距增大,可使雾沫夹带量减小。

（3）漏液。

在筛板精馏塔内,气液两相在塔板上应呈错流接触。但当气速较小时,部分液体会从筛孔处直接漏下,从而影响气液在塔板上的充分接触,使塔板效率下降。严重的漏液会使塔板上不能积液而无法正常操作。

**2. 塔内不正常现象及调节方法**

1）物料不平衡

（1）$Dx_D > Fx_F - Wx_W$。

外观表现:塔釜温度合格而塔顶温度逐渐升高,塔顶产品不合格。

造成原因:塔顶产品与塔釜产品采出比例不当;进料中轻组分含量下降。

处理方法:若因产品采出比例不当造成此现象时,可采用不改变塔釜加热量、减小塔顶采出量、加大进料量和塔釜采出量的办法,使过程在 $Dx_D < Fx_F - Wx_W$ 下操作一段时间,以补充塔内轻组分量,待塔顶温度逐步下降至规定值时,再调节操作参数使过程 $Dx_D = Fx_F - Wx_W$ 下操作。若因进料组成改变但变化量不大而造成此现象时,调节方法同上;若组成变化较大时,还需调节进料位置甚至改变回流量。

（2）$Dx_D < Fx_F - Wx_W$。

外观表现:塔顶温度合格而塔釜温度下降,塔釜采出不合格。

造成原因:塔顶产品与塔釜产品采出比例不当;进料中轻组分含量升高。

处理方法:若因产品采出比例不当造成此现象时,可采用不改变回流量、加大塔顶采出量、相应调节塔釜加热量、适当减小进料量的办法,使过程在 $Dx_D > Fx_F - Wx_W$ 下操作一段时间,待塔釜温度逐步升至规定值时,再调节操作参数使过程在 $Dx_D = Fx_F - Wx_W$ 下操作。若因进料组成改变但变化量不大而造成此现象时,调节方法同上;若组成变化较大时,同样需调节进料位置甚至改变回流量。

2）分离能力不足

外观表现:塔顶温度升高,塔釜温度降低,塔顶、塔釜产品不合格。

处理方法:通过加大回流比来调节,即:增加塔釜加热量和塔顶的冷凝量,使上升蒸气量和回流液量同时增加。注意,增加回流比并不意味着产品流率 $D$ 的减少,而且盲目增加回流比易发生雾沫夹带或其他不正常现象。

**3. 塔效率**

1）全塔效率

在板式精馏塔中,蒸汽逐板上升,回流液逐板下降,气液两相在塔板上互相接触,实现传热和传质过程,从而使混合液得到分离。如果离开塔板的气液两相处于平衡状态,则该塔板称为理论板。然而在实际操作中,由于塔板上气液两相接触时间和接触面积有限,离开塔板的气液两相组成不可能达到平衡状态,即一块实际塔板达不到一块理论塔板的分离效果。因此精馏塔所需要的实际塔板数总是多于理论塔板数。

全塔效率是筛板精馏塔分离性能的综合度量,它综合了塔板结构、物理性质、操作变量等诸因素对塔分离能力的影响。对于二元物系,如已知其气液平衡数据($x-y$ 图),则根据精馏塔的进料组成 $x_F$、进料温度 $t_F$(进料热状态)、塔顶馏出液组成 $x_D$、塔底釜液组成 $x_W$ 及操作回流比 $R$,即可用图解法求出理论塔板数 $N_T$,再由求得的理论塔板数 $N_T$ 与实验设备的实际塔板数 $N_P$ 相比,即可得到该塔的全塔效率(或总板效率)$E$,即

$$E = \frac{N_T}{N_P} \times 100\% \qquad\qquad (4-56)$$

式中:$N_T$ 为理论塔板数;$N_P$ 为实际塔板数。

2)单板效率

精馏塔的单板效率(默弗里效率)$E_m$ 是以气相(或液相)通过实际板的组成变化值与经过理论板的组成变化值之比来表示的。对任意的第 $n$ 层塔板,单板效率可分别按气相组成或液相组成的变化来表示。以气相为例,有

$$E_{mv} = \frac{y_n - y_{n+1}}{y_n^* - y_{n+1}} \qquad\qquad (4-57)$$

式中 $y_n$——离开第 $n$ 层板的气相组成的摩尔分率;

$y_{n+1}$——进入第 $n$ 层板的气相组成的摩尔分率;

$y_n^*$——与离开第 $n$ 层板的液相组成 $x_n$ 成平衡的气相组成的摩尔分率。

在本实验中,精馏塔的单板效率是在全回流状态下测定的。此时回流比 $R$ 为无穷大,在 $x-y$ 图上操作线与对角线相重合,操作线方程为 $y_{n+1} = x_n$,因此 $y_n = x_{n-1}$。实验中测得相邻两块板的液相组成 $x_n$、$x_{n-1}$,并在平衡曲线上找出与 $x_n$ 相平衡的气相组成 $y_n^*$,代入上式即可求得 $E_{mv}$。

## 四、实验装置及流程

整套实验装置由塔体、塔釜、冷凝器、供液系统、回流系统、产品贮槽和仪表控制系统等部分组成。

1# 精馏装置塔体由 15 块筛板组成,塔内径 50mm,板间距为 100mm,筛板厚度为 1mm,筛孔孔径 2mm,孔数 21 个,正三角形排列,溢流管直径 $\phi14mm \times 2mm$,堰高 10mm;塔釜采用两个 1kW 电热棒加热,其中一个是常加热,另一个通过调压器在 0~1kW 范围内调节;塔顶冷凝器为盘管换热器,塔顶蒸气在盘管外冷凝。整个塔高 3.4m,材质为不锈钢。

2#、3# 精馏装置塔体由 20 块筛板组成,塔内径 70mm,板间距为 100mm,筛板厚度为 2mm,筛孔孔径 2mm,孔数 46 个,正三角形排列,溢流管直径 $\phi14mm \times 2mm$,堰高 15mm;塔釜温度采用智能程序控温仪监控,塔釜加热功率可在 0~4kW 范围内任意调节,另有 2kW 备用;塔顶冷凝器为套管换热器,塔顶蒸气在内管中间冷凝。整个塔高 5m,材质为不锈钢。实验装置流程如图 4-6 所示。

4# 装置为填料精馏塔,塔高 6m,塔径 150mm,采用新型不锈钢压延孔板波纹填料。

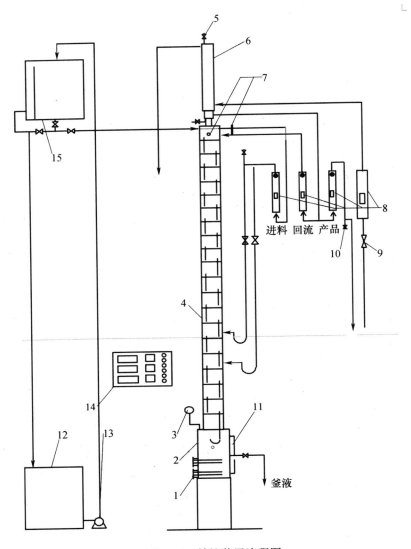

图 4 - 6　精馏装置流程图

1—电加热棒；2—塔釜；3—压力表；4—塔体；5—放空阀；6—冷凝器；7—铜电阻；8—转子流量计；

9—阀门；10—取样口；11—液位计；12—原料槽；13—磁力泵；14—仪表箱；15—高位槽。

　　四套精馏塔的冷却水系统由蓄水池通过一台离心泵提供,水经过转子流量计进入塔顶冷凝器后再返回水池循环使用。原料配好后放于原料槽中,用一台不锈钢磁力泵打入高位槽中,然后分别供给四座精馏塔。每座筛板塔设计有两个进料口,可比较不同进料段对精馏分离过程的影响并适合不同的分离体系。在塔体不同部位安装有视筒段,可随时观察塔内的流体流动现象。筛板塔共用一个产品贮槽,贮槽上设有观察罩,可监测产品的流出情况,便于取样分析。进料、回流和产品流量分别经过不同的转子流量计计量,塔釜、塔顶和回流口温度通过热电偶将电信号传送给数字测温仪表,随时显示不同部位的温度,塔釜压力采用微压差计监控。

　　本实验取样分析方法有:

（1）色谱分析法；

（2）液体比重分析法；

（3）折光系数分析法。

## 五、实验方法

（1）熟悉实验装置的结构和流程及被控制点，检查各阀门的开启位置是否适于操作。

（2）在原料槽中预先配置体积分数为15% ~20%的乙醇－水溶液，开启不锈钢磁力泵将料液打入高位槽中；在塔釜中配置体积分数为3% ~5%的乙醇－水溶液至规定液位（塔釜液位计高度的2/3处）。

（3）蒸馏釜通电加热。预热开始后要及时开启塔顶冷凝器的冷却水阀，并注意开启冷凝器上端的放气旋塞，排除不凝性气体。当釜液预热至沸腾后要注意控制加热量大小。

（4）进行全回流操作。回流阀全开，调节加热量大小维持塔釜压力表读数在3 ~5kPa左右，塔顶温度在78℃左右，塔顶有回流后即开始进入全回流操作。

（5）待全回流操作稳定后（约20min）取样完毕即可转入精馏操作。开始加料并同时采出产品和残液。2#、3#塔进料量逐渐增加至8 ~10L/h（1#塔为2 ~3L/h），同时注意调节产品采出量与进料量平衡，回流比保持在2 ~3（回流阀全开，冷液回流应考虑回流液增量对回流比的影响）。釜底残液采出量由塔釜液位高度控制，维持液位高度不变（液位计的2/3高度）。

（6）操作过程中随时注意塔釜压力、塔顶温度、塔釜温度等操作参数的变化情况及塔板上的鼓泡状况，随时加以调节控制。

（7）塔釜压力、塔顶温度、塔釜液位及回流比恒定后，精馏操作即基本稳定。

（8）进行取样分析测定产品和残液的浓度，同时记录各转子流量计读数，塔釜、塔顶、回流温度及塔釜压力。所取样品测定比重（或折光系数）换算成组成，测量时注意比重计的使用条件。

（9）测试结束，关闭加料阀和采出阀，切断塔釜加热电源，当塔釜压力接近零时关闭冷却水。

## 六、实验报告

（1）根据乙醇－水溶液平衡数据绘出平衡曲线。

（2）据实验数据绘图求出理论塔板数，计算全塔效率和单板效率。

（3）出实验结果，写出典型数据的计算过程，分析和讨论实验现象。

## 七、思考题

（1）其他条件不变，只改变回流比对塔的性能有何影响？

（2）进料板的位置是否可以任意选择？它对塔的性能有何影响？

（3）查取进料液的汽化潜热时定性温度如何取？

（4）进料状态对精馏塔操作有何影响？确定q线需测定哪几个量？

（5）塔顶冷液回流对塔操作有何影响？

（6）利用本实验装置能否得到98%（质量）以上的乙醇？为什么？

（7）全回流操作在生产中有何实际意义？

（8）精馏操作中为什么塔釜压力是一个重要参数？它与哪些因素有关？

（9）操作中增加回流比的方法是什么？能否采用减少塔顶出料量 D 的方法？

（10）本实验中，进料状况为冷态进料，当进料量太大时，为什么会出现精馏段干板，甚至出现塔顶既无回流也无出料的现象？应如何调节？

# 实验七　填料吸收塔的操作和吸收系数的测定

## 一、实验目的

（1）了解填料吸收塔的结构、填料特性及吸收装置的基本流程。

（2）熟悉填料塔的流体力学性能。

（3）掌握总传质系数 $K_Y a$ 测定方法。

（4）了解空塔气速和液体喷淋密度对传质系数的影响。

## 二、实验内容

（1）测定干填料及不同液体喷淋密度下填料的压力降 $\Delta P$ 与空塔气速 $u$ 的关系曲线，并确定液泛气速。

（2）测量固定液体喷淋量下，不同气体流量时，用水吸收空气 – 氨混合气体中氨的体积吸收系数 $K_Y a$。

## 三、基本原理

### 1. 填料塔流体力学特性

填料塔是一种重要的气液传质设备，其主体为圆柱形的塔体，底部有一块带孔的支撑板来支承填料，并允许气液顺利通过。支撑板上的填料有整堆和乱堆两种方式，填料分为实体填料和网体填料两大类，如拉西环、鲍尔环、$\theta$ 网环都属于实体填料。填料层上方有液体分布装置，可以使液体均匀喷洒在填料上。液体在填料中有倾向于塔壁的流动，故当填料层较高时，常将其分段，段与段之间设置液体再分布器，以利液体的重新分布。

吸收塔中填料的作用主要是增加气液两相的接触面积，而气体在通过填料层时，由于克服摩擦阻力和局部阻力而导致了压强降 $\Delta P$ 的产生。填料塔的流体力学特性是吸收设备的主要参数，它包括压强降和液泛规律。了解填料塔的流体力学特性是为了计算填料塔所需动力消耗，确定填料塔适宜操作范围以及选择适宜的气液负荷。填料塔的流体力学特性的测定主要是确定适宜操作气速。

在填料塔中，当气体自下而上通过干填料（$L=0$）时，与气体通过其他固体颗粒床层一样，压强降 $\Delta P$ 与空塔气速 $u$ 的关系可用式 $\Delta P = u^{1.8\sim2.0}$ 表示。在双对数坐标系中为一条直线，斜率为 $1.8\sim2.0$。在有液体喷淋（$L\neq0$）时，气体通过床层的压强降除与气速和填料有关外，还取决于喷淋密度等因素。在一定的喷淋密度下，当气速小时，压强降与空塔速度仍然遵守 $\Delta P \propto u^{1.8\sim2.0}$ 这一关系。但在同样的空塔速度下，由于填料表面有液膜存在，填料中的空隙减小，填料空隙中的实际速度增大，因此床层阻力降比无喷淋时的值高。

当气速增加到某一值时,由于上升气流与下降液体间的摩擦力增大,开始阻碍液体的顺利下流,以致于填料层内的气液量随气速的增加而增加,此现象称为拦液现象,此点为载点,开始拦液时的空塔气速称为载点气速。进入载液区后,当空塔气速再进一步增大,则填料层内拦液量不断增高,到达某一气速时,气、液间的摩擦力完全阻止液体向下流动,填料层的压力将急剧升高。在 $\Delta P \propto u^n$ 关系式中,$n$ 的数值可达 10 左右,此点称为泛点。在不同的喷淋密度下,在双对数坐标系中可得到一系列这样的折线。随着喷淋密度的增加,填料层的载点气速和泛点气速下降。

本实验以水和空气为工作介质,在一定喷淋密度下,逐步增大气速,记录空气流量、填料层压降及塔顶表压的大小,直到发生液泛为止。

**2. 体积吸收系数 $K_Y a$ 的测定**

在吸收操作中,气体混合物和吸收剂分别从塔底和塔顶进入塔内,气液两相在塔内逆流接触,使气体混合物中的溶质溶解在吸收质中,于是塔顶主要为惰性组分,塔底为溶质与吸收剂的混合液。反映吸收性能的主要参数是吸收系数,影响吸收系数的因素很多,其中有气体的流速、液体的喷淋密度、温度、填料的自由体积、比表面积以及气液两相的物理化学性质等。吸收系数不可能有一个通用的计算式,工程上常对同类型的生产设备或中间试验设备进行吸收系数的实验测定。对于相同的物料系统和一定的设备(填料类型与尺寸),吸收系数将随着操作条件及气液接触状况的不同而变化。本实验用水吸收空气–氨混合气体中的氨气。氨气为易溶气体,操作属于气膜控制。在其他条件不变的情况下,随着空塔气速增加,吸收系数相应增大。当空塔气速达到某一值时,将会出现液泛现象,此时塔的正常操作被破坏。所以适宜的空塔气速应控制在液泛速度之下。

本实验所用的混和气中氨气的浓度很低( <10% ),吸收所得溶液浓度也不高,气液两相的平衡关系可以被认为服从亨利定律,相应的吸收速率方程式为

$$G_A = K_Y a \cdot V_p \cdot \Delta Y_m \tag{4-58}$$

式中　$G_A$——单位时间在塔内吸收的组分量(kmol 吸收质/h);

　　　$K_Y a$——气相总体积吸收系数(kmol 吸收质 $\cdot$ m$^{-3}$填料 $\cdot$ h$^{-1}$);

　　　$V_p$——填料层体积(m$^3$);

　　　$\Delta Y_m$——塔顶、塔底气相浓度差($Y - Y^*$)的对数平均值(kmol 吸收质/kmol 惰性气体)。

1) 填料层体积 $V_p$

$$V_p = \pi \cdot D_T^2 \cdot Z/4 \tag{4-59}$$

式中　$D_T$——塔内径(m);

　　　$Z$——填料层高度(m)。

2) $G_A$ 由吸收塔的物料衡算求得

$$G_A = V(Y_1 - Y_2) \tag{4-60}$$

式中　$V$——空气流量(kmol/h);

　　　$Y_1$——塔底气相浓度(kmolNH$_3$/kmol Air);

　　　$Y_2$——塔顶气相浓度(kmolNH$_3$/kmol Air)。

3）标准状态下空气的体积流量 $V_{0空}$

$$V_{0空} = V_{空} \cdot \frac{T_0}{p_0} \cdot \sqrt{\frac{p_1 p_2}{T_1 T_2}} \qquad (4-61)$$

式中　$V_{0空}$——标准状态下空气的体积流量（$m^3/h$）；

　　　$V_{空}$——转子流量计的指示值（$m^3/h$）；

　　　$T_0$、$P_0$——标准状态下空气的温度和压强（273K 和 101.33kPa）；

　　　$T_1$、$P_1$——标定状态下空气的温度和压强（293K 和 101.33kPa）；

　　　$T_2$、$P_2$——操作状态下温度和压强（K 和 kPa）。

4）标准状态下氨气的体积流量 $V_{0NH_3}$

$$V_{0NH_3} = V_{NH_3} \cdot \frac{T_0}{p_0} \cdot \sqrt{\frac{\rho_{0空}}{\rho_{0NH_3}} \cdot \frac{p_2 \cdot p_1}{T_2 \cdot T_1}} \qquad (4-62)$$

式中　$V_{NH_3}$——转子流量计的指示值（$m^3/h$）；

　　　$T_0$、$P_0$——标准状态下空气的温度和压强（273K 和 101.33kPa）；

　　　$T_1$、$P_1$——标定状态下空气的温度和压强（293K 和 101.33kPa）；

　　　$T_2$、$P_2$——操作状态下温度和压强（K 和 kPa）；

　　　$\rho_{0空}$、$\rho_{0NH_3}$——标准状态下空气、氨气的密度（1.293$kg/m^3$ 和 0.771$kg/m^3$）。

5）塔底气相浓度 $Y_1$ 和塔顶气相浓度 $Y_2$

$$Y_1 = \frac{V_{0NH_3}}{V_{0空}} = \frac{n_{NH_3}}{n_{空}} \qquad (4-63)$$

式中　$n_{NH_3}$——$NH_3$ 的摩尔数；

　　　$n_{空}$——空气的摩尔数。

用一定浓度一定体积的硫酸溶液分析待测气体，有

$$n_{NH_3} = 2 \times M_{H_2SO_4} \times V_{H_2SO_4} \times 10^{-3} \qquad (4-64)$$

式中：$M_{H_2SO_4}$ 为硫酸的摩尔浓度（mol/L）；$V_{H_2SO_4}$ 为硫酸溶液体积（mL）。

$$n_{空} = \left( V_{空} \cdot \frac{T_0}{p_0} \cdot \frac{p_2}{T_2} \right)/22.4 \qquad (4-65)$$

式中　$V_{空气}$——湿式气体流量计测出的空气体积（L）；

　　　$T_0$、$P_0$——标准状态下的温度和压强，（273K 和 101.33kPa）。

同样塔顶气相浓度 $Y_2$ 也可通过取样分析来获得，即

$$Y_2 = n_{NH_3}/n_{空} \qquad (4-66)$$

6）平衡关系

$$Y^* = \frac{mX}{1 + (1-m)X} \qquad (4-67)$$

$$m = E/P \qquad (4-68)$$

式中　$m$——相平衡常数；

　　　$E$——亨利系数（Pa），低浓度（5% 以下）氨水的亨利系数与温度的关系数据表如表 4-3 所列。

　　　$X$——溶液浓度（kmol 吸收质/kmol$H_2O$）；

$P$——塔内混合气体总压(Pa),可由大气压、塔顶表压和1/2填料层压降之和求得。

表 4 – 3　低浓度(5%以下)氨水的亨利系数与温度关系数据表

| 温度/ ℃ | 0 | 10 | 20 | 25 | 30 | 40 |
|---|---|---|---|---|---|---|
| 亨利系数 $E \times 10^{-5}$/ Pa | 0.297 | 0.509 | 0.788 | 0.959 | 1.266 | 1.963 |

7）塔底液相浓度 $X_1$ 和塔顶液相浓度 $X_2$

当吸收剂为纯水时,塔顶 $X_2 = 0$,而

$$X_1 = \frac{V}{L}(Y_1 - Y_2) \tag{4 – 69}$$

式中　$V$——空气流量(kmol/h);

　　　$L$——液体喷淋量(kmol/h);

　　　$Y_1$、$Y_2$——塔底、塔顶气相浓度(kmolNH$_3$/kmol Air);

　　　$X_1$、$X_2$——塔底、塔顶液相浓度(kmol/kmolH$_2$O)。

　　因　　$G_A = V(Y_1 - Y_2)$,故

$$X_1 = G_A/L \tag{4 – 70}$$
$$L = V_水 \rho_水 /M_水 \tag{4 – 71}$$

式中　$V_水$——水的体积流量(m$^3$/h);

　　　$\rho_水$——水的密度(kg/m$^3$);

　　　$M_水$——水的平均分子量(18kg/kmol)。

8）气相平均浓度差 $\Delta Y_m$

$$\Delta Y_m = \frac{(Y_1 - Y_1^*) - (Y_2 - Y_2^*)}{\ln \dfrac{Y_1 - Y_1^*}{Y_2 - Y_2^*}} \tag{4 – 72}$$

式中　$Y_1^*$——与 $X_1$ 相平衡的气相浓度(kmolNH$_3$/kmol Air);

　　　$Y_2^*$——与 $X_2$ 相平衡的气相浓度(kmolNH$_3$/kmol Air)。

## 四、实验装置与流程

**1. 实验流程**

吸收装置流程,如图 4 – 7 所示。实验装置由填料塔、微音气泵、液氨钢瓶、转子流量计、压差计(单管压差计、U 型管压差计)及气体分析系统构成。

实验过程中,氨气钢瓶出来的氨气经氨气减压阀、缓冲罐及转子流量计量后,与从风机出来经缓冲罐(由放空阀及空气流量调节阀配合调节流量)、转子流量计测量后的空气汇合,从吸收塔的底部进入塔内,向上流填料表面;吸收剂(水)从吸收塔的上部进入,经过分布器从填料顶部向下流动,并润湿填料 – 在填料表面铺展开,气液两相在吸收塔内逆向流动在填料表面完成吸收传质过程。

**2. 主要设备及尺寸**

（1）填料塔。

有机玻璃塔内径:$D = 120$mm;

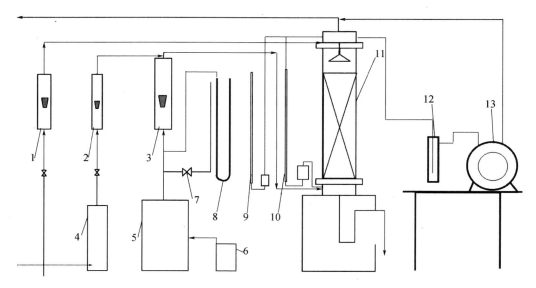

图4-7 填料吸收塔实验装置流程图

1—水流量计；2—氨气流量计；3—空气流量计；4—氨缓冲罐；5—空气缓冲罐；6—气泵；7—放空阀；
8—计前表压；9—塔顶表压；10—填料层压降；11—吸收塔；12—吸收瓶；13—湿式气体流量计。

填料：不锈钢 $\theta$ 网环及陶瓷拉西环；

规格：$\phi 8$，$\phi 10$，$\phi 15$；

填料层高度：$Z = 800 \sim 900 \mathrm{mm}$。

（2）DC-4型微音气泵一台。

（3）LZB40气体流量计，流量范围 $0 \sim 60 \mathrm{m^3/h}$，数量一个；

LZB15气体流量计，流量范围 $0 \sim 2.5 \mathrm{m^3/h}$，数量一个；

LZB15液体流量计，流量范围 $0 \sim 160 \mathrm{L/h}$，数量一个。

（4）LML-2型湿式气体流量计，容量5L，数量一台。

（5）水银温度计，规格 $0 \sim 100 ℃$，数量三只。

## 五、实验步骤

### 1. 流体力学特性实验

（1）熟悉实验装置及流程，弄清各部分的作用，并记录各压差计的零位读数。

（2）检查气路系统。开风机前必须全开放空阀，以免风机烧坏。检查转子流量计阀门是否关闭，以免风机开动转子突然上升将流量计管打破。

（3）启动风机，首先测定干填料阻力降与空塔气速的大小。注意不要开水泵，以免淋湿干填料。由气泵送气，经放空阀、流量调节阀配合调节流量从小到大变化，测量8~9组数据，记录每次流量下的塔顶表压、填料层压降、流量大小、计前表压、温度等参数。

（4）开动供水系统，慢慢调节流量接近液泛，使填料完全润湿后再降到预定气速进行实验。

（5）测定湿填料压降，固定两个不同的液体喷淋量分别进行测定。每固定一个喷淋量，调节空气流量，从小到大测量8~9组数据，并随时观察塔内的操作现象，记下发生液泛时的气体流量。发生液泛之后,再继续增加空气量,测取 2 组数据。

**2. 体积吸收系数 $K_ya$ 的测定**

(1) 在流体力学特性测试实验的基础上,维持一个液体喷淋量。

(2) 确定操作条件,包括空气流量、氨气流量,准备好气体浓度分析装置及其所用试剂,一切准备就绪后开动氨气系统。

(3) 启动氨气系统。首先将液氨钢瓶上的自动减压阀的顶针松开(左旋为松开,右旋为拧紧),使自动减压阀处于关闭状态。然后打开氨气瓶阀,此时减压阀压力表显示瓶内压力的大小。最后略旋紧减压阀的顶针,用转子流量计调节氨流量至预定值。

(4) 当空气、氨、水的流量计读数稳定后(约 2~3min),记录各流量计的读数、温度及各压差计的读数,并分析进塔和出塔气体浓度。

(5) 气体浓度分析方法。

用硫酸吸收气体中的氨,反应方程为

$$2NH_3 + H_2SO_4 + 2H_2O = (NH_4)_2SO_4 + 2H_2O$$

酸碱中和到达等当点时,加含有甲基橙指示剂的溶液变黄。

操作方法:① 迅速打开进气管路中的考克,让混合气通过吸收盒,再立即关闭此考克,以使待测气体的管路全部充满此气体;② 用移液管将高浓度硫酸液 1~2mL 置入分析瓶,用适当的蒸馏水冲洗瓶壁,再加入 1~2 滴甲基橙指示剂;③ 打开进气管路中的考克,让气体流经分析瓶,吸收后的空气由湿式气体流量计来计量,待颜色刚刚变黄,关闭分析系统,记录气体体积量。

注意事项:① 提前记录湿式气体流量计的初值;② 考克的开度要适中,太大气流夹带吸收液,太小拖延分析时间,只要气体在吸收盒中连续不断地以气泡形式溢出就可以。

重复上述步骤,重复分析两次。

(6) 固定另一液体喷淋量,改变空气流量,保证气体吸收为低浓度气体吸收,重复上述操作,测定实验数据。

(7) 实验完毕,首先关闭氨气系统,其次为水系统,最后停风机。

(8) 整理好物品,作好清洁卫生工作。

## 六、实验报告

(1) 绘制原始数据表和数据整理表。

(2) 计算不同空塔气速下填料层阻力,在双对数坐标系中绘制塔内压强 $\Delta P/Z$ 与空塔气速 $u$ 的关系图。

(3) 计算一定喷淋量下不同气速下的体积吸收系数 $K_ya$ 值。

(4) 写出典型数据的计算过程,分析和讨论实验现象。

## 七、思考题

(1) 测定吸收系数 $K_ya$ 和 $\Delta P - u$ 关系曲线有何实际意义?

（2）测定曲线和吸收系数分别需测哪些量？

（3）试分析实验过程中气速对 $K_y a$ 和 $\Delta P/Z$ 的影响。

（4）当气体温度与吸收剂温度不同时，应按哪种温度计算亨利系数？

（5）分析实验结果：在其他条件不变的情况，增大气体流量（空气的流量），吸收率、体积吸收系数 $K_y a$ 分别如何变化？是否与理论分析一致，为什么？

（6）在不改变进塔气体浓度的前提下，如何提高出塔氨水浓度？

（7）填料吸收塔塔底为什么必须设置液封管路？

# 实验八　干　燥　实　验

## 一、实验目的

（1）了解洞道式循环干燥器的基本流程、工作原理和操作技术。

（2）掌握恒定条件下物料干燥速率曲线的测定方法。

（3）测定湿物料的临界含水量 $X_c$，加深对其概念及影响因素的理解。

（4）熟悉恒速阶段传质系数 $K_H$、物料与空气之间的对流传热系数 $\alpha$ 的测定方法。

## 二、实验内容

（1）在空气流量、温度不变的情况下，测定物料的干燥速率曲线和临界含水量，并了解其影响因素。

（2）测定恒速阶段物料与空气之间的对流传热系数 $\alpha$ 和传质系数 $K_H$。

## 三、基本原理

干燥操作是采用某种方式将热量传给湿物料，使湿物料中水分蒸发分离的操作。干燥操作同时伴有传热和传质，而且涉及到湿分以气态或液态的形式自物料内部向表面传质的机理。由于物料含水性质和物料形状上的差异，水分传递速率的大小差别很大。概括起来说，影响传递速率的因素主要有：固体物料的种类、含水量、含水性质；固体物料层的厚度或颗粒的大小；热空气的温度、湿度和流速；热空气与固体物料间的相对运动方式。目前尚无法利用理论方法来计算干燥速率（除了绝对不吸水物质外），因此研究干燥速率大多采用实验的方法。

干燥实验的目的是用来测定干燥曲线和干燥速率曲线。为简化实验的影响因素，干燥实验是在恒定的干燥条件下进行的，即：实验为间歇操作，采用大量空气干燥少量的物料，且空气进出干燥器时的状态如温度、湿度、气速以及空气与物料之间的流动方式均恒定不变。

本实验以热空气为加热介质，甘蔗渣滤饼为被干燥物。测定单位时间内湿物料的质量变化，实验进行到物料质量基本恒定为止。物料的含水量是相对于物料总量的水分含量,即以湿物料为基准的水分含量,常用 $\omega$ 来表示。但因干燥时物料总量在变化,所以采用以干基料为基准的含水量 $X$ 表示更为方便。$\omega$ 与 $X$ 的关系为

$$X = \frac{\omega}{1 - \omega} \qquad (4-73)$$

式中　$X$——干基含水量($kgH_2O/kg$ 绝干料);

　　　　$\omega$——湿基含水量($kgH_2O/kg$ 湿物料)。

物料的绝干质量 $G_C$ 是指在指定温度下物料放在恒温干燥箱中干燥到恒重时的质量。干燥曲线即物料的干基含水量 $X$ 与干燥时间 $\tau$ 的关系曲线,它说明物料在干燥过程中,干基含水量随干燥时间变化的关系。物料的干燥曲线的具体形状因物料性质及干燥条件而变,但是曲线的一般形状如图 4-8(a)所示,开始的一小段为持续时间很短、斜率较小的直线段 AB 段;随后为持续时间长、斜率较大的直线 BC;最后的一段为曲线 CD 段。直线与曲线的交接点 C 为临界点,临界点时物料的含水量为临界含水量 $X_C$。

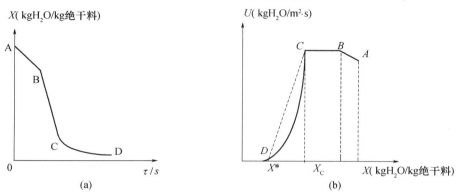

图 4-8　干燥曲线与干燥速率曲线

(a)干燥曲线;(b)干燥速率曲线。

干燥速率是指单位时间内被干燥物料的单位汽化面积上所汽化的水分量。干燥速率曲线是指干燥速率 $U$ 对物料干基含水量 $X$ 的关系曲线,如图 4-8(b)所示。干燥速率的大小不仅与空气的性质和操作条件有关,而且还与物料的结构及所含水分的性质有关,因此干燥曲线只能通过实验测得。从图 4-8(a)的干燥速率曲线可以明显看出,干燥过程可分为三个阶段:物料的预热阶段(AB 段)、恒速干燥阶段(BC 段)和降速干燥阶段(CD 段)。每一阶段都有不同的特点。湿物料因其有液态水的存在,将其置于恒定干燥条件下,则其表面温度逐步上升直到近似等于热空气的湿球温度 $t_w$,到达此温度之前的阶段称为预热阶段。预热阶段持续的时间最短。在随后的第二阶段中,由于表面存有液态水,且内部的水分迅速到达物料表面,物料的温度约等于空气的湿球温度 $t_w$。这时,热空气传给湿物料的热量全部用于水分的汽化,蒸发的水量随时间成比例增加,干燥速率恒定不变。此阶段也称为表面气化控制阶段。在降速阶段中,物料表面已无液态水的存在,物料内部水分的传递速率低于物料表面水分的气化速率,物料表面变干,温度开始上升,传入的热量因此而减少,且传入的热量部分消耗于加热物料,因此干燥速率很快降低,最后达到平衡含水量为止。在此阶段中,干燥速率为水分在物料内部的传递速率所控制,又称之为内部迁移控制阶段。其中恒速阶段和降速阶段的交点为临界点 C,此时的对应含水量为临

界含水量 $X_C$。影响恒速阶段的干燥速率 $U_C$ 和临界含水量 $X_C$ 的因素很多。测定干燥速率曲线的目的是掌握恒速阶段干燥速率和临界含水量的测定方法及其影响因素。

**1. 干燥速率 $U$**

干燥速率定义为

$$U = \frac{\mathrm{d}w'}{S\mathrm{d}\tau} \approx \frac{\Delta w}{S\Delta\tau} \qquad (4-74)$$

式中　$U$——干燥速率（ $kgH_2Om^{-2} \cdot h^{-1}$ ）；

　　　$S$——干燥面积（ $m^2$ ）；

　　　$\Delta\tau$——时间间隔（s）；

　　　$\Delta w'$—— $\Delta\tau$ 时间间隔内汽化水分的质量（kg）。

**2. 物料的干基含水量 $X$**

$$X = \frac{G' - G_C}{G_C} \qquad (4-75)$$

式中　$X$——物料的干基含水量（ $kgH_2O/kg$ 绝干料）；

　　　$G_C$——绝干物料的质量（kg）；

　　　$G'$——固体湿物料的质量（kg）。

从式（4-75）可以看出,干燥速率 $U$ 为 $\Delta\tau$ 时间内的平均干燥速率,故其对应的物料含水量也为 $\Delta\tau$ 时间内的平均含水量 $X_{平}$,可得

$$X_{平} = (X_i + X_{i+1})/2 \qquad (4-76)$$

式中　$X_{平}$—— $\Delta\tau$ 时间间隔内的平均含水量（ $kgH_2O/kg$ 绝干料）；

　　　$X_i$—— $\Delta\tau$ 时间间隔开始时刻湿物料的含水量（ $kgH_2O/kg$ 绝干料）；

　　　$X_{i+1}$—— $\Delta\tau$ 时间间隔终了时刻湿物料的含水量（ $kgH_2O/kg$ 绝干料）。

**3. 恒速阶段传质系数 $K_H$ 的求取**

传热速率 　　　　　$$\frac{\mathrm{d}Q}{s\mathrm{d}\tau} = \alpha(t - t_w) \qquad (4-77)$$

传质速率 　　　　　$$\frac{\mathrm{d}w}{s\mathrm{d}\tau} = K_H(H_{S,t_w} - H) \qquad (4-78)$$

式中　$Q$——热空气传给湿物料的热量(kJ)；

　　　$\tau$——干燥时间（s）；

　　　$S$——干燥面积（ $m^2$ ）；

　　　$w$——由湿物料汽化至空气中的水分质量(kg)；

　　　$\alpha$——空气与物料表面间的对流传热系数（ $kW/m^2 \cdot \text{℃}$ ）；

　　　$t$——空气温度（℃）；

　　　$K_H$——以湿度差为推动力的传质系数（ $kg \cdot m^{-2} \cdot s^{-1} \cdot \Delta H^{-1}$ ）；

　　　$t_w$——湿物料的表面温度（即空气的湿球温度）（K）；

　　　$H$——空气的湿度（kg/kg 绝干空气）；

　　　$H_{S,t_w}$—— $t_w$ 下的空气饱和湿度（kg/kg 绝干空气）。

恒速阶段,传质速率等于干燥速率,即

$$K_H = \frac{U_C}{H_{s,t_w} - H} \tag{4-79}$$

式中  $U_C$ ——临界干燥速率,亦为恒速阶段干燥速率($kg \cdot m^{-2} \cdot s^{-1}$)。

**4. 恒速阶段物料表面与空气之间的对流传热系数 $\alpha$**

恒速阶段由传热速率与传质速率之间的关系得

$$\alpha = \frac{U_C \cdot r_{t_w}}{t - t_w} \tag{4-80}$$

式中  $r_{t_w}$ —— $t_w$ 下水的汽化潜热(kJ/kg)。

用式(4-81)求出的 $\alpha$ 为实验测量值,$\alpha$ 的计算值可用对流传热系数关联式估算得

$$\alpha = 0.0143(L)^{0.8} \tag{4-81}$$

式中  $L$ ——空气的质量流速($kg \cdot m^{-2} \cdot s^{-1}$)。

应用条件:物料静止,空气流动方向平行于物料的表面。$L$ 的范围为 $0.7 \sim 8.5 kg/m^2 \cdot s$,空气温度为 $45 \sim 150℃$。

质量流速 $L$ 可通过孔板与单管压差计来测量,空气的体积流量 $V_S$ 计算式为

$$V_S = C_0 \cdot k_1 \cdot k_2 \cdot A_0 \sqrt{2g(R/10^3)\frac{\rho_A - \rho_1}{\rho}} \tag{4-82}$$

式中  $V_S$ ——流径孔板的空气体积流量($m^3 \cdot s^{-1}$);

$C_0$ ——管内径 $D_i = 106mm$,$C_0 = 0.6805$;管内径 $D'_i = 100mm$,$C'_0 = 0.6655$;

$k_1$ ——黏度校正系数,取 $k_1 = 1.014$;

$k_2$ ——管壁粗糙度校正系数,$k_2 = 1.009$;

$A_0$ ——孔截面积,$A_0 = 3.681 \times 10^{-3} m^2$;

$R$ ——单管压差计的垂直指示值(mm);

$\rho_A$ ——压差计指示液密度($kg/m^3$);$20℃$,$695mmHg$ 时,水的密度为 $998.5kg/m^3$;

$\rho_1$ ——压差计指示液上部的空气密度($kg/m^3$);$20℃$,$695mmHg$ 时,空气的密度

$\rho = 1.293 \cdot \frac{P_a}{760} \cdot \frac{273}{T} = 1.1 kg/m^3$;

$\rho$ ——流经孔板的空气密度($kg/m^3$);通常以风机的出口状态计。

风机的出口状态为 $4mmHg$(表压),风机的出口温度为 $T$。当大气压等于 $695mmHg$ 时,有

$$\rho = 1.293 \times \frac{695 + 4}{760} \times \frac{273}{T} = \frac{325}{T}(kg/m^3) \tag{4-83}$$

式中  $T$ ——风机的出口温度(K)。

当 $C_0 = 0.6805$ 时,$V_S = 0.000638 \sqrt{RT}$;

当 $C'_0 = 0.6655$ 时,$V_S = 0.000616 \sqrt{RT}$。

空气的质量流速 $\qquad\qquad L = \frac{V_S \times \rho}{A} \tag{4-84}$

式中  $L$ ——空气的质量流速($kg \cdot m^{-2} \cdot s^{-1}$);

$A$ ——干燥室流通截面积($m^2$)。

当 $A = 0.15 \times 0.2 = 0.03\text{m}^2$，$C_0 = 0.6805$ 时，$L = 6.91 \sqrt{\dfrac{R}{T}}$；当 $A = 0.15 \times 0.2 = 0.03m^2$，$C'_0 = 0.6655$ 时，$L' = 6.67 \sqrt{\dfrac{R}{T}}$。

## 四、实验装置与流程

### 1. 实验流程

本实验采用洞道式循环干燥器,流程示意图如图 4-9 所示。空气由风机输送,经孔板流量计、电加热室流入干燥室,然后返回风机循环使用。由风机的电机与管路进口管的缝隙补充一部分新鲜空气,由风机出口管上的放气阀 14 放空一部分循环空气以保持系统湿度恒定。电加热室由铜电阻及智能程序控温仪来控制温度,使进入干燥室的空气的温度恒定。干燥室前方装有干、湿球温度计,风机出口及干燥室后也装有温度计,用以确定干燥室内的空气状态。空气流速由蝶阀来调节,注意任何时候该阀都不能全关,避免空气不流通而烧坏电加热器。

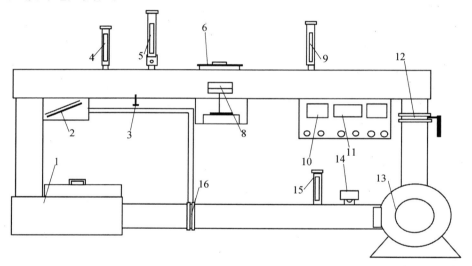

图 4-9　洞道式干燥器流程图

1—加热室；2—压差计；3—铜电阻；4—干燥室前温度计；5—湿球温度计；6—干燥室；
7—电子天平；8—物料架；9—干燥室后温度计；10—仪表箱；11—控温仪；12—蝶阀；
13—风机；14—放气阀；15—风机出口温度计；16—孔板流量计。

### 2. 主要设备尺寸

该装置共四套：

（1）孔板：$1^{\#} \sim 3^{\#}$管内径 $D = 106\text{mm}$,孔径 $d_0 = 68.46\text{mm}$,孔流系数 $C_0 = 0.6805$；$4^{\#}$管内径 $D = 100\text{mm}$,孔径 $d_0 = 68.46\text{mm}$,孔流系数 $C_0 = 0.6805$。

（2）干燥室尺寸：$0.15\text{m} \times 0.20\text{m}$。

（3）电加热室共有三组电加热器,每一组功率为 1000W。一组与热电阻、数显控温仪相连来控制温度。另两组通过开关手动控制,此两组并配有 5A 的电流表,以监检测电加热器是否正常工作。

112

（4）电子天平：型号为 JY600-1，量程为 0~600g，感量为 0.19g。

## 五、实验步骤

（1）接通电源，开启电子天平。预热 30min，调零备用。

（2）将烘箱烘干的试样置于电子天平上称量，记下该绝干物的质量 $G_c$。

（3）用钢尺量取物料的长度、宽度和厚度。

（4）将物料加水均匀润湿，使用水量约为 2.5 倍绝干物质量 $G_c$。

（5）开启风机，调节蝶阀至预定风速值，调节程序控温仪约为 85℃，而后打开加热棒开关（三组全开）。待温度接近于设定温度，视情况加减工作电热棒数目。待稳定后，让其自行运行。

（6）调节进风量的多少，并适当开启排气阀，用以维持实验过程湿球温度计指示值基本不变。观察水分蒸发情况，及时向湿球温度计补充水。

（7）待各温度计温度指示值稳定一段时间后，将湿物料放入干燥室内，记录起始湿物料质量，同时启动秒表开始计时。

（8）每隔 2min 记录一个质量，直到蒸发的水量非均匀的下降，改为 2.5min 记录一个质量，记录约 2~3 个数据。以后约 3min 记录一个质量，直到试样几乎不在失重为止，表明此时所含水分为平衡水分。

（9）实验结束，依次关闭电子天平、加热棒、风机开关。

（10）取出物料，整理好物品，做好清洁卫生工作。

## 六、实验报告

（1）根据实验数据整理、绘制干燥速率曲线（$U-X$）；

（2）确定物料的临界含水量 $X_C$ 及平衡含水量 $X^\star$；

（3）计算恒速阶段的传质系数 $K_H$、热空气与物料间的对流传热系数 $\alpha$；

（4）讨论实验结果。

## 七、思考题

（1）为什么在操作中要先开鼓风机送气，而后通电加热？

（2）如果气流温度不同时，干燥速率曲线有何变化？

（3）试分析在实验装置中，将废气全部循环可能出现的后果？

（4）某些物料在热气流中干燥，希望热气流相对湿度要小；某些要在相对湿度较大的热气流中干燥。为什么？

（5）物料厚度不同时，干燥速率曲线会如何变化？

（6）湿物料在 70~80℃ 的空气流中经过相当长时间的干燥，能否得到绝干物料？

**参考文献**

［1］天津大学化工原理教研室. 化工原理（上、下册）. 天津科学技术出版社，1992.

［2］陈敏恒. 化工原理（上、下册）. 化学工业出版社，1996.

［3］刘智敏. 误差与数据处理. 原子能出版社，1981.

［4］江体乾.化工数据处理．化学工业出版社,1984.

［5］尤小祥,等．化工原理实验．天津科学技术出版社,1998.

［6］天津大学化工技术基础实验教研室．化工基础实验技术．天津科学技术出版社,1989.

［7］陈同芸,等．化工原理实验．华东化工学院出版社,1989.

［8］大连理工大学化工原理教研室．化工原理实验．大连理工大学出版社,1995.

［9］兰州化学工业公司化工学校,等．化工仪表及自动化．化学工业出版社,1978.

［10］刘光永.化工开发实验技术．天津大学出版社,1994.

［11］雷良恒,等．化工原理实验．清华大学出版社,1998.

［12］太原理工大学化工基础实验中心．化工原理实验讲义,1999.

［13］太原理工大学化工基础实验中心．化工原理实验教学指导书,1999.

［14］朱炳辰,等．化学反应工程.第四版．化学工业出版社,2007.

［15］陈洪钫、刘家淇．化工分离过程．化学工业出版社,1995.

# 第五章　演 示 实 验

## 实验一　雷 诺 实 验

### 一、实验目的

(1) 建立对层流(滞流)和湍流两种类型的直观感性认识。

(2) 观察层流流体质点的速度分布。

(3) 测定雷诺数与流体流动类型的相互关系(选做)。

### 二、基本原理

雷诺用实验方法研究流体流动时,发现影响流体流动类型的因素除流速 $u$ 外,尚有管径 $d$、流体的密度 $\rho$ 及黏度 $\mu$,并且这四个物理量组成一无因次数群 $Re = \dfrac{du\rho}{\mu}$,称为雷诺数。雷诺数的大小是判定流体流动类型的一个标准。实验证明,流体在直管中流动,$Re \leqslant 2000$ 时为层流;$Re \geqslant 4000$ 时为湍流;$2000 < Re < 4000$ 时流体的流动处于过渡状态,可能是层流也可能是湍流。

从雷诺数的定义式 $Re = \dfrac{du\rho}{\mu}$ 来看,对同一个实验装置,$d$ 为定值,故 $u$ 仅为流量的函数。对于流体水来说,$\rho$、$\mu$ 仅为温度的函数。因此确定了温度及流量,即可计算出雷诺数。

应当说明:雷诺实验要求减少外界干扰,严格要求时应在有避免震动设施的房间内进行。由于条件不具备,演示实验在一般房间内进行时,因外界干扰及管子粗细不尽均匀等原因,层流流动的雷诺数的上限达不到2000。

在雷诺实验中,层流时红墨水在管中成一直线流下,不与水相混;湍流时红墨水与水混旋,分不出界线。

### 三、实验装置

实验装置如图 5 - 1 所示。图中大槽为高位水槽,槽中水由自来水供给,多余的水由溢流管排出。实验时水由高位水槽进入玻璃管,经转子流量计后排出。红墨水由高位墨水瓶提供,经调节阀流入玻璃管,在玻璃管中观察流体流动的型态。

### 四、操作要点

(1) 开启上水阀,使水槽充满水至产生溢流时关闭(此步骤可在实验前数小时进行,以使水槽中的水经过静置,消除旋流,提高实验准确度)。

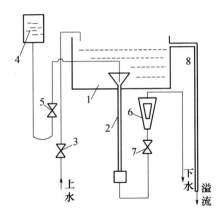

图 5-1　雷诺实验装置示意图

1—高位水槽；2—玻璃管；3—上水阀；4—墨水瓶；
5—墨水阀；6—转子流量计；7—调节阀；8—溢流管。

（2）开启调节阀和墨水阀，调节水的流量，观察水的流动型态。

（3）在观察流体流动型态过程中注意记录当时水的流量，并记录水的温度，便可计算出各种型态的雷诺数 $Re$。

（4）观察流体在层流中流体质点的速度分布：由于流体与管壁间的摩擦力及流体内摩擦力的作用，管中心处流体质点速度最大，越靠近管壁速度越小，因此静止时处于同一横截面的流体质点开始层流流动后，由于速度不同，形成了旋转抛物面（即由抛物线绕对称轴旋转而形成的曲面）。通过演示可使学生直观地看到这曲面的形状。

（5）预先打开红墨水阀门，使红墨水在管头扩散为团状，再慢慢开启调节阀，使红墨水缓慢随水运动，则可观察到红墨水团前端的界限，形成一旋转抛物面，与"流体在管内流动时速度分布曲线为抛物线形，管中心速度最大"结论相一致。

### 五、思考题

（1）影响流体流动型态的因素有哪些？

（2）为什么要研究流体的流动型态？它在化工过程中有什么意义？

# 实验二　柏努利方程实验

## 一、实验目的

通过观测稳定流动的流体中各项压头的相互转换关系，进一步掌握柏努利方程。

## 二、基本原理

（1）流体在流动时具有三种机械能：位能、动能和静压能。这三种能量可以互相转换，当管路条件改变时（如位置高低、管径大小），它们便会自动转化。在没有摩擦损失且不输入外功的情况下，流体在稳定流动中流过各截面上机械能的总和是相等的。

（2）在有摩擦而没有外功输入时，任意两截面间机械能的差即为摩擦损失。

（3）机械能可用测压管中液柱的高度表示。表示位能的称为位压头 $H_{位}$；表示动能的称为动压头（或速度压头）$H_{动}$；表示压力能的称为静压头 $H_{静}$；表示已损失的机械能称为压头损失 $H_{损}$。

当测压头的小孔正对水流方向时，测压管中液柱的高度（从测压孔算起）即为静压头和动压头之和，测压管所增加的液柱高度即为测压孔处流体的动压头 $H_{动}$。测压孔的位压头 $H_{位}$ 由测压孔的几何高度决定（需选定计算位压头的基准线）。

### 三、实验装置

实验装置由玻璃管、测压管、活动测压头、水槽等组成。活动测压头的小管端部封死，管身开有小孔，小孔的位置与玻璃管中心线平齐，小管又与测压管相通。转动活动测压头就可以测量动压头和静压头。

管路分成四段，由大小不同两种规格的玻璃管所组成。管段 2 的内径为 22mm，其余部分内径为 13mm。第四段的位置比第三段低 50mm。准确的数字应标注在设备上。

实验装置的流程示意图如图 5-2 所示。

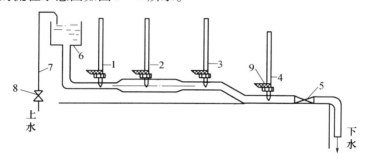

图 5-2　柏努利方程实验装置示意图
1,2,3,4—测压管；5—调节阀；6—水槽；
7—溢流管；8—上水阀；9—活动测压头。

### 四、操作要点

（1）验证流体静力学原理。打开上水阀 8，关闭调节阀 5，这时各测压管液面高度相同，且与活动测压头位置无关。这说明当流体静止时，其内部各点的压强只与深度和流体的密度有关。

请思考：此时测压管中液柱的高度取决于什么？

（2）打开调节阀 5，将各活动测压头的测压孔正对水流方向，观察并读取各测压管中液位的高度为 $H'$，观察流体流动时的压头损失。

请回答：1、2、3、4 号测压管的指示值按什么规律变化？为什么会这样变化？

（3）接上步，继续开大调节阀 5，观察测压管液位高度的变化，此时测压管中液位的高度为 $H''$。

请思考：测压孔正对水流方向，开大调节阀 5，流速增大，动压头增大，为什么测压管的液位反而下降？

（4）在一定的流量下，将各活动测压头的测压孔从正对水流方向转至测压孔轴线与水流垂直的方向,观察各测压管的液位变化,并记录各测压管的液位高度为 $H'''$。弄清两次测量时各测压点的总压头、静压头、动压头和位压头的变化关系。

请回答:① 第二点的动压头为什么小于第一点? ② 第二点的静压头为什么大于第一点? ③ 第四点的静压头为什么大于第三点?

学生可以用本仪器自行设计其他实验,并解释有关现象。

# 实验三　热边界层实验

## 一、实验目的

通过观察流体流经固体壁面所产生的边界层和边界层分离现象,使学生对边界层的存在及形状获得直观印象。

## 二、基本原理

流体沿壁面流动时,由于流体的黏性作用,紧靠壁面的流体速度为零。随着离开壁面距离的增加,流体速度逐渐增大;在达到一定距离后,流体速度即等于主流速度。故壁面附近速度梯度较大,随着离开壁面距离的增加,速度梯度逐渐变小,到达主流则速度梯度为零。一般将壁面附近速度梯度较大的流体层称为流动边界层。

如果流体和壁面具有不同的温度将有传热发生,此时将壁面附近有温度梯度存在的流体层称为传热边界层或热边界层。热边界层一般很薄不能直接看到,但借助光通过热边界层时产生折射的现象,可以间接地看到热边界层的轮廓。

图 5-3 所示的铜圆柱体被加热后,以对流方式向周围空气传热,气流自上而下流经圆柱体的表面时,在壁面上形成热边界层。在热边界层中,由于空气导热系数很差,故层内温度远高于周围空气的温度,且接近于铜圆柱体壁面温度。本实验所用铜圆柱体被加热时,壁面温度可达 350℃ 左右。

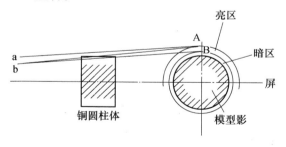

图 5-3　光线折射图

气体对光的折射率与其密度有下列关系

$$(n-1)/\rho = 恒量$$

式中　$n$——气体折射率;

　　　$\rho$——气体密度。

标准大气压下,20℃空气的密度为 1.205kg/m³,折射率为 1.000293。

118

标准大气压下,350℃空气的密度为 0.566kg/m³,由上式计算得其折射率为 1.000138。

由此可以看出:边界层内气体的密度与边界层外的气体密度不同,则折射率也不同。当点光源灯泡的光线穿过热边界层时,光线将产生折射,如图 5-3 所示。光线 b 于折射后不射在 B 点,而与光线 a 叠加在 A 点,而产生亮区。原投射的位置(B 点)因得不到投射光线,显得较暗,形成暗区。暗区的轮廓就表征边界层的形状。

接通电源,打开铜圆柱体加热开关,数分钟后打开光源开关,即可在磨砂玻璃屏上清楚地看到流体流经圆柱体的层流边界层形象,如图 5-4 所示。在圆柱体底部,由于受到上升气流动压的正面冲击,边界层最薄。沿圆柱体两侧向上,边界层逐渐增厚,最后在圆柱顶部附近产生边界层分离,形成旋涡。

仪器还可演示边界层的厚度随流体速度的增加而减薄的现象。对着圆柱体的侧面吹气,就会看到迎风一侧边界层厚度变薄,如图 5-5 所示。

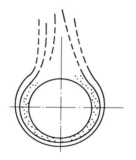 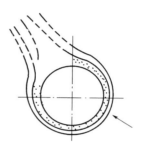

图 5-4　层流边界层形象　　　　图 5-5　迎风一侧边界层变薄

## 三、实验装置

实验装置如图 5-6 所示。

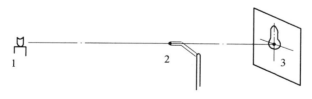

图 5-6　热边界层仪
1—点光源;2—铜圆柱体;3—屏。

# 实验四　电除尘实验

## 一、实验目的

了解用电除尘法净化气体的原理和电除尘器的基本结构。

## 二、基本原理

利用高压电晕机的放电来使粉尘沉降。其具体过程是:当通电时,除尘管中两极间产生不均匀电场如图 5 - 7 所示,越靠近中心处电场越强。当中心处电场足够强时,中央负极附近的空气被电离,产生正、负离子,正离子移向负极(管中央的电晕极),负离子移向正极(管壁的沉降极)。正负离子移动时都会碰到粉尘颗粒,并使之带上相应的电荷,一同移到电极上,从而达到使粉尘颗粒沉降的目的。由于管内电场系不均匀电场,中心的场强大于四周,故电离主要发生在管中心负极附近。这样正离子移动路线较短,只能使很少量的粉尘沉降在管中心负极上,绝大部分粉尘是随负离子移动而沉降在正极管壁上。

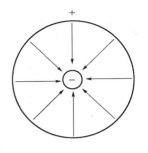

图 5 - 7  不均匀电场

含有粉尘的空气制法如下:如图 5 - 8 所示,由气泵 6 送出的空气进入粉尘发生器 7 的第一格时混入氨;在进入第二格时,氨与第二格中的氯化氢作用生成白色烟状的氯化铵粉尘(粒度约 0.1 ~ 1μm),随空气进入除尘管 2 中。

## 三、实验装置

实验装置如图 5 - 8 所示。

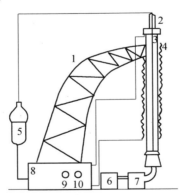

图 5 - 8  电除尘器示意图

1— 支架;2— 除尘管;3— 电晕极;4— 沉降极;5— 感应线圈;
6— 气泵;7— 粉尘发生器;8— 电源盒;9— 脉冲开关;10— 气泵开关。

## 四、操作要点

### 1. 演示火花放电

先合上脉冲开关,用螺丝刀的金属杆先接触支架,再将螺丝刀的刀尖逐渐向高压负极移近,当距离为 9mm 时,即产生火花放电。

火花放电在除尘装置中浪费大量电能,在实验过程中应该防止火花放电。本实验演示火花放电是为了观察火花放电与除尘时所用的电晕放电的区别。

120

**2. 演示电晕除尘**

将粉尘发生器充好药液,开动气泵,即有白烟(悬浮有氯化铵粉末的空气)通往除尘管,呈乳白色,不透明。当混浊气体升至管子中下部时合上脉冲开关,使除尘管正负极间产生高压,立即可见到粉尘被电场吸引而附着在除尘管内表面(即高压正极),少部分粉尘附着在电晕极上,因而空气变得清洁透明。若停止通电,则空气又变得浑浊;再通电,空气又被净化变得透明。

# 实验五 旋风分离器实验

## 一、实验目的

观察含尘气体在旋风分离器和对比模型内的运行情况,加深对旋风分离器作用原理的了解。

## 二、基本原理

旋风分离器主体上部是圆锥形,进气管在圆筒的旁侧,与圆筒作切向连接,如图 5 - 9 所示。对比模型与旋风分离器大致相同,仅是进气管安装在径向而不在圆筒部分的切线上,如图 5 - 10 所示。

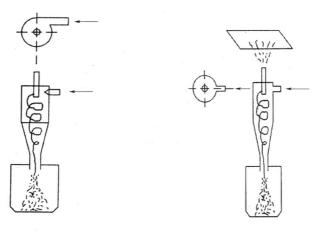

图 5 - 9　旋风分离器　　　　　图 5 - 10　对比模型

含尘气体在旋风分离器的进气管沿切线方向进入分离器内作旋转运动,尘粒受到离心力的作用而被甩向器壁,再沿圆锥落入灰斗,干净的气体则由排气管排走,从而达到分离的目的。如果含尘气体从对比模型的径向管进入管内,则气体不产生旋转运动,因而分离效果很差。

## 三、实验装置

本套实验装置由自动稳压器、玻璃旋风分离器和对比模型等组成,如图 5 - 11 所示。空气(由压缩机供给)经总阀 1 和过滤减压阀 2、节流孔同时供给旋风分离器和对比模型。

当高速空气通过抽吸器的喷嘴时,使抽吸器形成负压,抽吸器下端杯子中的煤粉就被气流带入系统与气流混合成为含尘气体,进入旋风分离器件进行气固分离,这时可以清楚地看见煤粉旋转运动的形状,一圈一圈地沿螺旋形流线落入灰斗内,从旋风分离器出口排出清洁无色的空气。

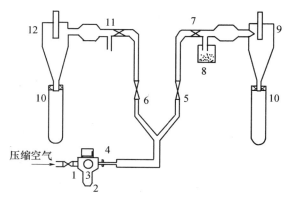

图 5 – 11　旋风分离器和对比模型流程图

1—总气阀;2—过滤减压阀;3—压力表;4—节流孔;5,6—旋塞;7,11—抽吸器;
8—煤粉杯;9—旋分分离器;10—灰斗;12—对比模型。

将煤粉杯移到对比模型的抽吸器具 11 下方,当含煤粉的空气进入模型内就可以看见气流是混乱的。由于缺少离心力的作用,煤粉的分离效果差,一些粒度较小的煤粉不能沉降下来,而是随气流从出口处喷出,可以看见出口处冒黑烟。如果用白纸挡在模型出口的上方,白纸会被煤粉熏黑。

# 实验六　板式塔冷模实验

## 一、实验目的

(1)同类型塔板的结构及流体力学性能,包括气体通过塔板的阻力、板上鼓泡情况、漏液情况、雾沫夹带及液泛等。

(2)了解气量和水量改变时各塔板操作性能的变化规律。

(3)相同的操作条件(气量、水量)下,比较各塔板的操作性能。

## 二、实验装置

实验装置流程如图 5 – 12 所示。来自鼓风机的空气经调节阀 8 和转子流量计由塔底进入冷模塔,入塔后向上通过各层塔板,最后经塔项螺旋板除雾器进行气液分离后放空。水经转子流量计计量后送入塔顶,与空气在塔中逆向接触后,从塔底排出。

本实验装置有三个用有机玻璃制作的冷模塔,内径为 $\phi285mm$。

第一个塔为筛板塔,塔内共有三层筛板,每块板上有 $\phi2mm$ 筛孔 509 个,筛孔呈正三角形排列,孔中心距为 7.5mm,筛板开孔率为 14.5%,出口堰高为 55mm。

第二个塔为泡罩塔,塔内共有三层塔板,每块塔板有两个 Dg80 的标准泡罩,外形尺寸为 80mm×2mm(外径×壁厚),开有 25mm×4mm 齿缝 30 条,升气孔径为 $\phi55mm$,两泡

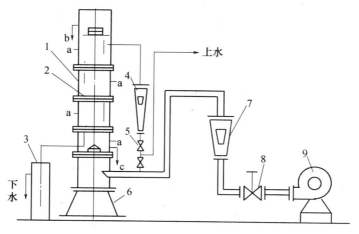

图 5 – 12    板式冷模塔实验装置流程图

1— 冷模塔；2— 塔板；3— 溢流水封；4— 水流量计；5— 水调节阀；

6— 支架；7— 空气流量计；8— 空气调节阀；9— 风机；

a— 取压点；b— 取雾沫夹带量；c— 取漏液量。

罩中心距为 120mm，出口堰高为 55mm。

第三个塔为浮阀塔，塔内共有三层塔板，每块塔板有 5 个 F – 1 型不锈钢浮阀，阀重 5g，升气孔径为 φ39mm，浮阀的最小开度为 2.5mm，最大开度为 12mm，出口堰高为 55mm。

每个塔的顶部装有旋流板除雾器（形状可看模型）。气体进入旋流板逆时针方向旋转，达到气液分离的目的。可从取样点 b 测雾沫夹带的量。

每个塔的底部装有不锈钢升气帽塔板。它既能使空气通过，又能收集上一块塔板的漏液，可以从取样点 c 测取漏液的量。

每一塔段上都装有测压管口 a，用以测定单板和全塔压降。

每个塔的一块塔板上装有清液层测定管，用以观察板上清液层高度。

## 三、操作要点

（1）打开空气管线上的放空阀（应检查），开风机准备向塔内送气，用空气调节阀 8 调节空气的流量。

（2）开水调节阀 5，调节到所需要的水量。

（3）水量一定时改变风量（或风量一定改变水量），观察：①塔板的漏液情况和漏液停止点；②塔板的雾沫夹带情况和淹塔情况；③塔板上的鼓泡情况（鼓泡态、泡沫态）；④塔板压降变化规律；⑤浮阀开启程度及其与压强降的关系；⑥泡罩齿缝开度的变化；⑦降液管内气泡夹带情况和清液层变化；⑧液泛情况。

记录有关数据以便比较。

（4）在相同的条件下横向观察三个塔的操作情况并进行比较。

（5）结合课堂讲授的内容，学生自行选定观察内容并进行实验，结合实验现象进行分析和比较。

# 实验七　固体流态化实验

## 一、实验目的

（1）观察气体以不同速度向上通过颗粒床层时流化过程的阶段变化。
（2）观察床层变化过程中床层压强随气速变化情况。
（3）观察临界流化速度和带出速度。
（4）通过实际测量在对数坐标纸上绘制 $\Delta P - u$ 图。

## 二、实验装置

实验装置流程如图 5 - 13 所示。来自鼓风机的空气经调节阀 5 和转子流量计由塔底进入流化床,气体通过气体分布板与固体颗粒接触,穿过固体颗粒后经旋内分离器排出。床层压强降用 U 形管压差计测量。

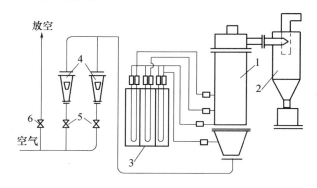

图 5 - 13　固体流态化实验装置流程
1—流化床;2—旋内分离器;3—U 形管压差计;4—转子流量计;5—调节阀;6—放空阀。

## 三、操作要点

（1）打开空气管线上的放空阀 6,开启鼓风机准备向流化床内送气,用调节阀 5 调节空气流量。
（2）调节空气流量由小到大,观察固体颗粒床层流化过程的阶段变化。
（3）观察不同流量下的床层压强降。
（4）观察临界流化时和颗粒带出的空气流量。
（5）记录有关数据。

**参考文献**

[1] 天津大学化工原理教研室. 化工原理(上、下册). 天津科学技术出版社,1992.

[2] 陈敏恒. 化工原理(上、下册). 化学工业出版社,1996.

[3] 刘智敏. 误差与数据处理. 原子能出版社,1981.

[4] 江体乾. 化工数据处理. 化学工业出版社,1984.

［5］尤小祥,等．化工原理实验．天津科学技术出版社,1998.

［6］天津大学化工技术基础实验教研室．化工基础实验技术．天津科学技术出版社,1989.

［7］陈同芸,等．化工原理实验．华东化工学院出版社,1989.

［8］大连理工大学化工原理教研室．化工原理实验．大连理工大学出版社,1995.

［9］兰州化学工业公司化工学校,等．化工仪表及自动化．化学工业出版社,1978.

［10］刘光永．化工开发实验技术．天津大学出版社,1994.

［11］雷良恒,等．化工原理实验．清华大学出版社,1998.

［12］太原理工大学化工基础实验中心.化工原理实验讲义,1999.

［13］太原理工大学化工基础实验中心.化工原理实验教学指导书,1999.

# 第六章　单元操作实验仿真

## 一、仿真操作的意义

化工基础实验侧重工程实验,更接近于生产实际过程。实验仿真预习已成为实验教学改革的重要环节。实验仿真可达到以下目的:

(1)可避免实验中相应的安全隐患,提高学生工程素质;

(2)在加深对实验原理理解的基础上,可通过反复操作,掌握实验步骤,为实际操作做好充分准备;

(3)可大大节省人力、物力和财力,较好地达到辅助实验教学的目的;

(4)通过人机对话,再加上真实动感的界面,达到知识性和趣味性相统一,提高学生学习兴趣与效果;

(5)根据反馈信息,教师可了解学生对实验内容的掌握程度。

仿真预习是化工原理实验预习的重要环节,一般要求学生预先进行实验装置预习,了解装置的结构、流程,增加感性认识。仿真成绩达标方可进入实验室预约实验,进行实际操作,仿真真正起到了辅助教学的目的。

## 二、实验仿真软件

### 1. 仿真软件简介

仿真操作采用的软件为化工原理实验仿真软件(网络版 V 1.1),由太原理工大学化工基础实验中心开发。该软件以太原理工大学学校风貌及化工基础实验中心所拥有的设备为模型,仿真实验内容达到全国化工原理教学指导委员会的要求。软件系统不仅拥有模拟设备的声音和动画效果,同时具有实验数据处理功能和实验评分系统。多媒体技术的引入,生动、形象地再现实验原理和实验操作过程以及实验设备操作注意事项。

### 2. 硬件支撑环境要求和适用范围

操作系统:中文 Windows95/98/XP;

硬件配置:Pentium 166 以上, 32M 内存;

屏幕色彩:600 * 800,增强色(16 位);

声卡 + 音响。

本软件属于仿真实验类软件,主要用于本科化工类专业化工原理、化学工程基础课程的实验教学,也可用于厂矿等部门相关专业人员的基础培训。

### 3. 功能特点

在借鉴其他仿真软件的基础上,结合太原理工大学化工基础实验中心实验装置的特点,按照全国化工原理教学指导委员会的规定和要求,开发的化工原理实验仿真软件具有以下特点:

(1)仿真操作,辅助教学。界面友好,应用可视化设计理念,以图标代表不同的多媒体对象,使用者只需通过单击鼠标即可进行仿真操作,全面地模拟实验操作过程,随鼠标的移动,指示出实验装置的各个部件,便于对实验装置的结构等相关知识进行形象教学。实验装置流程采用三维系统,具有立体效应,并配有实际操作音响、动画效果等。

(2)知识性和趣味性相统一。对于在实际中易出现的实验事故,在仿真系统中设定为误操作,并发出警告,指出错误原因,并提出正确的操作方法,从而加深对实验现象和误操作后果的理解,减少由于操作失误造成的设备损坏,提高学生工程素质。

(3)内容丰富。软件具有强大的实验帮助文件,不仅可阅览、熟悉所做实验的各项内容,包括:实验目的、实验项目内容、基本原理、实验设备流程和操作步骤、数据处理的方法以及思考题等,而且还对仿真实验操作步骤进行详细说明,仿真操作时遇到难点和不解可进行阅览,便于掌握实验操作要点。

(4)开放性。本软件具有网络功能,操作时由主机监控,并提交成绩保存。

(5)测试功能。本软件具有仿真测试功能,从操作时间和错误两个方面进行综合评分,汇总实验成绩。部分实验具有曲线绘制、数据拟合、准数关联式求取的功能,操作者进行不同的操作,产生不同的实验结果,通过比较认识自己的不足,与真实实验起到了同样的效果。根据反馈信息,教师可了解学生对实验内容的掌握程度。

**4. 实现方法**

仿真实验软件是一套基于 Win98/XP 平台的 32 位多媒体软件,全面真实地再现了化工原理实验室中 8 个单元操作的全过程。

软件的程序部分是在 Visual Basic 6.0 开发环境下完成的,同时还不同程度地涉及了 HtmL Hel PWorkshop、3Dmax、Install Professional、Photoshop、Microsoft Office 等一系列应用软件。

整个程序的总界面等通过公共模块来完成;对于动画文件和声音文件的播放,实验项目的选择,实验者的个人信息,每个实验后成绩、错误次数、最终成绩等方面的内容由公有窗体组成;实验中的声音、图片、影音、帮助、数据库等通过若干资源文件组成;实验的具体内容通过私有窗体来完成。

## 三、软件的启动

(1)单击"开始",选择"程序"中的"化工原理仿真实验",如图 6-1 所示。

图 6-1

（2）双击"化工原理仿真实验"，进入化工原理仿真实验主界面，如图 6－2 所示。

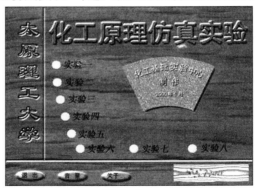

图 6－2

仿真实验包含 8 个实验项目：

实验一为流体流动阻力测定实验；实验二为离心泵特性曲线测定实验；实验三为过滤实验；实验四为总传热系数测定实验；实验五为对流传热系数测定实验；实验六为精馏实验；实验七为填料塔吸收实验；实验八为干燥实验。

（3）单击"关于"按钮，出现图片和滚动文字，介绍实验中心的概况、实验中心的建设与发展等情况，如图 6－3 所示

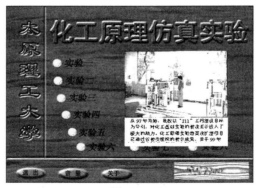

图 6－3

（4）单击"音量"，可调节音量大小。鼠标指向每个实验，都会出现相应实验的流程图，例如：指向"实验二"，如图 6－4 所示，单击后，进入具体实验操作。

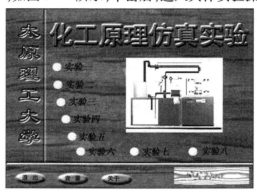

图 6－4

128

### 四、仿真操作示例

以离心泵仿真实验操作步骤为例进行说明。

在出现上述"化工原理仿真实验"主界面后,针对 8 个实验项目进行选择,单击进入实验二的主界面,如图 6 – 5 所示。

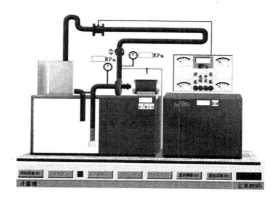

图 6 – 5

（1）单击"开始实验（S）"按钮,出现如图 6 – 6 所示对话框,输入专业班级、姓名、学号后,单击"确定"按钮,仿真操作开始,时间开始记录。

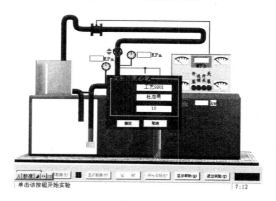

图 6 – 6

（2）打开离心泵出口截止阀（单击上方三角形按钮,按钮由红色变为绿色）,如图 6 – 7所示。

图 6 – 7

注：离心泵操作时，一般是先灌泵，但由于泵出口阀处于关闭时，系统封闭，使灌泵实际操作十分困难，所以考虑到实际情况，应首先打开泵出口阀。当您直接单击注水阀时，系统将判定为仿真操作失误，发出"警告"，并指出"应进行的操作"。如图6-8所示。

（3）单击离心泵注水阀，进行灌泵，如图6-9所示。

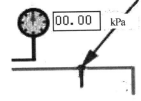

图6-8

图6-9

（4）当水注满后，系统给出"提示"，单击注水阀，关闭注水阀，如图6-10所示。

（5）关闭离心泵出口截止阀（单击下方三角形按钮），如图6-11所示。

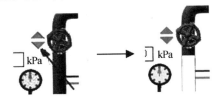

图6-10

图6-11

（6）单击离心泵开关按钮，启动离心泵，电流表、电压表显示，如图6-12所示。

（7）单击离心泵连锁开关按钮，启动功率表，如图6-13所示。

图6-12

图6-13

（8）单击离心泵流量调节阀（即离心泵出口截止阀），单击上方三角形按钮，将其打开（按钮由红色变为绿色），此时流量为最大，如图6-14。

注：离心泵流量的测量一般采用涡沧流量计，当流量较小时，流量显示出现波动，误差较大，此时应改为手动直接计时的方法。所以在本软件中，定为从大流量往小流量进行，当记录10组数据后，改为手动记时。

（9）单击"记录数据（R）"按钮，开始记录数据。

（10）单击下方三角形按钮，从大往小调节离心泵流量，再次单击"记录数据（R）"按钮，更新记录数据。

130

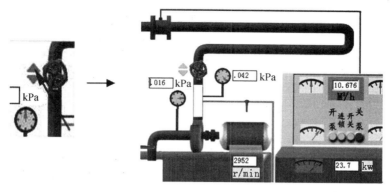

图 6 - 14

（11）重复以上步骤，当记录 10 组数据后，出现"提示"，单击"确定"按钮，出现如图 6 - 15 所示的提示。

图 6 - 15

（12）继续减小流量，单击"记时"按钮后，再单击"确定"按钮，记录数据，屏幕显示为 ▮ 显示数据(V) 记 时。

（13）当数据记录够 15 组后，实验记录完成，离心泵出口截止阀已关闭，单击"关泵"红按钮，离心泵关闭。

（14）单击"显示数据(V)"按钮，查看实验结果，先单击"原始数据(P)"，如图 6 - 16 所示。

（15）单击"数据处理结果(C)"后，可看到处理结果，如图 6 - 17 所示。

图 6 - 16 原始数据(P) | 数据处理结果(C) | 特性曲线(S)

| 序号 | 流量演算仪指示值 | 入口真空度 | 出口表压强 | 功率表偏转格数 | 转速 | 备注 |
|---|---|---|---|---|---|---|
| 1 | 10.676 | .016 | .042 | 23.7 | 2952 | |
| 2 | 10.285 | .015 | .088 | 23.4 | 2939 | |
| 3 | 9.994 | .014 | .095 | 23.2 | 2949 | |
| 4 | 9.751 | .014 | .105 | 23.1 | 2952 | |
| 5 | 8.922 | .013 | .13 | 23.1 | 2953 | |
| 6 | 8.58 | .011 | .14 | 23 | 2952 | |
| 7 | 8.19 | .011 | .147 | 22.8 | 2953 | |
| 8 | 7.752 | .01 | .153 | 22.4 | 2955 | |
| 9 | 7.021 | .0098 | .163 | 21.5 | 2956 | |
| 10 | 6.484 | .0083 | .17 | 20.9 | 2957 | |

| 序号 | 计量槽刻度 (mm) | 计量槽刻度 (mm) | 计量槽刻度 (mm) | 入口真空度 | 出口表压强 |
|---|---|---|---|---|---|
| 1 | 340 | 500 | 34.8 | .0062 | 185 |
| 2 | 190 | 290 | 27.9 | .005 | 193 |
| 3 | 300 | 400 | 40.2 | .0042 | 204 |
| 4 | 170 | 220 | 30 | .004 | 205 |
| 5 | 0 | 0 | 0 | .0027 | 215 |
| 6 | | | | | |

图 6 - 16

原始数据(P) | 数据处理结果(C) | 特性曲线(S)

| 序号 | 流量Q(m3/h) | 扬程H(m) | 轴功率N(kW) | 泵效率η(%) |
|---|---|---|---|---|
| 1 | 10.676 | 6.021216 | .948 | 18.43868 |
| 2 | 10.285 | 10.61526 | .936 | 31.71791 |
| 3 | 9.994 | 11.2278 | .928 | 32.87998 |
| 4 | 9.751 | 12.2487 | .924 | 35.14898 |
| 5 | 8.922 | 14.69886 | .924 | 38.59396 |
| 6 | 8.58 | 15.51558 | .92 | 39.34711 |
| 7 | 8.19 | 16.23021 | .912 | 39.63315 |
| 8 | 7.752 | 16.74066 | .896 | 39.38435 |
| 9 | 7.021 | 17.74114 | .86 | 39.38469 |
| 10 | 6.484 | 18.30264 | .836 | 38.60075 |
| 11 | 5.151824 | 19.61959 | .752 | 18.43868 |
| 12 | 4.016206 | 20.31381 | .7 | 31.71791 |
| 13 | 2.787367 | 21.35512 | .616 | 32.87998 |
| 14 | 1.867536 | 21.4368 | .596 | 35.14898 |
| 15 | 0 | 21.912 | .443 | 0 |
| 16 | | | | |

图 6 - 17

131

（16）单击"特性曲线（S）"，重复单击"原始数据（P）"和"特性曲线（S）"，可看到实验数据绘制的曲线，如图6－18所示。单击"返回"，系统回到离心泵操作完状态。

（17）单击"评分系统（T）"，查看实验用时、误操作次数和成绩（如图6－19所示），单击"返回"回到离心泵操作完状态。

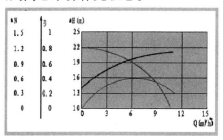

图6－18 图6－19

（18）单击"退出实验（E）"回到系统总界面。离心泵仿真实验操作完成。

注：①离心泵仿真操作时，若对实验步骤、原理仿真操作等内容由疑问，可单击"显示帮助（H）"，选择所需要的内容进行查看，如图6－20所示。

② 当仿真操作时，引用时过多或误操作次数较多，可随时单击"退出实验（E）"退到系统总界面，重新开始仿真操作。

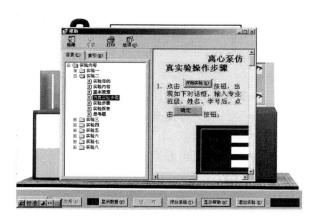

图6－20

## 五、仿真评分评价

实验软件附有评分系统，可根据实验时误操作次数和实验用时来评定实验所得分数。其界面如图6－21所示。

（1）全部实验完毕后，在退出前会提示（要求）提交最终成绩到服务器，如图6－22所示。

（2）单击"确定"，即进入成绩单界面，如图6－23所示。

图 6 - 21                                          图 6 - 22

图 6 - 23

（3）单击"查看最终成绩"，显示最终成绩，如图 6 - 24 所示。

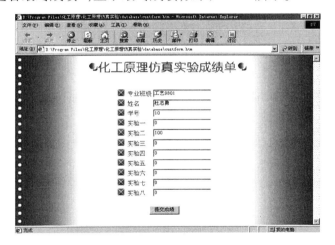

图 6 - 24

（4）单击"提交成绩"，即可把成绩提交到服务器，如图 6 - 25 所示。

图 6 - 25

133

（5）单击"化工原理仿真实验成绩单"，即出现仿真实验成绩汇表，如图6-26所示。

图6-26

# 第七章　化工基础实验

## 实验一　连续釜式反应器停留时间分布实验

本实验主要是用多釜串联模型来研究单个全混釜和多釜串联反应器的返混情况,通过对模型参数 $n$ 的比较,可以定量地看出前者的返混度明显大于后者,从实验上验证了限制返混的措施。

### 一、实验目的

(1)掌握用示踪应答技术测定连续流动反应器内物料的停留时间分布;
(2)了解停留时间分布密度函数与多釜串联流动模型的关系;
(3)了解多釜串联模型中模型参数 $n$ 的物理意义;
(4)掌握模型参数 $n$ 的计算方法。

### 二、实验原理

#### 1. 单个全混流釜

在连续操作的反应器内,由于空间的反向运动和不均匀流动造成不同时刻进入反应器的物料间的混合,称为返混。返混程度的大小,一般是很难直接测定的,通常是利用物料停留时间分布的测定来研究返混程度。但是返混与停留时间分布两者不存在一一对应关系,即相同的停留时间分布可以有不同的返混情况,因此不能直接把测定的停留时间用于描述微团间充分混合系统的返混程度,而要借助于符合实际流动的模型方法。

物料在反应器中的停留时间完全是随机过程。根据概率理论,可借用两种概率分布定量地描述物料在流动系统中的停留时间分布,这种概率分布为停留时间分布密度函数 $E(t)$ 和停留时间分布函数 $F(t)$。

停留时间分布密度函数 $E(t)$ 的定义为:在同时进入反应器的 $N$ 个流体粒子中,其中具有停留时间介于 $t \sim t + dt$ 的流体粒子所占的分率为 $E(t)\,dt$。停留时间分布函数 $F(t)$ 的定义为:流过系统的物料中停留时间小于 $t$ 的物料的分率。

停留时间分布的实验测定有脉冲法、阶跃法等,常用的是脉冲法。当被测系统达到定常流动后,在系统的入口处瞬间注入一定量的示踪剂,同时在出口处检测示踪剂的浓度随时间的变化。

脉冲法的停留时间分布密度函数 $E(t)$ 为

$$E(t) = \frac{V \cdot C(t)}{Q} = \frac{VC(t)}{\int_0^\infty VC(t)\,dt} = \frac{C(t)}{\int_0^\infty C(t)\,dt} \qquad (7-1)$$

式中　$V$ —— 反应器入口处流体的体积流量;

$Q$—— 注入示踪剂的量;

$C(t)$——出口流体中示踪剂浓度。

从式(7-1)可以看出,停留时间分布密度函数 $E(t)$ 正比于反应器出口示踪剂的浓度。因此,本实验用水作为被测流体,使用饱和 KCl 溶液作为示踪剂,在系统出口处安装了一套电导检测系统。由于在一定的 KCl 水溶液浓度范围内,其浓度正比于电导值。显然,所测系统物料的停留时间分布密度函数正比于系统出口处 KCl 水溶液的电导值,即 $E(t) \propto L(t)$($L(t)$ 为 $t$ 时刻 KCl 水溶液的电导值)。

为了对不同流动状况下的停留时间分布函数进行定量比较,可采用概率论中数学期望和方差表达。

数学期望 $\bar{t}$ 表达式为

$$\bar{t} = \int_0^\infty tE(t)\,\mathrm{d}t = \int_0^\infty \frac{C(t)}{\int_0^\infty C(t)\,\mathrm{d}t}\,\mathrm{d}t = \frac{\int_0^\infty tC(t)\,\mathrm{d}t}{\int_0^\infty C(t)\,\mathrm{d}t} \qquad (7-2)$$

采用离散状态表达,并取 $\Delta t$ 为常数,则 i 为

$$\bar{t} = \frac{\sum tE(t)\Delta t}{\sum E(t)\Delta t} = \frac{\sum tE(t)}{\sum E(t)} = \frac{\sum t \cdot L(t)}{\sum L(t)} \qquad (7-3)$$

方差 $\sigma_t^2$ 表达式为

$$\sigma_t^2 = \int_0^\infty (t-\bar{t})^2 E(t)\,\mathrm{d}t = \int_0^\infty E(t) \cdot \mathrm{d}t - \bar{t}^2 \qquad (7-4)$$

采用等时间间隔即 $\Delta t$ 为常数,则

$$\sigma_t^2 = \frac{\sum t^2 E(t)}{\sum E(t)} = \frac{\sum t^2 L(t)}{\sum E(t)} - (\bar{t}^2) = \frac{\sum t^2 L(t)}{\sum L(t)} - \left(\frac{\sum tL(t)}{\sum L(t)}\right)^2 \qquad (7-5)$$

若对比时间 $\theta$ 表示为

$$\theta = \frac{t}{\bar{t}} \qquad (7-6)$$

则对比时间表达无因次方差 $\sigma_\theta^2$ 为

$$\sigma_\theta^2 = \frac{\sigma_t^2}{\bar{t}^2} \qquad (7-7)$$

**2. 多釜串联模型**

多釜串联模型(又称串级模型)是将一个实际设备中的返混情况视作与若干个全混流反应器相串联时的返混程度相等效。这里的若干个全混流反应器数目是一个虚拟值,是一个模型参数,并不代表实际反应器个数。图 7-2 所示为多釜串联模型。模型假设每个反应器为全混流反应器,反应器之间无返混存在,反应器体积 $V_R$ 相同。

做物料衡算,可知多釜串联反应器的停留时间特征函数 $F(t)$、$E(t)$ 为

$$F(t) = 1 - \mathrm{e}^{-1/\tau_s}\left[1 + (t/\tau_s) + \frac{1}{2!}(t/\tau_s)^2 + \cdots + \frac{1}{(n+1)!}(t/\tau_s)^{n-1}\right]$$

$$(7-8)$$

$$E(t) = dF_n(t)/dt = \frac{n^n}{(n-1)!}\left(\frac{t}{\tau_s}\right)^{n-1} \cdot e^{\frac{-nt}{\tau_s}} \qquad (7-9)$$

换算为无因次模型为

$$E(\theta) = \frac{n^n}{(n-1)!}\theta^{n-1}e^{-n\theta} \qquad (7-10)$$

将 $E(\theta)$ 对 $\theta$ 作图,如图 7-1 所示:$n$ 愈大,峰形愈窄。当釜数 $n$ 趋于无限大时,则接近于平推流的情况。

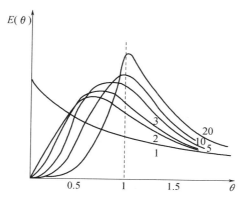

图 7-1　多釜串联的停留时间分布密度曲线

随机变量 $\theta$ 的方差为

$$\sigma_\theta^2 = \int_0^\infty (\theta-1)^2 \cdot f(\theta) d\theta = \int_0^\infty \theta^2 \cdot f(\theta) d\theta - 1 = \int_0^\infty \theta^2 \cdot \frac{n^n}{(n-1)!}\theta^{n-1} \cdot e^{-n\theta} d\theta - 1$$

$$= \frac{n^n}{(n-1)!} \cdot \frac{(n+1)!}{n^{n+2}} - 1 = \frac{1}{n} \qquad (7-11)$$

当 $n=1$,$\sigma_\theta^2=1$,为全混流特征;当 $n=\infty$ ,$\sigma_\theta^2=0$,为平推流特征。注意:$n$ 为模型参数,是虚拟的釜数,既可为整数,亦可为小数。

### 三、实验装置及流程

实验装置如图 7-2 所示,分别由单釜与三釜串联两个系统组成。三釜串联反应器中每个釜的体积为 1L,三釜体积之和与单釜反应器的体积(3L)相等。实验时,水分别从转子流量计 2 和 10 流入三釜串联及单釜系统。待系统稳定后,在单釜及三釜串联系统的第一个反应釜的进口处分别用针筒注入示踪剂,借助安装在每个反应釜出口处的电导测试系统可以检测示踪剂浓度随时间的变化,并由记录仪连续记录。

### 四、实验步骤

**1. 通水**
开启水开关,让水注满反应釜,调节进水量为 15L/h。
**2. 通电**
(1) 开启电导率仪;
(2) 开动搅拌,调节转速为单釜 280r/min,三釜 126r/min。

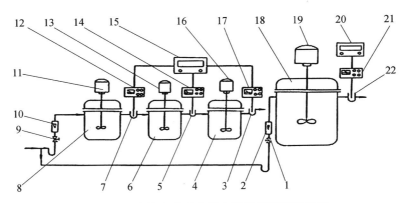

图 7-2  连续釜式反应器实验装置流程示意图

1,9—流量调节阀；2,10—转子流量计；3,5,7,22—电导电极；
4,6,8—全混流反应器（体积1L）；11,13,16,19—直流电动机；12,14,17,21—电导率仪；
15—四笔记录仪；18—全混流反应器（体积3L）；20—记录仪。

**3. 开微机**

（1）单击"单釜"或"三釜"；

（2）在"转速"与"流量"栏里分别标上实测值；

（3）单击"继续"键，选定时间坐标为45min。

**4. 实测**

单釜注入示踪剂5mL，三釜注入示踪剂1.5mL。同时，单击计算机界面上的"开始"键。实验开始时，并测出反应器出口处示踪剂的浓度（以 mV 计）随时间（以 S 计）的变化。当示踪剂的出口浓度不再随时间变化时，实验结束。

**5. 结束**

关闭仪器、电源、水源，排清釜中料液，并清理实验现场。

## 五、实验报告

（1）写出实验目的、实验内容及测试方法；

（2）分别测出单釜和三釜串联反应器的停留时间分布密度函数；

（3）用离散化方法求出对应的 $\sigma_\theta^2$，再利用 $\sigma_\theta^2 = \dfrac{1}{n}$ 式，求出相应的模型参数 $n$，研究单釜和三釜串联反应器的返混情况；

（4）讨论 $n$ 的数值范围，确定这两种反应器的返混大小。

## 六、思考与讨论

（1）为什么说返混与停留时间分布不是一一对应的？既然返混与停留时间分布不是一一对应的关系，为什么我们可以通过到停留时间分布来研究返混呢？

（2）测停留时间分布的实验方法有哪几种？本实验采用哪种方法？

（3）何谓示踪剂？对示踪剂有哪些要求？在反应器入口处注入示踪剂时应注意什么？

（4）在单釜与三釜串联两组实验中，进水流应如何调节，即两者的比值是多少？为何要按此比值调节流量？

（5）模型参数 $n$ 与实验中釜数有何不同，为什么？

**参考文献**

［1］华东化工学院化学工程系．化学工程实验，1985．

［2］陈甘棠．化学反应工程．化学工业出版社，1981．

# 实验二　管式反应器停留时间分布实验

管式反应器将反应物的一部分返回到反应器的进口时，可以使未反应的物料与新鲜的物料混合再进入反应器进行反应，对于这种反应器循环比与返混之间的关系就需通过实验来测定，此研究是很有现实意义的。

本实验通过用管式循环反应器来研究不同循环比下的返混程度。掌握用脉冲法测停留时间分布的方法。改变不同的条件观察分析管式循环反应器中流动特征，并用多釜串联模型计算参数 $n$。

## 一、实验目的

1. 研究管式循环反应器的返混特性。

2. 学会用 $F(t)$，$E(t)$，$t$ 和 $\sigma_2^1$ 等数据判断实际反应器内流体的流型，并分析改善实际反应器性能措施。

## 二、实验原理

在连续流动的反应器内，往往会将反应后的一部分物料返回到反应器进口，使其与新鲜的物料混合再进入反应器进行反应，对于这种反应器循环与返混程度之间的关系，也需要通过实验来测定。

以连续管式循环反应器为例，若循环流量等于零，这时尽管由于管内流体的速度分布和扩散会造成较小的返混，但反应器的返混程度与平推流反应器相近。有循环操作时，反应器出口的流体被强制返回反应器入口，也会造成返混。

返混程度的大小与循环流量有关，对于管式循环反应器其循环比 $\beta$ 定义为

$$\beta = \frac{循环物料的体积流量}{离开反应器物料的体积流量}$$

循环比 $\beta$ 可自零变至无限大。$\beta = 0$ 即为平推流管式反应器；$\beta = \infty$ 相当于全混釜反应器。

可以通过调节循环比 R，得到不同返混程度的反应系统。一般情况下，循环比大于 20 时，系统的返混特性已经非常接近全混流反应器。

测定方法原理同实验一。

## 三、实验装置及流程

本实验由一根 $\Phi30$ 长 1500mm 的玻璃管内装 6 mm 瓷填料组成管式反应器，通过一个磁力泵，调节循环流量（0～250 W·h）达到不同的循环比进行实验。实验装置流程如图 7－3 所示。

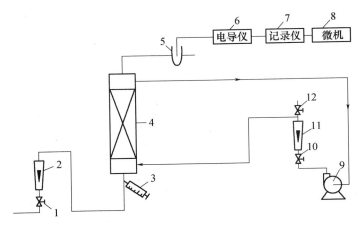

图 7 - 3　管式反应器实验装置流程示意图

1—进水阀；2—进水流量计；3—注射器；4—填料塔；5—电极；6—电导仪；7—记录仪；
8—计算机；9—循环泵；10—循环调节阀；11—循环流量计；12—放气阀。

## 四、实验步骤

（1）通水。开启水开关，让水注满反应器，调节进水量为 15 L/h。

（2）接通电源，开启电导仪、微机。

（3）打开微机实验测试界面，在"流量"与"循环比"栏里分别标上实测值，选定时间 30min。本实验反应器流量为 15 L/h，循环比 $\beta$ 取 0 或 10。当 $\beta = 0$ 时，循环泵关；当 $\beta = 10$ 时，循环泵流量应为 150 L/h。

（4）实测。在反应器入口处注入示踪剂 0.8 mL 或 2 mL，同时单击微机界面上"开始"键，实验开始计时，并测出反应器的电导值（以 mV 计）即出口示踪剂浓度随时间的变化。当反应器出口处示踪剂的浓度不随时间而变化时，实验结束。

（5）关闭仪器、电源、水源，排出反应器料液，并清理实验现场。

## 五、实验报告

（1）写出实验目的、实验内容及测试方法。

（2）循环比为零时，在不同流量下根据电导仪测得的浓度与时间的变化曲线求取数学期望及方差。

（3）讨论流量对返混的影响。

（4）讨论不同的循环比对返混的影响。

（5）用串联模型模拟以上反应器，并根据 $\sigma_t^2 = \dfrac{1}{n}$，求取串联模型参数 $n$。

## 六、思考与讨论

（1）何为返混，为什么要研究返混？

（2）停留时间分布的测试方法是怎样的？

（3）管式循环反应器的特征是什么？

（4）采用脉冲示踪法应注意哪些事项？

**参考文献**

[1] 华东化工学院. 化学反应工程基本原理,1984.

[2] 陈甘棠. 化学反应工程. 化学工业出版社,1981.

[3] 陈敏恒,袁渭康. 化学反应工程中的模型方法. 化学工程,1980,1(1).

# 实验三　反应精馏工艺过程实验

反应精馏(Reactive Disillation,RO)是将化学反应与精馏分离结合起来,在同一设备中耦合进行的一种工艺过程。反应精馏塔是反应精馏过程的主要设备,可分为精馏段、反应精馏段和提馏段3个部分。本实验主要对反应精馏工艺条件进行研究。

## 一、实验目的

(1)学习掌握根据要求设计实验方案;

(2)学习反应精馏工艺过程的操作;

(3)了解反应精馏工艺过程,熟悉其工艺特点,了解反应与分离之间的有机联系;

(4)分析工艺操作条件的改变对反应精馏过程及结果的影响;

(5)熟悉常规温度仪表的使用及气相色谱仪的使用方法。

## 二、实验原理

"反应精馏"工艺的出现,使化学反应过程和精馏分离的物理过程结合在一起,是伴有化学反应的新型特殊精馏过程,彻底改变了长期以来人们对反应和分离过程的传统认识。按照反应中是否使用催化剂,可将反应精馏分为催化反应精馏过程和无催化剂的反应精馏过程,本实验以催化反应精馏为例。

催化精馏技术并不能适用于所有的化工过程,它最适用于混合物精馏过程促使反应组分完全转化的可逆反应。催化精馏技术的应用受以下条件的限制:

(1)操作必须在组分的临界点以下,否则蒸汽与液体形成均相混合物,将无法进行精馏分离;

(2)在催化反应适宜的压力、温度范围内,反应组分必须能进行精馏操作;

(3)原料和反应产物挥发度必须有较大差别和适宜的序列,反应物与产物不能存在共沸现象;

(4)催化精馏过程所用的催化剂不能和反应系统各组分有互溶或相互作用,原料中不能含有催化剂毒物,对反应中容易在催化剂上结焦的石油化工过程不宜用催化精馏;

(5)精馏温度范围内,催化剂必须有较高的活性和较长的寿命。

反应精馏工艺具有以下几个优点:

(1)对于目的产物具有二次副反应的情形,通过某一反应物的不断分离,抑制了副反应,提高了选择性,使可逆反应收率提高。

(2)温度易于控制,避免出现"热点"问题。

(3)缩短反应时间,强化设备生产能力。反应和精馏在同一设备中进行,其设备费和

141

操作费低,投资少。

(4)对于放热反应过程。反应热全部用于精馏过程,降低了能耗。反应热造成的汽化导致塔板上的传质过程强化,提高了塔板的传质效率。

以合成甲缩醛反应为例,其反应式如下

$$2CH_4OH + CH_2O = C_3H_6O + 2H_2O$$

从反应式可知,该反应是可逆反应。在通常反应器中其转化率受平衡限制,及时提高反应物浓度,一般转化率只能达到60%,大量未反应的稀甲醛不仅给后续的分离造成困难,而且稀甲醛浓缩时产生的甲酸对设备的腐蚀严重。而采用反应精馏的方法则可有效地克服平衡转化率这一热力学障碍,因为该反应物系中各组分相对挥发度的大小次序为: $\alpha_{甲缩醛} > \alpha_{甲醇} > \alpha_{甲醛} > \alpha_{水}$,产物甲缩醛具有最大的相对挥发度,利用精馏作用可将其不断地从系统中分离出去,促使平衡向生成产物的方向移动,大幅度提高甲醛的平衡转化率。若原料配比控制合理,反应精馏甚至可达到接近平衡转化率。

采用反应精馏工艺,原料甲醛浓度可在7%~36%,甲醇可用工业甲醇,催化剂可采用工业级硫酸。

### 三、实验装置及流程

实验装置如图7-4所示。反应精馏塔由玻璃制成。塔径为30 mm,塔高约2400 mm,共分为3段,由下至上分别为提馏段、反应段、精馏段,塔内填装玻璃弹簧状填料。塔釜为2000 mL四口烧瓶,置于1000W电热碗中。塔顶采用电磁摆针式回流比控制装置。在塔釜、塔体和塔顶共设了5个测温点。原料与催化剂混合后,经计量泵由反应段的顶部加入。

用气相色谱分析塔顶和塔釜产物的组成。

### 四、实验步骤

(1)在甲醛水溶液中加入1%、2%、3%的浓硫酸作为催化剂。向塔釜加入400mL约10%的甲醇水溶液。检查精馏塔进出料系统各管线上的阀门开闭状态是否正常。

(2)调节计量泵,分别标定原料甲醛和甲醇的进料流量,甲醇的体积流量控制在4~5 mL/min。

(3)开启塔顶冷却水。再开启塔釜加热器,加热量要逐步增加,不宜过猛。当塔顶有凝液后,先全回流操作约20min。

(4)按选定的实验条件,开始进料,同时将回流比控制器拨到给定的数值。进料后,仔细观察并跟踪记录塔内各点的温度变化,测定并记录塔顶与塔釜的出料速度,调节出料量,使系统物料平衡。待塔顶温度稳定后,每隔15min取一次塔顶、塔釜样品,分析其组成,共取样2~3次。取其平均值作为实验结果。

(5)改变实验条件,重复步骤(2),可获得不同条件下的实验结果。

(6)实验完成后,切断进出料,停止加热,待塔顶不再有凝液回流时,关闭冷却水。

(7)回流比通过时间分配器设定,要求采出时间≥3s,以减小摆针晃动的影响。

### 五、实验报告

(1)写出实验目的、实验内容及测试方法。

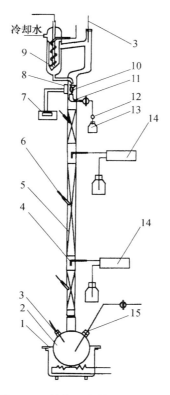

图 7-4　催化反应精馏实验装置

1—电热碗；2—塔釜；3—温度计；4—进料口；5—填料；6—温度计；

7—时间继电器；8—电磁铁；9—冷凝器；10—回流摆体；11—计量杯；

12—数滴滴球；13—产品槽；14—计量泵；15—塔釜出料。

（2）描绘实验流程、步骤与方法。

（3）记录实验过程与现象；列出实验原始记录表，计算甲缩醛产品的收率。对实验数据进行整理，研究分析原料配比、催化剂量、反应条件和精馏的操作条件（精馏塔各部分温度及回流比、加料位置等）对反应收率、转化率的影响。

（4）对实验结果进行研究，分析工艺条件改变对结果产生的影响，并绘制全塔温度分布图；绘制催化剂量与产品生成速率关系图，分析改变配比（摩尔比）会产生的影响；研究讨论所选反应的高选择、高转化率的最佳工艺条件。

## 六、思考与讨论

（1）本实验可否用于研究非可逆复合反应体系？

（2）反应精馏塔内的温度分布有什么特点？随原料甲醛浓度和催化剂浓度的变化，反应段温度如何变化？这个变化说明了什么？

（3）根据塔顶产品纯度与回流比的关系以及塔内温度分布的特点，讨论反应精馏与普通精馏有何异同？

（4）要提高甲缩醛产品的收率可采取哪些措施？

**参考文献**

[1] 陈敏恒,等. 化工原理. 化学工业出版社,1985 年 10 月.

[2] 朱炳辰,等. 化学反应工程. 化学工业出版社,1999 年 6 月.

[3] 陈宏舫. 化工分离工程. 化学工业出版社,1986 年 6 月.

[4] 时钧,等,化学工程手册. 化学工业出版社,1996 年 1 月.

[5] 国家医药管理局上海医药设计院. 编,化工工艺设计手册. 化学工业出版社,1996 年 1 月.

# 实验四　超临界 $CO_2$ 流体萃取实验研究

超临界流体因对许多物质具有很强的溶解能力,广泛应用于物质的分离和提取。早在 1879 年,Hannay 和 Hogarth 就发现了超临界流体(SCF)可以溶解高沸点的固体物质,但直到 20 世纪 80 年代,超临界流体萃取(SCFE)才作为一种新型分离工艺得到实际应用。

虽然超临界流体的溶剂效应普遍存在,但由于受到溶剂来源、价格、安全性等因素的限制,真正具有应用价值的超临界流体介质并不是很多。在众多超临界流体中,超临界 $CO_2$ 作为萃取剂倍受青睐。目前,超临界 $CO_2$ 萃取过程在食品工业、天然香料、医药和石油等深加工领域中,正成为获得高品质产品的最有效手段之一。其中工业化应用较早的有:1985 年德国 Bremen 城建立了从咖啡豆中脱除咖啡因的工厂,英国和法国也相继建立了 SCF – $CO_2$ 萃取啤酒花厂等。

用超临界 $CO_2$ 萃取植物油脂是超临界流体萃取技术在食品工业的应用之一,这方面的研究工作已开展多年。研究表明,用超临界 $CO_2$ 萃取植物油脂,除能满足无毒品质外,还可保持天然营养和风味,萃取率高,杂质含量低,色泽好,而且工艺流程简单,能耗低,操作费用低。

存在于芝麻、油菜籽、花生、玉米、黄豆等植物种子中的油脂类物质,早期都采用压榨方法提取,有 5% 以上的残油留于油饼中。改用己烷等有机溶剂作萃取时,油类的回收率大有改进,但存在溶剂的回收和溶剂在油类中的残留问题。用超临界流体萃取方法来提取植物种子中的油脂类物质,则是近几年才开始实现工业化的,提取后种子中的残油量可降低至 1% 左右。种子中的甘油三酸酯,或经加工后所得的酸类或甲酯、乙酯类化合物都可溶解在一些超临界流体溶剂中。最常用的溶剂是 $CO_2$,而那些存在于种子中的蛋白质、糖类、纤维素等却不溶于超临界 $CO_2$。

我国是个食用油大国,随着人们生活水平的日益提高,人们对食用植物油的质量要求也越来越高,所以研究新兴的食用植物油脂的分离方法具有重要意义。

## 一、实验目的

(1) 了解超临界流体的性质和特征。

(2) 掌握超临界 $CO_2$ 流体萃取的工艺过程和原理。

(3) 熟悉实验装置,掌握超临界流体萃取的实验方法。

(4) 加深对节流膨胀、相变等物理化学现象的理解。

## 二、实验原理

以花生仁为原料,在给定的实验条件下,计算花生仁的萃取效率;通过对花生仁萃取条件的探讨(多组实验),寻求最佳工艺参数。

**1. 二氧化碳的超临界性质**

$CO_2$ 的临界值为：$P_c = 7.36MPa$；$T_c = 31.04℃$；$\rho_c = 0.468g/cm^3$。

图 7-5 所示为 $CO_2$ 的气相、液相、固相区域。在临界温度和临界压力以上的区域（图中相交虚线的第一象限部分）为超临界流体区，图中直线表示了以 $CO_2$ 密度为第三参数的 $P-T$ 关系。

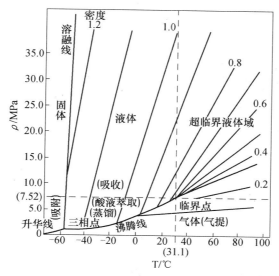

图 7-5 $CO_2$ 的 $P-T-\rho$ 关系图

超临界流体是指温度、压力均超过该物质临界值的流体，是一种气液不分的状态，没有相界面。如图 7-5 所示，在二氧化碳临界点附近区域内，参数（温度、压力）稍有变化即可引起 $CO_2$ 密度很大的变化。这是超临界萃取的一大特点，也正是改变可控制的温度、压力等参数来改变萃取溶剂的密度，从而改变物质在流体中的溶解度，达到选择性萃取和分离的目的。

表 7-1 列举了气体、超临界流体、液体的密度、黏度以及扩散系数三种性质的比较。如表 7-1 所列，超临界流体具有和液体相近的密度，而它的黏度比液体少 100 倍，扩散系数却比液体大 100 倍，超临界流体作为萃取剂，低黏度和高扩散系数的结果导致其传质系数非常大。因此，传质速度快是超临界流体的一大特点，也是一大优点。

表 7-1 气体、液体和超临界流体的性质

| 物理性质 | 气体 | 超临界流体 | 液体 |
|---|---|---|---|
| 密度/($kg/m^3$) | ~1 | ~700 | ~1000 |
| 黏度/($kg \cdot m^{-1} \cdot s^{-1}$) | ~$10^{-5}$ | ~$10^{-5}$ | ~$10^{-4}$ |
| 扩散系数/($cm^2/s$) | ~$10^{-1}$ | ~$10^{-3}$ | ~$10^{-5}$ |

**2. 超临界 $CO_2$ 流体萃取原理及特点**

在临界点附近,物质的溶解度对温度和压力有着奇特的行为,即:当温度和压力有微

145

小的改变时,溶解度会发生剧变。实验表明,萘在45℃下压强由15MPa降到8MPa时,溶解度由2mol%降到0.2mol%;同样,在15MPa时温度由45℃降到10℃时也可大大降低溶解度。

超临界流体具有很强的溶解能力。这种溶解能力与流体的密度有关,密度愈大,溶解能力愈强。超临界流体具有特殊的溶解性和独特的传递性质,可作为溶剂,从而可以把各种天然物料、人工混合物、有机污染物,置于高密度的超临界流体中进行萃取,某些组分被萃取出来而溶于超临界流体中,形成超临界负载相;通过降低流体压力或改变流体的温度,使其溶解度减小,萃取物就沉析出来,达到被萃取物质从超临界相中分离出来的目的。

超临界$CO_2$萃取工艺具有如下特点:

(1)超临界$CO_2$萃取既利用了各种组分的挥发度差别,也借助于萃取剂与被萃取组份分子间存在的亲合力的不同,来实现有效成分与物质的分离,所以超临界$CO_2$萃取则是在某种程度上综合了精馏与液相萃取的特征,这两种因素同时发生作用而产生相际分离效果。

(2)超临界$CO_2$的黏度低,流动性好,介质中传质速度快,与萃取能力密切相关的密度能够很方便地通过调节温度和压力来加以控制,可较快地达到平衡,且它对固体渗透力很强,可高效地萃取固体中的被萃取物。

(3)超临界$CO_2$的临界条件容易达到,很多高沸点物质能在其中形成超临界流体相,超临界$CO_2$萃取工艺不需要在高温下操作,故特别适合于分离具有热敏性,生物活性的物质。

(4)超临界$CO_2$是无毒和不燃的,也没有腐蚀性,有利于安全生产;而且来源丰富,价格便宜,有利于降低成本和推广应用。

超临界$CO_2$萃取有它的局限性。$CO_2$的分子结构决定了对于烃类和弱极性的脂溶性物质溶解能力较好,对于极强性的有机化合物需加大压力或使用夹带剂实现。超临界$CO_2$萃取有时为了获得相当高的压力,设备投资花费就很大,技术要求也相当高。对于萃取高经济价值的产品,它将是一项很有发展前途的分离工艺。

**3. 超临界流体萃取过程影响因素**

(1)压力。当温度恒定时,溶剂的溶解能力随压力的增加而增加。经一段时间的萃取后,原料中有效成分的残留随压力的增加而减少。

(2)温度。温度对流体溶解能力的影响比压力的影响要复杂。当等压升温时,超临界流体的密度下降导致溶解能力下降,但同时,溶质的蒸气压会随温度的增加而增加,使溶解度增加。两者消涨的结果,会出现一个转变压力,当压力小于转变压力时,温度升高使流体的溶解能力下降;当压力大于转变压力时,温度的升高使流体的溶解能力增加,同时可获得较高的萃取速率。

(3)流体密度。超临界流体的溶解能力与其密度有关,密度大,溶解能力大。但密度大时,传质系数小。恒温时,密度增加,萃取速率增加;恒压时,密度增加,萃取速率下降。

(4)原料颗粒度。超临界流体通过物料萃取时的传质,在很多情况下将取决于固体相内部的传质速率,固体相内部的传递路径的长度决定了质量传递速率。一般情况下,萃取速率随颗粒尺寸减小而增加。当颗粒过大时,固体相内部传质控制起主导作用,萃取速率慢。在这种情况下,即使提高萃取压力,增加溶剂的溶解能力,也不能有效地提高溶剂中溶质浓度。

（5）原料水分的影响。原料中水分的存在不利于传质，尤其当原料含水量较高时，颗粒内或颗粒间的传质通道由于毛细管作用而形成液层，溶质需通过此液膜才能进入超临界相，因此传质阻力增大。

## 三、实验装置及原料

### 1. 实验原料

花生仁：市售食品级，产于山西；

$CO_2$：食品级，含量在99%以上，购于太原钢铁集团公司。

花生仁通常作为食油和蛋白质原料，其主要化学组成如表7-2所列。

表7-2　花生仁的主要化学组成及含量

| 一般成分/% | 油脂中的脂肪酸/% | 蛋白中必需氨基酸/% | 与FAD比较蛋白质中的氨基酸 |
|---|---|---|---|
| 水 分 3.9 | 肉豆蔻酸 0.5 | 赖氨酸 3.0 | 4.2 |
| 灰 分 2.4 | 棕榈酸 7.0 | 色氨酸 1.0 | 1.4 |
| 油 脂 46.8 | 硬脂酸 2.8 | 苯丙氨酸 5.1 | 2.8 |
| 蛋白质 26.7 | 花生四烯酸 3.8 | 蛋氨酸 1.0 | 2.2 |
| 纤 维 2.1 | 二十二酸 2.5 | 苏氨酸 2.6 | 2.8 |
| 蔗 糖 5.8 | 二十四酸 1.3 | 亮氨酸 6.7 | 4.8 |
| 淀 粉 12.3 | 亚油酸 21.7 | 异亮氨酸 4.6 | 4.2 |
|  | 油酸 60.4 | 缬氨酸 4.4 | 4.2 |

### 2. 超临界装置简介

本实验装置是由化工基础实验中心自行研制的超临 $CO_2$ 萃取反应装置 SCF－Ⅰ型。其萃取器体积为 0.5l，分离器1、2的体积均为 0.2l，萃取温度可在常温至80℃之间调节，采用热电偶测温，精确可靠。最大使用萃取压力为 32MPa（设计压力为 45 MPa），$CO_2$ 最大流量为 5l/h（液态）且可循环利用。实验装置工艺流程如图7-6所示。

## 四、实验步骤

（1）装料。待萃取的物料预先粉碎至一定的粒度，然后置于萃取器中。

（2）检漏。紧固各连接处接头，依次缓慢开启 $CO_2$ 进气、$CO_2$ 进料、萃取器进料、萃取器出口、分Ⅰ出口阀，使萃取器、分离器Ⅰ、分离器Ⅱ的压力都为 5.0MPa。然后关闭上述阀门，使萃取器、分离器Ⅰ、分离器Ⅱ成为独立的系统。用肥皂水检查各接头，看是否有泄漏，接头若有冒泡现象，应立即拧紧接头，30min 若压力无明显的变化，则表明系统不漏，检漏合格。

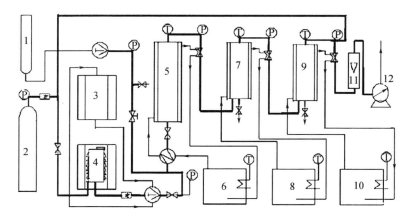

图7-6 超临界 $CO_2$ 萃取花生油实验装置简化工艺流程图

1—携带剂；2—$CO_2$ 气源；3—$CO_2$ 冷凝水储罐；4—$CO_2$ 冷凝罐；5—萃取器；

6—恒温水槽Ⅰ；7—分离器Ⅲ；8—恒温水槽Ⅱ；9—分离器Ⅱ；

10—恒温水槽Ⅲ；11—转子流量计；12—累计流量计。

（3）加热和循环。检查电器绝缘、热电偶插入位置、控温仪的温度设定，然后开启各循环泵，检查各循环泵能否循环起来，一切正常后开启电加热系统升温。反复调节控温仪的温度设定，定时记录萃取器、分离器Ⅰ、分离器Ⅱ的中心温度，直到各中心温度达到所需实验值且恒定不变。

（4）进料。依次打开 $CO_2$ 进气、$CO_2$ 进料、萃取器进料阀，开启 $CO_2$ 泵开关，使萃取器的压力升至实验压力，然后逐级打开萃取器出口、分离器Ⅰ出口，使分离器Ⅰ、分离器Ⅱ的压力达到实验要求的压力，再调节分离器Ⅱ出口阀使溶剂的流速达到实验要求值。从萃取器压力升到设定值时作为萃取时间的开始。

（5）萃取和分离。随时调节 $CO_2$ 泵的压力和流量，调节萃取器、分离器Ⅰ、分离器Ⅱ的压力，使之在实验许可范围内恒定，每15min或30min记录一次各部位的温度、压力、流速、流量等工艺参数。

（6）产品收集。从分离器Ⅰ、分离器Ⅱ下部放出萃取物，开闭阀门要迅速，放料次数及时间间隔可随具体实验而定。

（7）停车。关闭 $CO_2$ 泵的进料，关闭 $CO_2$ 进气阀。调节萃取器出口阀，逐步降低萃取器的压力。打开萃取器、分离器Ⅰ、分离器Ⅱ之间的连接阀，调节分离Ⅱ出口阀，缓慢降低系统压力直至无压力显示。停止加热和循环、制冷，关闭仪表及总电源。

（8）卸料。萃取结束后，将萃取器顶盖打开，取出料袋；也可将顶部和底部全部打开，放出物料。

## 五、实验报告

（1）写出实验目的、实验内容及测试方法；

（2）描绘实验原理及实验工艺流程；

（3）填写实验记录表（见表7-3），

（4）根据实验记录研究操作工艺对分离过程的影响。

148

表 7 - 3　实验记录表

装入萃取物____的量 $G_1$：____g；卸出萃取物____的量 $G_2$：____g。

| 序号 | 操作时间 | $P_瓶$ /MPa | $P_泵$ /MPa | $P_萃取$ /MPa | $T_萃取$ /℃ | $P_{分I}$ /MPa | $T_{分I}$ /℃ | $P_{分II}$ /MPa | $T_{分II}$ /℃ | $Q_转子$ /m³/h | $Q_累计$ /m³/h | 备注 |
|------|----------|-----|-----|-----|-----|-----|-----|-----|-----|-----|-----|------|
| 1 | | | | | | | | | | | | |
| 2 | | | | | | | | | | | | |
| 3 | | | | | | | | | | | | |
| 4 | | | | | | | | | | | | |
| 5 | | | | | | | | | | | | |
| 6 | | | | | | | | | | | | |
| 7 | | | | | | | | | | | | |
| 8 | | | | | | | | | | | | |
| 平均值 | | | | | | | | | | | | |
| 实验结果：萃取率 = $(G_1 - G_2) / (G_1 * 46.8\%) * 100\%$ = ____% | | | | | | | | | | | | |

## 六、思考与讨论

（1）从化学工程角度,超临界流体萃取有哪些明显特点？

（2）你认为实验操作应注意的环节有哪些？

（3）结合有关文献,谈谈超临界流体萃取过程在食品工业、天然香料、医药及化学工业（选择其一）中的应用？

**参考文献**

[1] 陈维杻. 超临界流体萃取的原理和应用. 北京：化学工业出版社,1998：116 - 117.

[2] 董建军. 梁春申,王家栋. 超临界二氧化碳萃取技术应用状况. 上海化工,1999,(1).

[3] 黄赤军,金波,张镜澄. 超临界 $CO_2$ 萃取胚芽油溶解特性的研究. 广州化学,1993,(4).

[4] 高德霖,超临界气体萃取——高沸点热敏性物质的新分离技术. 化工进展,1983,(4).

[5] 黄德. 超临界流体萃取原理及应用. 化学物理,1985,(4).

[6] Williams D. F. ,Extraction with supercritical gases,*Chem. Eng. Sci.* ,1981,36：1769.

# 实验五　生物反应 - 膜分离一体化实验

膜生物反应器（MBR）是 20 世纪 60 年代发展起来的一种新型高效的污水生化处理工艺。它将废水处理技术和膜分离技术有机结合,以膜技术的高效分离作用取代传统的活性污泥法中的二次沉淀池,达到了原来二次沉淀池无法比拟的泥水分离和污泥浓缩效果,具有污泥浓度高、占地面积小、耐水质水量冲击性强、无污泥膨胀、易于实现自动化、操作管理简单等突出的优点。该技术处理生活污水,出水可达杂用水标准,为缺水地区的水资源重复利用提供了可靠的新方法。尤其随着膜分离技术的发展非常迅速。目前,它广泛应用于化学工业、石油化工、生物医药和环境保护等各个领域。

## 一、实验目的

（1）掌握生物反应－膜分离一体化实验的基本原理及主要工艺参数；

（2）熟悉生物反应－膜分离装置的操作原理、设备结构、工艺流程和使用方法；

（3）了解主要参数对生物反应及膜过滤性能的影响；

（4）学习生物反应器的设计与选型以及滤膜的选型。

## 二、实验原理

由于错流过滤过程中，主体流动方向与渗透液流动方向垂直，滤饼层处于动态平衡，因而过滤过程更为复杂，难以准确描述。

膜的过滤性能由膜的截留率和渗透通量表示，膜应用中希望在合适的截留率下获得最大的渗透通量，实际操作中有许多因素影响膜的过滤性能。

膜的孔径是影响膜通量及粒子截留率的重要因素。一般来说，孔径越小，对粒子或溶质的截留率愈高，而相应的通量往往愈低。错流速度也是影响膜通量的重要因素之一，一般认为，高的剪切速度可以带走沉积于表面的颗粒、溶质等，减轻浓差极化的影响，因而可有效地提高膜通量。对于压力推动膜过程，操作压力直接影响膜通量。原料液的温度对膜通量也有影响，温度升高，将使溶液黏度下降，有利于提高传质速度，使膜通量增加。

实验原理如图7－7所示。将原料液加入料液储槽中，经离心泵加压至膜组件中进行错流过滤，渗透液由组件壳侧面出口流出，截留液循环流回储槽。流速及过滤压差由泵出口阀门和组件出口阀调节。流速由流量计读数 $Q$ 和膜截面积 $A$ 计算而得；过滤压力由组件进口压力 $P1$、出口压力 $P2$ 及渗透侧压力 $P3$ 计算而得；渗透速率（$V_P$）采用秒表、量筒测定一定时间内的液体体积计算而得；膜的渗透通量由渗透速率（$V_P$）和膜面积（$A_m$）计算而得；膜的截流率通过测定渗透液浊度（$C_P$）和截流液浊度（$C_R$）来计算。

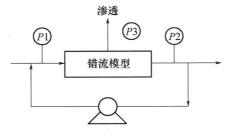

图7－7　错流膜过滤示意图

## 三、实验装置与流程

生物反应－膜分离一体实验装置是将生物降解有机物技术与化学工程传质分离技术相结合设计而成的新型反应装置。该反应器及其工艺过程具有反应器结构紧凑、工艺操作方便等特点，适用于气液固三相体系降解有机物及固－液两相体系的分离过程，既可进行间歇操作，也可进行连续操作。

生物反应－膜分离一体实验装置的主体结构与工艺流程如图7－8所示。整套装置由反应器、清洗槽、膜组件、真空回路、反冲回路等组成。反应器外带夹套，可充冷凝水，接恒温槽调控反应温度;清洗槽即可用于储存清洗液,清洗膜管,又可与反应器串联,在特定实验中进行厌氧化反应;反应器、清洗槽与膜组件之间由三条并联管路相连接,管路中分别设置了相应的阀门、泵、流量计等设备;膜组件由膜管与渗透器组成,渗透器上下两个出口分别连接反冲回路与真空回路。

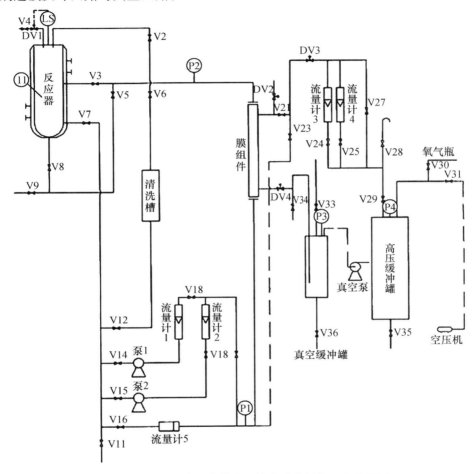

图 7 - 8　生物反应 - 膜分离一体实验装置与工艺流程图

实验操作中,反应液(或待分离液)在泵的作用下,由反应器经三条并联管路中的任意一条,流经膜组件实现正压膜分离,浓缩液回流反应器实现循环操作或排放;亦可由真空回路提供负压,在反应液流经膜组件时实现负压分离;此外,膜组件上端与反冲回路连接,在实验过程中也可选择进行膜的反冲操作和气升操作。

## 四、实验步骤

(1) 开启阀门 V4、DV1,放入料液,视实际需要确定料液体积或由与 DV1 联锁的上液位浮球开关控制;视实际需要接通夹套内冷凝水或用恒温槽控温。

(2) 开启阀门 V7、V15、V18、V2,同时注意关闭阀门 V11、V12、V14、V16、V17、V3、V5、V6,装置内液体经由反应器、阀门 V7、V15、泵 2、V18、流量计 2、压力表 P1、膜组件、压

力表 P2、阀门 V2 构成回路。

（3）开启阀门 DV4、V34,使得膜组件渗透侧打开,腔内压力为大气压。

（4）开启泵 2,调节阀门 V15、V18、V16 与阀门 V2,控制流量,控制压力。

（5）膜过滤已经开始,过滤时的流量与压力可经流量计 2 和压力表 P1、压力表 P2 读出,经换算后,可求出膜面流速和过滤压力。

（6）膜渗透液由阀门 V34 排出,在操作中要注意及时记录渗透液的体积与时间,以便准确计算膜的渗透通量。

（7）过滤开始后,循环料液的温度可由电热偶 TI 测量,并通过控制柜数显面板读出。

（8）在间歇操作中,为保护系统,当反应器内液位太低(低于下液位浮球开关位置时),泵 2 会自动停电,此操作由控制电路执行,不需要人为干预。

以上操作不仅适用于生物反应 – 膜分离一体实验研究,也同样适用于多种体系的陶瓷膜微滤与超滤研究。

## 五、实验报告

（1）写出实验目的、实验内容及测试方法;

（2）描绘实验原理及实验工艺流程;

（3）填写实验记录表;

实验条件和数据记录表

| 膜管 | 通道长度 | 通道直径 | 膜的面积 |
|---|---|---|---|
| 800nm | | | |
| 200nm | | | |
| 50nm | | | |
| | 压力表 P1 | 压力表 P2 | 膜面流速 |
| 液体流量 1 | | | |
| 液体流量 2 | | | |
| 液体流量 3 | | | |
| 液体流量 4 | | | |
| 过滤时间 | | 过滤体积 | |
| | | | |
| | | | |
| | | | |
| | | | |

（4）根据实验记录研究操作工艺对分离过程的影响;

（5）数据处理。

错流速度为 $u = Q/A$

膜渗透量为 $J = \dfrac{V_P}{A_m}$

操作压力为 $\Delta P_T = \dfrac{P_1 + P_2}{2} - P_3$

膜截流率为 $R = 1 - \dfrac{C_P}{C_R}$

## 六、思考与讨论

（1）什么是浓度极差？有什么危害？有哪些消除方法？

（2）为什么随着分离时间的进行，膜的通量愈来愈低？

（3）试验中如果操作压力过高或流量过大会有什么结果？

（4）讨论压力对渗透流率的影响。

**参考文献**

［1］高以恒，等．膜分离技术基础．科学出版社，1989.

［2］王学松．反渗透膜技术及其在化工和环保中的应用．化学工业出版社，1988.

［3］刘廷惠，等．超滤法处理聚乙烯醇退浆废水－扩大试验的研究，膜科学与技术．1986,6(4):6.

# 实验六　微型反应器催化剂性能测试实验

## 一、实验目的

（1）了解微分反应器的性质特点，微分与积分反应器的区别与联系，以及各自的优缺点；

（2）深刻认识催化基活性、中毒、热稳定性、机械强度等有关固体催化剂的评价性能指标及其物理意义，活性与反应动力学的关系，反应动力学参数的关系；

（3）掌握实验中测取催化剂反应的本征反应区与宏观反应区范围，掌握测取本征与宏观动力学的实验方法及计算反应速率的方法，学会计算反应动力学参数的数学方法；

（4）学会设计评定催化剂性能、测取催化剂动力学参数的实验方案。

## 二、实验原理

在合成氨生产中，无论采用哪一种原料和何种制气方法所制得的原料气，除有用成分氮和氢外，尚含有不同数量的硫化氢、有机硫化合物、二氧化碳、一氧化碳以及其他气体，这些气体如不预先加以清除，不仅增加压缩这些气体的动力消耗，而且对氨的生产有着极大的危害性。例如，原料气中的一氧化碳，对于合成氨催化剂有严重的毒害。因此，为使生产得以正常进行和确保各种催化剂的安全使用，以及避免不必要的动力消耗，就必须按照合成氨生产过程的工艺要求，在原料气进入合成氨系统前，将原料气中的一氧化碳杂质除去。除去的方法是使一氧化碳与水蒸气在适当的温度与催化剂的存在下进行反应，生成氢气和二氧化碳。这个反应叫做一氧化碳的变换反应。变换后的气体称变换气，变换反应如下

$$CO(g) + H_2O(g) \Longrightarrow CO_2(g) + H_2(g) + Q$$

经过变换反应,增加了合成氨原料气中氢的含量,由于除去二氧化碳比一氧化碳要容易得多,这样不仅简化了原料气的精制过程,而且二氧化碳经过回收以后,可以作为生产尿素、纯碱或碳酸氢钠的原料。因此,一氧化碳变换反应在合成氨工业中具有重要的意义。变换反应具有可逆、放热、体积不变的特点。根据这些特点,可选择适当的操作条件,促使平衡向右移动。

变换反应必须在催化剂存在的条件下进行。本实验采用铁基催化剂,反应温度为 $350 \sim 500 ℃$。

设反应前气体混合物中各组分干基摩尔分率为 $y_{co}^0 、y_{co_2}^0 、y_{H_2}^0 、y_{N_2}^0$;初始汽气比为 $R^0$;反应后气体混合物中各组分干基摩尔分率为 $y_{co} 、y_{co_2} 、y_{H_2} 、y_{H_2O}$;一氧化碳的变换程度通常用变换率 $\alpha$ 来表示,即

$$\alpha = \frac{y_{co}^0 - y_{co}}{y_{co}^0(1 + y_{co})} = \frac{y_{co_2} - y_{co_2}^0}{y_{co}^0(1 - y_{co_2})}$$

根据研究,铁基催化剂上一氧化碳中温变换反应本征动力学方程可表示为

$$\gamma = -\frac{dN_{co}}{dW} = \frac{dN_{co_2}}{dW} = k_T p_{co}^{k_1} p_{H_2O}^{k_2} p_{co_2}^{k_3} p_{H_2}^{k_4} \left(1 - \frac{p_{co_2} p_{H_2}}{K_p p_{co} p_{H_2O}}\right)$$

各实验条件下的 CO 变换速率,可由反应器进出口气体流量和组成表示为

$$\gamma = \frac{F_W(y_{co}^0 - y_{co})}{W}$$

式中:$\gamma$ 为反应速率 $\left(\frac{mol}{g \cdot h}\right)$;$k_T$ 为反应速率常数 $\left(\frac{mol}{g \cdot h}\right)$,可表示为 $k_T = k_0 \exp\left[-\frac{E}{RT}\right]$;$N_{co}$、$N_{co_2}$ 为 CO、$CO_2$ 的摩尔流量 $\left(\frac{mol}{h}\right)$;$W$ 为催化剂量(g);$p_i$ 为各组分的分压;$k_1$、$k_2$、$k_3$、$k_4$ 分别为 CO、$H_2O$、$CO_2$、$H_2$ 组分浓度的幂指数,待定参数;$F_W$ 为气体流量 $\left(\frac{mol}{h}\right)$;$K_p$ 为以分压表示的平衡常数,与温度的关系为 $K_p = \exp\left[2.306 - \left(\frac{2185}{T} - \frac{0.1102}{2.306}\ln T + 0.6218 \times 10^{-3} \times T - 1.0604 \times 10^{-7} \times T^2 - 2.218\right)\right]$;$T$ 为反应温度(K)。

本实验在微反 - 色谱装置上进行变换反应。微反应器色谱技术,简称微反,是将反应器与色谱技术结合发展起来的一种新技术。对研究者来说,无论是催化剂的物性测定还是活性评价,都不希望过多数量的样品。微型反应器色谱法正具有这样的优点,它只需使用几 mg 至 1g 的催化剂即可获得有关数据,这是一般方法不可能达到的,所以它已经成为催化剂研究的重要手段。其特点是把反应系统与色谱系统连接在一起,反应后的产物都直接或捕集后进入色谱柱分析其组成,能迅速看到反应的结果,具有灵活、快速、方便、催化剂用量少、大量节约人力和自动化程度高等优点,该技术已广泛应用在多相催化反应中。例如,测定催化剂的物化性能,评价催化剂的活性、选择性,研究催化剂的动力学、反应历程、催化剂的寿命、失活、再生活化等许多方面。

### 三、实验装置与流程

(1)实验装置。本实验使用的是微反 - 色谱装置,由四部分构成。

第一部分是由微量进料泵、高压气瓶组成的进料系统。

第二部分是反应系统。它由预热炉、反应器、加热炉、温度控制器和显示仪表、压力显示器以及质量流量控制器、背压阀、冷凝器、反应液储槽等组成。

第三部分是取样和分析系统,包括取样六通阀、在线气相色谱仪、色谱工作站。

第四部分是显示、控制和输出系统,包括工控机和打印机。

（2）实验流程如图 7-9 所示。

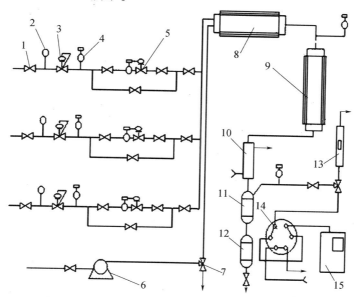

图 7-9　微型反应器实验流程图

1—调节阀；2—压力表；3—减压阀；4—压力显示器；5—质量流量控制器；6—平流泵；
7—三通阀；8—预热器；9—反应器；10—冷凝器；11—气液分离器；12—收集罐；
13—转子流量计；14—六通阀；15—气相色谱仪。

（3）仪器。主要包括:微反色谱 MRS-9015 型,北京航盾新技术发展有限责任公司;微量平流泵,北京卫星技术开发公司。

（4）试剂。主要包括:氮气（高纯,纯度为 99.998%）;一氧化碳;催化剂。

## 四、实验步骤

（1）打开载气气瓶总阀,将单级压力调节阀输出压力调为 0.4MPa,按照需要分别调节仪器气路面板的两路载气稳压阀,以获得所需流量（流量的测定用皂膜流量计）。然后接通色谱仪电源,设定色谱仪控制参数。

（2）用电子天平称取一定量的催化剂,装入反应器中。注意:装填催化剂时,在催化剂两端先装入一定量的石英砂,保证催化剂位于反应器的中部。

（3）将装有催化剂的反应器连接到系统当中,插上热电偶,通入氮气,检漏完成以后,关闭氮气。

（4）检查上位机与控制柜之间通信电缆是否连接好,然后将计算机的电源接通,开机,进入操作,单击桌面上的控制软件快捷图标,色谱系统进入运行状态,设定反应炉、汽化炉及管线保温层的温度,接通微反装置控制柜的电源开关,系统即按设定值进行加热。

（5）在桌面开始菜单下，单击 N2000 色谱工作站下的在线工作站即进入色谱工作站，编辑实验信息，设置分析参数。

（6）当反应装置到达设定温度，并且色谱稳定以后，打开一氧化碳气瓶总阀，开启平流泵，调节其气、液流量，同时从过程控制界面窗口显示数值，调至所需压力，开始变换反应。

（7）接通打印机，系统按设定参数进行采集、记录、输出数据。

（8）反应完成后，关闭反应气总阀，切断平流泵、反应装置控制柜和色谱的电源开关。

（9）色谱加热室温度降到接近室温时，关闭载气。

## 五、实验报告

（1）写出实验目的、实验内容及测试方法；

（2）描绘实验原理及实验工艺流程；

（3）填写实验记录表，分别为色谱分析条件和变换反应原始数据表；

（4）根据实验数据对催化剂的催化性能作出评价。

色谱分析条件

气相色谱仪型号_____；检测器类型_____；色谱柱_____；载气_____。

| 测试条件 | 载气流量 /ml/min | 柱温 /℃ | 进样器温度 /℃ | 检测器温度 /℃ | 热丝温度 /℃ | 热丝电流 /mA | 放大倍数 |
|---|---|---|---|---|---|---|---|
|  |  |  |  |  |  |  |  |
|  |  |  |  |  |  |  |  |

变换反应原始数据表

反应器类型_____；内径_____；管长_____；催化剂用量_____；床层高度_____。

| 时间 /min | 流量/ml/min | | | 温度/℃ | | | 压力/MPa | | | | |
|---|---|---|---|---|---|---|---|---|---|---|---|
|  | CO 气 | 水 | $N_2$ | 汽化炉 | 反应炉 | 管线 | PT1 | PT2 | PT3 | PT4 | PT5 |
|  |  |  |  |  |  |  |  |  |  |  |  |
|  |  |  |  |  |  |  |  |  |  |  |  |

| 压 力/MPa | 温 度/℃ | 流量 $F_W$/mol/h | 入口 | 出口 | | | |
|---|---|---|---|---|---|---|---|
|  |  |  | $y_{co}^0$ | $y_{co}$ | $y_{co_2}$ | $y_{H_2}$ | $y_{H_2O}$ |
|  |  |  |  |  |  |  |  |

| $\gamma$/mol· $g^{-1}h^{-1}$ | 变换率 $\alpha$ | 汽气比 $R^0$ | 空速/$h^{-1}$ | |
|---|---|---|---|---|
|  |  |  |  |  |

## 六、思考与讨论

（1）如何区分催化剂反应的本征反应区与宏观反应区？

（2）简述微分与积分反应器的区别。

# 实验七　分子(短程)蒸馏实验

## 一、实验目的

（1）了解分子蒸馏分离的原理,认识其与其他的蒸馏方式的区别,掌握分子蒸馏的特点与适用范围;

（2）深刻认识被分离物的热稳定性、碳化、热分解等概念的物理意义以及物理参数的单位;

（3）熟练掌握分子蒸馏装置的开停车操作步骤、操作要领、注意事项。

## 二、实验原理

根据分离原理的不同,分离过程可分为机械分离过程和传质分离过程两大类,其中传质分离过程又可分为平衡分离过程和速率分离过程。分子蒸馏分离过程属于速率分离过程,它利用不同物质分子运动平均自由程的差别而实现物质的分离,因而能够实现在远离沸点下操作,尤其适合于高沸点、热敏性物质及易氧化物质的高效提纯。

分子蒸馏装置通过筒体内旋转的刮膜装置使物料连续均匀地在加热面强制成膜,蒸发和冷凝在同一设备内进行,在高真空条件下,被蒸发的物料经过很短的距离到达内置冷凝器冷凝获得分离。

一个分子在相邻两次分子碰撞之间所经过的路程称为分子运动自由程。分子运动的平均自由程是指在某段时间内自由程的平均值。影响分子运动平均自由程的因素主要有分子的相对分子量、操作系统的温度、压力。分子量愈小,温度愈高,压力愈低,则分子的平均自由程愈大。当蒸发空间的压力很低($10^{-2} \sim 10^{-4}$ mmHg),且使冷凝表面靠近蒸发表面,其间的垂直距离小于气体分子的平均自由程时,从蒸发表面汽化的蒸气分子,可以不与其他分子碰撞,直接到达冷凝表面而冷凝。

当液体混合物沿加热面流动并被加热时,轻、重分子会逸出液面而进入气相,轻、重分子的自由程不同会导致不同物质的分子从液面逸出后移动距离不同。若能恰当地设置一块冷凝板,则轻分子达到冷凝板被冷凝排出,而重分子无法达到冷凝板而随混合液排出,从而实现物质的分离。

在沸腾的薄膜和冷凝面之间的压差是蒸汽流动的驱动力,在100Pa下运行要求在沸腾面和冷凝面之间非常短的距离,微小的压力降就会驱动蒸汽的流动。基于这个原理制作的蒸馏装置就称为分子(短程)蒸馏装置,其蒸馏过程及原理如图7-10所示。

**1. 分子蒸馏过程**

（1）分子从液相主体向蒸发表面扩散

通常,液相中的扩散速度是控制分子蒸馏速度的主要因素,所以应该尽量减薄液层厚度及强化液层的流动。

（2）分子在液层表面上的自由蒸发

蒸发速度随着温度的升高而上升,但分离因数有时却随着温度的升高而降低。所以,应以被加工物质的热稳定性为前提,选择经济合理的蒸馏温度。

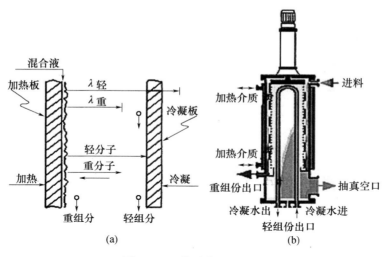

图 7 - 10　分子蒸馏原理图

（3）分子从蒸发表面向冷凝面飞射

蒸气分子从蒸发面向冷凝面飞射的过程中,可能彼此相互碰撞,也可能和残存于两面之间的空气分子发生碰撞。由于蒸气分子一般远重于空气分子,且大都具有相同的运动方向,所以它们自身碰撞对飞射方向和蒸发速度影响不大。而残气分子在两面间呈杂乱无章的热运动状态,故残存分子数目的多少是影响飞射方向和蒸发速度的主要因素。

（4）分子在冷凝面上冷凝

只要保证冷热两面间有足够的温度差(一般为 70 ~ 100℃),冷凝表面的形式合理且光滑则认为冷凝步骤可以在瞬间完成,分子流从加热面直接到冷凝器表面。所以选择合理冷凝器的形式相当重要。

**2. 分子蒸馏的条件**

（1）残余气体的分压必须很低,使残余气体的平均自由程长度是蒸馏器和冷凝器表面之间距离的倍数。

（2）在饱和压力下,蒸气分子的平均自由程长度必须与蒸发器和冷凝器表面之间距离具有相同的数量级。在这些理想的条件下,蒸发在没有任何障碍的情况下从残余气体分子中发生。所有蒸气分子在没有遇到其他分子和返回到液体过程中到达冷凝器表面。蒸发速度在所处的温度下达到可能的最大值。蒸发速度与压力成正比,因而,分子蒸馏的馏出液量相对比较小。

在大中型短程蒸馏设备中,冷凝器和加热表面之间的距离约为 20 ~ 50mm,残余气体的压力为 10 ~ 300Pa 时,残余气体分子的平均自由程长度约为 2 倍长。短程蒸馏器完全能满足分子蒸馏的所有必要条件。

**3. 分子蒸馏特点**

（1）普通蒸馏是在沸点温度下进行的分离;而分子(短程)蒸馏只要冷热两面之间达到足够的温度差,就可以在任何温度下进行分离。

（2）普通蒸馏的蒸发与冷凝是可逆过程,液相和气相之间达到了动态相平衡;而分子蒸馏过程中,从加热面逸出的分子直接飞射到冷凝面上,理论上没有返回到加热面的可能性,所以短程蒸馏是不可逆过程。

（3）普通蒸馏有鼓泡、沸腾现象;而分子蒸馏是液膜表面上的自由蒸发,没有鼓泡现象,或者说短程蒸馏是不沸腾下的蒸馏过程。

（4）普通蒸馏分离能力只与组分的蒸气压之比有关;而分子蒸馏分离能力与组分的蒸气压和相对分子质量之比有关,相对分子质量差异越大,馏出物就会越纯,同时分子蒸馏还可以分离蒸气压十分相近而相对分子质量有所差别的混合物。

**4. 分子蒸馏的适用范围**

（1）分子蒸馏适用于不同物质分子量差别较大的液体混合物系的分离,特别是同系物的分离,分子量必须要有一定差别。

（2）分子蒸馏也可用于分子量接近但性质差别较大的物质的分离,如沸点差较大、分子量接近的物系的分离。

（3）分子蒸馏特别适用于高沸点、热敏性、易氧化（或易聚合）物质的分离。

（4）分子蒸馏适宜于附加值较高或社会效益较大的物质的分离。

（5）分子蒸馏不适宜于同分异构体的分离。

本实验对已知物料获取最佳操作工艺条件实验:对沸程在 350～380℃ 的石油质高级润滑油进行分离,掌握高真空度短程精馏装置的开车和停车操作程序和调节方法,设计操作程序和操作工况,测定精馏塔效率和全回流下的效率。

## 三、实验装置与流程

整个实验装置基本构成包括:带有加热夹套的圆柱型筒体,刮板转子和内置冷凝器;在转子的固定架上精确装有刮膜器和防飞溅装置。内置冷凝器位于蒸发器的中心,转子在圆柱型筒体和冷凝器之间旋转。实验流程如图 7 – 11 所示。

主体材质:硼硅玻璃 3.3;

蒸发面积: 0.05 m$^2$;

进料量:约 0.3～1.5 kg/h;

成膜系统:自清洁辊式成膜系统;

蒸发温度:最高至 350 ℃;

操作压力:低至 0.1 Pa

加热:油浴加热。

本实验取样分析方法为液相色谱分析法和紫外可见分光光度法配合使用,以进行定性与定量分析。

## 四、实验步骤

（1）熟悉实验装置的结构和流程及被控制点,检查各阀门的开启位置是否适于操作。

（2）在原料杯中加入 500mL 沸程为 350～380℃ 的石油。

（3）设置原料杯、导热油加热器控温仪终点温度、真空系统的真空度。开启控温仪和真空泵,开始预热并及时开启塔顶冷凝器的冷却水阀。然后启动加料杯刮料机。

（4）实验结束后按顺序关停装置。

（5）进行取样分析测定产品和残液的组成及其浓度,根据结果调整各系统的操作条

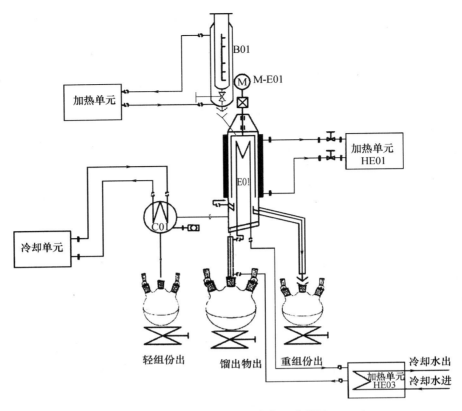

图 7 - 11    分子蒸馏实验装置流程图

件,用于设计选择更为合理的操作条件,重新进行实验。

### 五、实验报告

（1）写出实验目的、实验内容及测试方法；
（2）描绘实验流程、步骤与方法；
（3）记录实验过程与现象列出主要计算公式,处理实验数据；
（4）分析实验结果,讨论实验方法,研究分子蒸馏操作的注意事项。

### 六、思考与讨论

（1）与一般蒸馏相比,讨论分子蒸馏的优点与局限性；
（2）简述分子蒸馏装置有哪些类型。

## 实验八    气－固流化床的流体力学特性测定

### 一、实验目的

（1）观察气－固流化床的鼓泡流化过程和颗粒的内循环流动现象。
（2）掌握流化床床层压降的测定方法并在对数坐标纸上绘制 $\Delta P - u$ 曲线。

（3）计算临界流化速度及最大流化速度，并与实验结果作比较，加深对流体流经固体颗粒层的流动规律和固体流态化原理的理解。

（4）了解时间序列信号的计算机数据采集系统，并使用光导纤维颗粒浓度测定仪测定床层空隙率。

## 二、实验原理

### 1. 固体流态化现象

颗粒状物料与流动的气体或液体相接触，并在后者作用下呈现某种类似于流体的状态，这就是固体流态化。借助这种流态化状态以完成某种处理过程的技术，称为流态化技术。流化床中的气－固运动状态很像沸腾着的液体，并且在许多方面表现出类似于液体的性质。例如：流化床中固体颗粒可从容器壁的小孔喷出，并像液体那样，从一容器流入另一容器；密度比床层密度小的物体可以很容易地推入床层，而一松开，它就弹起并浮在床层表面上；当容器倾斜时，床层的上表面保持水平，而且当两个床层连通时，它们的床面自行调整至同一水平面；床层中任意两截面间的压强变化大致等于这两截面间单位面积床层的重力。

设一圆筒形容器下部装有一块气体分布板，在分布板上面堆积一层固体颗粒，当流体自下而上通过这样一个固体颗粒堆积的床层时，随着流体流速的变化床层会出现不同的现象，如图 7 - 12 所示。

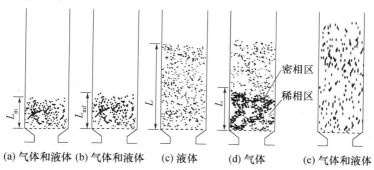

(a) 气体和液体 (b) 气体和液体　(c) 液体　(d) 气体　(e) 气体和液体

图 7 - 12　不同流速时床层的变化

当流体流速较低时，堆积的固体颗粒静止不动，床层空隙率及高度都不变，流体从堆积颗粒间的缝隙通过，这个阶段称为固定床阶段（图 7 - 12(a)）；随着流体流速继续增大，当流体流过颗粒产生的摩擦力与固体颗粒的浮力之和等于颗粒自身重量时，颗粒在竖直方向的合力为零，颗粒将开始松动，仍处于接触状态，这个阶段称为初始或临界流化床（图 7 - 12(b)）；当流速继续增大超过初始流化速度时，颗粒会悬浮在向上流动的流体中，进入类似流体的流化状态，在这个阶段随流体流速增加床层高度也会升高，这个阶段称为流化床阶段，区别地一般液固流化系统呈散式流化（图 7 - 12(c)），气固流化系统呈聚式流化（图 7 - 12(d)），聚式流化时气体以鼓泡方式通过床层且有较为明显的上界面；当流速升高到某一极限值时，流化床上界面消失，颗粒分散悬浮在气流中以至于被气流带走，此时为气流输送或稀相输送床阶段（图 7 - 12(e)）。

颗粒的总体循环运动是气－固流化床中流体动力学行为的一个主要特征，它对反应器中的流体返混行为、空隙率的不均匀性分布以及传热、传质系数都有很大影响。气－固流化床内固体颗粒的运动和气泡的运动有着密切关系,固体颗粒运动所需的动量主要来自于气相。由于气泡的搅动,流化床中单个颗粒的运动是随机、紊乱的,而属于宏尺度和宇尺度范围的气泡流、尾涡颗粒流却具有规律性。Kondukov 等人追踪床中单个颗粒的运动发现,颗粒有明确的上下运动,向上很快,向下较慢,且有横向脉动。Row 和 Patridge 指出:固体颗粒是在上升气泡的尾涡中随气泡一起上升的;当气泡达到床表面时发生爆破,尾涡从气泡的后面脱落,下落颗粒沿边壁返回分布板附近再被夹带向上,形成颗粒的循环,其运动模式如图 7－13 所示。

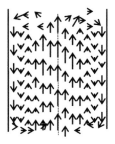

图 7－13　颗粒的运动模式

**2. 流化床中的不正常现象**

1）腾涌现象

腾涌现象主要发生在气－固流化床中。如果床层高度与直径之比值过大,或气速过高时,就会发生气泡合并成为大气泡的现象。当气泡直径长大到与床径相等时,则将床层分为几段,形成相互间隔的气泡与颗粒层。颗粒层象活塞那样被气泡向上推动,在达到上部后气泡破裂,而颗粒则分散下落,这种现象称为腾涌现象。

2）沟流现象

沟流现象是指气体通过床层时形成短路,大量气体没有能与固体粒子很好接触即穿过沟道上升。沟流现象的出现主要与颗粒的特性和气体分布板的结构有关。

通过测量流化床的压强降并观察其变化情况,可以帮助判断操作是否正常。流化床正常操作时,压强降的波动应该是较小的。若波动较大,可能是形成了大气泡。如果发现压强降直线上升,然后又突然下降,则表明发生了腾涌现象。反之,若压强降比正常操作时低,则说明产生了沟流现象。

**3. 压降与流速的关系**

1）$\Delta P - u$ 曲线

气体通过颗粒床层的压降与气速的关系如图 7－14 所示。当流体流速很小时,固体颗粒在床层中固定不动。在双对数坐标纸上床层压降与流速成正比,如图 AB 段所示,此时为固定床阶段。当气速略大于 B 点之后,因为颗粒变为疏松状态排列而使压降略有下降。

B 点以后,流体速度继续增加,床层压降保持不变,床层高度逐渐增加,固体颗粒悬浮在流体中,并随气体运动而上下翻滚,此为流化床阶段,称为流态化现象。开始流化的最小气速称为临界流化速度 $u_{mf}$。

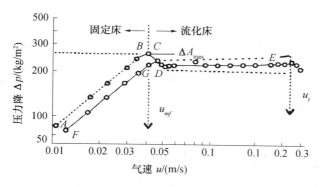

图 7-14 气-固流化床的实际 $\Delta P$—$u$ 关系图

当流体速率继续增加,超过图中 E 点时,整个床层将被流体所带走,颗粒在流体中形成悬浮状态的稀相,并与流体一起从床层吹出,床层处于气流输送阶段。E 点之后正常的流化状态被破坏,压降迅速降低,与 E 点相应的流速称为最大流化速度 $u_t$。

2)临界流化速度 $u_{mf}$

临界流化速度可以通过 $\triangle P$ 与 $u$ 关系进行测定,也可以用公式计算。

对于小颗粒有

$$u_{nf} = \frac{d_p{}^2(\rho_s - \rho_g)g}{1650\mu} \quad Re_p < 20$$

对于大颗粒有

$$u_{mf}{}^2 = \frac{d_p(\rho_s - \rho_g)g}{24.5\rho_g} \quad Re_p > 1000$$

$$Re_p = \frac{d_p\rho_g u_{mf}}{\mu}$$

也可用下式计算,即

$$u_{mf} = 0.00923 \frac{d_p{}^{1.82}(\rho_s - \rho_g)^{0.94}}{\mu^{0.88}\rho_g{}^{0.06}} \quad Re_p < 10$$

通过经验式计算常有一定偏差。在条件满足的情况下,常常通过实验直接测定颗粒的临界流化速度。

3)最大流化速度 $u_t$

最大流化速度 $u_t$ 亦称颗粒带出速度,理论上应等于颗粒的沉降速度。按不同情况计算公式可表示为

$$u_t = \frac{d_p{}^2(\rho_s - \rho_g)g}{18\mu} \quad Re_t < 0.4$$

$$u_t = \left[\frac{4}{225}\frac{(\rho_s - \rho_g)^2 g}{\rho_g\mu}\right]^{1/3}d_p \quad 0.4 < Re_t < 500$$

$$u_t = \left[\frac{3.1d_p(\rho_s - \rho_g)g}{\rho_g}\right]^{1/2} \quad Re_t > 500$$

$$Re_t = \frac{d_p\rho_g u_t}{\mu}$$

163

主要符号说明

$d_p$ – 颗粒当量直径, m; $u_t$ – 最大流化速度, m/s;

$Re_p$ – 雷诺数 $Re_p = \dfrac{d_p \rho_g u_t}{\mu}$; $\rho_g$ 流体密度, kg/m$^3$;

$u_{mf}$ – 临界流化速度, m/s; $\rho_s$ —颗粒密度, kg/m$^3$;

$\mu$ – 流体黏度, kg/(m · s)。

**4. 床层空隙率分布**

空隙率是流化床中最基本的参数之一。气–固流化床中最基本的特征是颗粒聚集的乳化相与气体聚集的气泡相共存,它的复杂性就在于它的不均匀性和多态性。在流化床中气泡的空间分布是不均匀的,特别是床中心的气泡比床边壁附近的气泡大而频繁。流化床中空隙率存在明显的径向分布,这是由于壁面的影响所致,随着反应器直径增大,壁效应的影响将减弱,但空隙率的径向分布始终是存在的。空隙率的径向分布直接影响到流化床内的气固混合,是引起床中内循环流动及气体返混的主要原因。

### 三、实验装置与流程

气–固流化床流体力学特性测试实验装置及流程,如图 7 – 15 所示,由 U 型压差计、转子流量计、流化床反应器(圆形和矩形)、空气压缩机、光纤颗粒浓度测定仪、A/D 数模转换板、计算机组成。本实验用到气固系统,实验用的固体物料是不同粒度的玻璃珠或砂子,气体用空气。

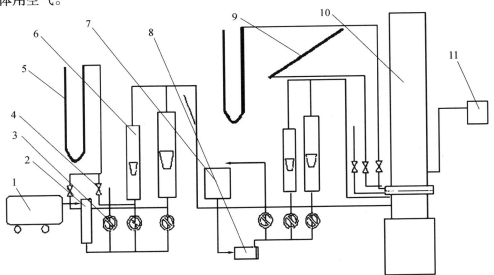

图 7 – 15　气–固流化床流体力学特性测试实验装置及流程
1—空压机;2—缓冲罐;3—阀门;4—旋塞;5—压差计;6—转子流量计;
7—储罐;8—磁力泵;9—斜管压差计;10—流化床;11—计算机。

由空气压缩机来的空气经稳压罐稳压后,由转子流量计调节计量并通入装有玻璃珠或砂子颗粒的流化床。气体经分布板吹入床层,从反应器上部引出后放空。床层压力降可通过 U 型压差计测得。

本实验要求在流态化实验装置中,测定气－固流化床中床层压降和表观气速的关系曲线,并确定初始流化速度,研究气－固流化系统中流化床层压降与流速关系;对比聚式流化与散式流化的区别;测定流化床膨涨高度、验证空隙率对流速的关系;研究气体通过颗粒床层的规律,观察气泡行为;掌握光纤颗粒浓度测定仪的测量原理和床层空隙率的测定方法,并熟悉计算机数据采集方法。

(1)自行设计实验方案,选择适宜物料和床层高度,用压差计和流量计测量床层压降和表观气速关系曲线并确定最小流化速度;

(2)观察并分析流化床层中颗粒循环流动现象,并从不同的尺度(微尺度即颗粒尺度,宏尺度即颗粒团尺度和宇尺度即整个床层尺度)来分析颗粒的运动规律;

(3)用光纤颗粒浓度(或颗粒速度)测定仪测定鼓泡流化阶段床层空隙率,获得床层空隙率的时间序列波动信号,通过信号分析了解床层的流化状态(选做);

(4)测定不同流化状态下床层平均空隙率的径向分布规律(选做)。

## 四、实验步骤、数据及注意事项

1)实验步骤

(1)打开空气管线上的放空阀,启动空压机准备向流化床内送气,通过流量计调节阀和放空阀调节空气流量;

(2)调节空气流量由小到大,在不同气速下观察有机玻璃流化床反应器中流化现象,并定性判断颗粒床层流化过程的几个阶段;

(3)根据具体实验情况切换转子流量计;

(4)测定不同表观气速下床层高度与压降值,记录有关数据;

(5)在实验教师指导下用光纤测速仪测定床层空隙率,根据计算机采集的时间序列波动信号分析床层的鼓泡情况,判断气泡的运动行为;

(6)实验结束,关闭空压机。

2)实验数据

(1)流化床基本结构尺寸和气固物料基本物性参数;

(2)不同条件下的压降 $\triangle P$ 与气体流量的变化值,在双对数坐标纸上进行标绘;

(3)确定相应的临界流化速度与最大流化速度,按实验条件计算临界流化速度与最大流化速度。注意,最大流化速度 $u_t$ 不能直接算出,需假定 $Re_p$ 范围后试算,再校核 $Re_p$ 是否适用。

3)注意事项

使用光纤颗粒速度测定仪应避免外界光线的干扰,测量前应仔细校准测量零点,避免电压过高烧坏光源和数据采集板。

## 五、实验报告

(1)写出实验目的、实验内容及测试方法;

(2)描绘实验原理及实验工艺流程并记录实验数据;

(3)整理实验数据计算并做图,分析讨论流态化过程所观察到的现象,与理论分析作比较;

（4）分析影响临界流化速度与最大流化速度的因素有哪些,归纳实验得到的结论;

（5）讨论影响流化质量的原因。

## 六、思考与讨论

（1）气体通过颗粒床层有哪几种操作状态? 如何划分?

（2）流化床中有哪些不正常流化现象? 各与什么因素有关?

（3）流化床反应器对固体颗粒、流体有什么要求? 为什么?

**参考文献**

［1］郭宜枯,王喜忠. 流化床基本原理. 北京:化学工业出版社,1980.

［2］丁百全,孙杏元等. 无机化工专业实验. 上海:华东化工学院出版社,1991.

［3］国井大藏,O. 列文斯皮尔. 流态化工程. 北京:石油化学工业出版社,1977.

［4］李清平,郝晓刚等. 固体流态化与应用. 北京:化学工业出版社,1997.

# 第八章　化工创新实验

## 实验一　光催化降解水中有害有机物的实验研究

水是人类生活和工农业生产不可缺少的自然资源。随着工农业生产水平的提高和人口的增长,大量未经处理的工业废水、生活污水以及大量使用农药、化肥和除草剂的农田废水等被排放到江河湖海中,使得水体污染问题日益严重。近年来,水污染问题受到人类社会的普遍关注,通常采用物理吸附法、絮凝沉淀法、生物降解法和电解法等传统方法来进行废水处理。然而传统的水处理技术存在处理不彻底、容易造成二次污染等缺点,为了深度处理水中有机污染物,开发新型的污水处理技术势在必行。

高级氧化技术,亦称深度氧化技术(Advanced Oxidation Technology,AOT),在反应过程中能产生大量的羟基自由基($\cdot$OH),不仅反应速度快,适用范围广,具有较高的氧化电位,而且几乎能将所有的有机物氧化且完全矿化。因此,高级氧化技术在环境保护方面的优势逐渐显现并得到迅速发展。

多相光催化是一种高级氧化技术,它的研究起源于 1972 年。日本的学者 Fujishima 和 Honda 在《自然杂志》上报道,发现 $TiO_2$ 半导体电极在光的照射下可持续发生水的氧化还原反应,产生 $H_2$。随后人们发现 $TiO_2$ 粉体在光源的作用下对有机物有降解作用,是一种环境友好型的绿色处理技术。光激活半导体(通常使用 $TiO_2$)价带上的光生空穴,在水中产生氧化能力极强的氢氧自由基,可使水中难以降解的有机污染物完全矿化,并最终生成 $H_2O$、$CO_2$ 等小分子化合物,且对作用物几乎无选择性。加之该法无须添加化学试剂,无二次污染,故成为当前水净化技术在国内外的研究前沿和开发热点。

随着光催化技术研究的纵深发展,新型光催化剂不断涌现,例如 BiOX 类、磷酸银类、多元氧化物类、稀土掺杂类等,为光催化技术的应用带来无限活力。

### 一、实验目的

(1)了解新型 BiOCl 光催化剂的性质和特征以及制备方法。

(2)掌握光催化降解实验的装置和操作流程。

(3)了解光催化过程各个组元之间相互作用的物理化学现象和规律。

### 二、实验内容

(1)以 $BiCl_3$ 为原料,采用水解法制备 BiOCl 光催化剂;

(2)以甲基橙为目标降解物,氙灯为模拟太阳光光源,考察 BiOCl 样品的光催化性能。

### 三、基本原理

半导体光催化作用机理是以固体能带理论为基础的。固体是由许多原子或分子在空间以一定的方式排列而成的凝聚态结构。许多原子相互靠近使原子外层的电子波函数交叠、能级分裂，形成能量上的准连续带，即能带。原子中的电子按照能量从低到高的顺序填充在这些能带中。充满了电子的最高能带叫做价带（Valence Band，VB）；未填满电子的最低能带叫做导带（Conduction Band，CB）。价带和导带之间的能量空隙叫做禁带，也叫做带隙，以 Eg 表示。一般情况下，电子不会从价带跃迁到导带。当用能量等于或大于禁带宽度的光照射时，半导体价带上的电子可被激发跃迁至导带，形成带负电的高活性电子（$e^-$），同时在价带上留下带正电的空穴（$h^+$）。光生空穴是一种良好的氧化剂，光生电子是一种良好的还原剂，二者形成氧化还原体系，大多数的无机物和有机物都可以被光生载流子直接或间接地氧化和还原。

半导体材料的光吸收阈值（$\lambda g$）与禁带（$Eg$）有关，关系式为

$$\lambda g(nm) = 1240/Eg(eV)$$

例如，锐钛矿型 $TiO_2$ 的禁带宽度约为 3.2eV，其光催化所需的最小入射波长为 387.5nm。

基于学者们对 $TiO_2$ 降解有机物机理的深入探讨研究，半导体光催化氧化降解有机污染物的反应过程可包括以下几个步骤（以 $TiO_2$ 为例）：

**1. 光生载流子的产生**

当锐钛矿型 $TiO_2$ 受到波长等于或小于 387.5nm 的紫外光照射时，价带上的电子会跃迁至导带，形成具有一定能量的光生空穴和自由电子，其反应式为

$$Semiconductor \xrightarrow{\lambda \leqslant 1240/Eg} h_{vb}^+ + e_{cb}^-$$

**2. 光生载流子在半导体内部的转移失活过程**

半导体受光激发后产生的光生电子和空穴的存活寿命一般为纳秒级，在这个过程中，它们会向半导体表面及内部发生转移。图 8-1 所示为半导体受激后产生的光生空穴和电子的转移途径。光诱发电子向吸附的有机或无机物或溶剂的转移是由电子-空穴对向半导体表面迁移导致的，如果被降解的有机/无机物已经预吸附在催化剂表面，则光生电子的转移过程将会更加有效。在半导体表面上，光生电子可以提供电子以还原电子受体（在溶液中通常是氧）（途径ⓒ），光生空穴也能迁移到表面与给体电子相结合，进而使该物种氧化（途径ⓓ）。与电荷向半导体表面吸附物种转移相竞争的是电子和空穴的复合过程。光生电子和空穴可能在迁移途中发生复合，即体内复合（途径ⓑ），也可能在迁移到半导体表面后发生复合，即表面复合（途径ⓐ）。电子和空穴的复合速率非常快，在 $TiO_2$ 表面复合速率在 ns 内，而载流子被捕获的速率则相对较慢，一般在 10～100ns 之间。因此，为了在光催化剂表面有效地转移电荷，提高光催化反应效率，必须尽可能地抑制或消除光生电子和空穴的重新复合。

**3. 活性氧化物种的形成及有机污染物的降解**

在半导体光催化反应体系中，电子容易被表面俘获并与体系中的氧反应，使氧还原，形成氧负离子（$O_2^-$）。氧负离子同水或子反应，形成氧自由基（$O_2^{\cdot}$）和 $HO_2$。这些物种继

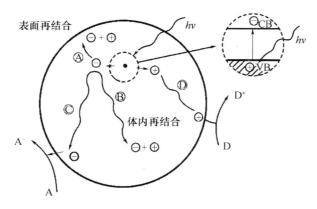

图 8-1　受光激发产生的自由电子和空穴对在半导体表面及体相的作用途径

续与氧和水反应,会形成多种反应中间体和中间物种,最终形成羟基(－OH)和羟基自由基(·OH)。上述物种还可以与体系中的有机物发生一连串的复杂反应,形成活性氧自由基,如图 8-2 所示。

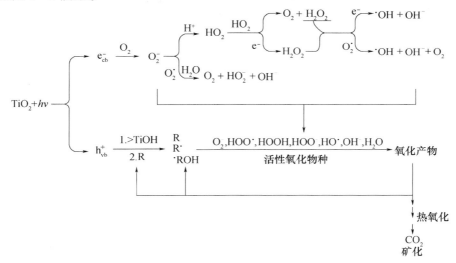

图 8-2　$TiO_2$ 光催化的次级反应过程

被表面俘获的空穴可直接和体系中的给体反应生成自由基,也可以与水反应,使得水中的羟基氧化,形成一系列的活性氧自由基。空穴和在光催化反应过程中产生的各种自由基具有非常强的氧化能力,几乎可以使所有的有机物氧化分解,最后完全矿化成水和二氧化碳。

## 四、实验装置与流程

### 1. 实验装置与仪器

光催化实验的反应装置如图 8-3 所示。光源为 500W 氙灯(波长 300～700nm),光催化反应器为石英容器,以利于光线透过。光源和反应器之间的距离和相对位置固定,确保光照强度和通量不变。夹套通循环水,用于冷却光源。从反应器底部通入空气,使催化

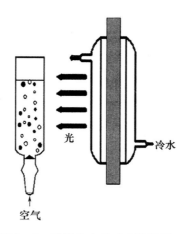

图 8-3　光催化实验反应装置图

剂颗粒均匀分散在溶液中,同时也为光催化反应过程提供了氧。

**2. BiOCl 催化剂的制备**

实验所用药品试剂及仪器设备如表 8-1 和表 8-2 所列。

表 8-1　实验药品与试剂

| 试剂名称 | 型号规格 | 生产厂家 |
|---|---|---|
| 三氯化铋 | 分析纯 | 上海西域 |
| 无水碳酸钠 | 分析纯 | 天津市科密欧化学剂开发中心 |
| 盐酸 | 分析纯 | 天津市科密欧化学剂开发中心 |
| 无水乙醇 | 分析纯 | 天津市化学试剂三厂 |
| 甲基橙 | 化学纯 | 北京市化学试剂公司 |
| 蒸馏水 | 普通 | 太原理工大学 |

表 8-2　实验仪器设备

| 器材名称 | 型号 | 生产厂家 |
|---|---|---|
| 电子天平 | BS 200S-WEl | 北京赛多利斯仪器系统有限公司 |
| 磁力搅拌器 | SZCL-2 | 巩义市予华仪器有限公司 |
| 循环水式多用真空泵 | SHB-Ⅲ | 上海豫康科教仪器设备有限公司 |
| 电热鼓风干燥箱 | 101-1A | 天津市泰斯特仪器有限公司 |
| 离心机 | H1650-W | 长沙湘仪离心机有限公司 |
| 箱式电阻炉 | $XS_2$-5-12 | 余姚市东方电工仪器厂 |
| 氙灯 | 500W | 北京天脉恒辉光源电器有限公司 |
| 反应器 | 100mL | 北京亚明电光源有限公司 |
| 紫外分光光度计 | Cary50 | 美国瓦里安公司 |

制备过程在常温下进行。称取一定量的 $BiCl_3$ 颗粒溶于事先配好的盐酸溶液中,使 $BiCl_3$ 充分溶解并保持溶液为透明状态。在磁力搅拌条件下缓慢滴加 $Na_2CO_3$ 溶液。伴随

着 $Na_2CO_3$ 溶液的加入,体系逐渐有白色沉淀形成并有气泡冒出,继续滴加 $Na_2CO_3$ 溶液至溶液达到一定的 pH 值,此时体系不再有有气泡冒出,继续搅拌 10min,然后进行抽滤分离此白色沉淀,并用去离子水和无水乙醇洗涤数次,至检测不出氯离子为止。将洗干净的固体沉淀物放入烘箱中 80℃ 条件下烘干处理 4h,研磨装袋,即得 BiOCl 光催化剂。

**3. 光催化活性评价**

1)甲基橙的紫外–可见光谱及标准曲线

紫外–可见分光光度法,是利用物质的分子或离子对紫外光和可见光的吸收而产生的紫外可见光谱和吸光度,对物质的组成、含量及结构进行分析、测定和推断的方法。它以紫外或可见光照射待测溶液,用仪器测定入射光被吸收的程度(吸光度),得出吸光度随波长变化的曲线,或在波长一定时,利用吸光度和吸光物质浓度间的关系进行定性或定量分析。这种方法不仅能迅速、准确地测量微量组分,而且灵敏度高。对于混合物中各个组分的测定通常不必加以分离,而是在几个不同的波长下测定混合物的吸光度,便能够计算出每个成分的含量。有些物质用一般的化学方法很难分离和测定其含量,但可根据它们特殊的吸收光谱而进行定性分析。由于分光光度计仪器较简单,易操作,因而得到广泛应用。

采用美国 Varian Cary50 型 UV–Vis 紫外可见分光光度计测定甲基橙的吸收光谱和吸光度。图 8–4 所示为 10mg/L 甲基橙溶液(MO)的紫外–可见吸收光谱图。可以看出,在 200~800nm 波长范围内,甲基橙在 271nm 和 464nm 处有两个最大吸收峰,分别对应的是苯系物和偶氮结构的吸收峰。偶氮染料的降解通常分为染料脱色和中间产物降解矿化,一般是以染料的脱色程度来评价其降解状况。偶氮键是甲基橙的发色团,因此实验选择在 464nm 波长下测定甲基橙的吸光度,依据朗伯–比尔定律计算得出甲基橙的浓度。

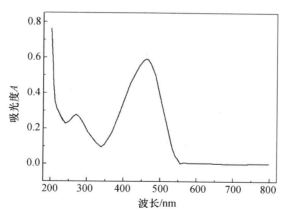

图 8–4　MO 的紫外–可见吸收光谱

配置不同浓度的 MO 标准溶液,在 464nm 波长下测定其吸光度 $A$,然后以 MO 溶液浓度为横坐标,吸光度 $A$ 为纵坐标,作出 MO 标准曲线图 8–5。

如图 8–5 所示,MO 溶液浓度 $c$ 与吸光度 $A$ 在 0~30mg/L 的范围内呈线性关系,所得曲线拟合得标准曲线方程为

$$A = 0.05839c + 0.00405$$
$$\text{线性相关系数 } R = 0.99963$$

实验采用的紫外－可见分光光度计为联机系统,利用计算机系统可以将仪器测出的吸光度值直接转换为甲基橙的浓度而输出,不用再依据方程进行计算。

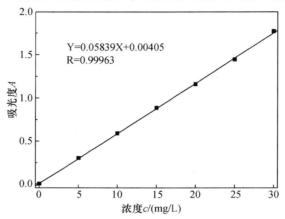

图 8 – 5   甲基橙溶液标准曲线

2）光催化实验方法与步骤

以甲基橙溶液为目标降解物来评价 BiOCl 的可见光催化活性。将 50mL 一定浓度的甲基橙溶液倒入光催化反应器中,加入一定量的光催化剂,打开鼓泡器通入空气,使催化剂粉体均匀分散于溶液中,然后打开光源开始反应并计时。反应过程中每隔 30min 将适量降解液转入洁净离心管中,放入离心机以 7000r/min 的转速离心 10min,取其上层清液,用紫外分光光度法测量浓度,以确定甲基橙的降解率。光催化过程总反应时间为 2.5h。

甲基橙的降解效果用降解率(Degradation Rate)表示为

$$降解率 = \frac{c_0 - c_t}{c_0} \times 100\%$$

式中:$c_0$ 为甲基橙初始浓度 10 mg/L;$c_t$ 为 $t$ 时间时甲基橙的浓度,单位为 mg/L。

## 五、实验记录与数据处理

表 8 – 3   实验数据记录表:光催化降解水中有害有机物的实验研究

班级_____;姓名_____;

学号_____;指导教师_____;　　　　　　　　　　　_____年 _____月 _____日

| 序号 | 降解时间 h | 吸光度值 A | 反应物浓度/(mg/L) | 降解率 | 剩余率 | 备注 |
|------|-----------|-----------|------------------|--------|--------|------|
| 1 | 0.0 | | | | | |
| 2 | 0.5 | | | | | |
| 3 | 1.0 | | | | | |
| 4 | 1.5 | | | | | |
| 5 | 2.0 | | | | | |

172

| 序号 | 降解时间 h | 吸光度值 A | 反应物浓度/（mg/L） | 降解率 | 剩余率 | 备 注 |
|------|-----------|-----------|---------------------|--------|--------|-------|
| 6 | 2.5 | | | | | |
| 7 | | | | | | |

降解反应条件：_____

## 六、思考题

（1）从催化工程角度出发,光催化过程有哪些明显特点？

（2）实验操作应注意的环节有哪些？

（3）结合有关文献,谈谈光催化技术的应用方向。

**参考文献**

[1] Fujishima. A. , Honda. K. Electrochemical photolysis of water at a semiconductor electrode[J]. Nature, 1974, 238 (5358): 37 – 38.

[2] Hoffmann M R, Martin S T, Bahnemann D W. Environmental applications of semiconductor photocatalysis[J]. Chem. Rev. , 1995, 95: 69 – 96.

[3] SHI Zhu – qing, WANG Yan, FAN Cai – mei, et al. Preparation and photocatalytic activity of the BiOCl catalyst[J]. Transactions of Nonferrous Metals Society of China, 2011, 21(10): 2254 – 2259.

[4] 刘晓霞, 樊彩梅, 王韵芳, 等. 花球状 BiOCl 薄膜的制备及其光催化性能[J]. 中国科学: 化学, 2012, 42(8): 1145 – 1151.

[5] 樊彩梅, 史竹青, 王韵芳, 等. 一种光催化剂氯氧铋的制备及其应用: 中国, CN101879455B[P]. 2011 年 12 月.

[6] 樊彩梅, 王艳, 李双志, 等. 一种 BiOBr/BiOCl 复合光催化剂的制备及应用方法[P]. CN 201110020036.2[P].

[7] 史竹青. 新型光催化剂卤氧化铋 BiOX (X = Cl, Br) 的制备及其光催化性能研究[D]. 太原理工大学, 2011.

[8] 刘春梅. 纳米光催化及光催化环境净化材料[M]. 北京: 化学工业出版社, 2008: 7 – 9.

# 实验二　渗透汽化膜分离回收苯酚实验研究

　　膜分离技术是自 20 世纪六七十年代发展起来的一种新的分离方法,较传统的分离单元操作而言,具有能耗低、操作简便、占地少、无污染等优点。在许多领域,它正取代蒸馏、吸收、萃取等,而成为一种新的单元操作,其应用领域正在不断扩大。

　　膜分离过程是指在一定的传质推动力（如压差、浓差、电位差等）下,利用膜对不同物质的透过性差异,对混合物进行分离的过程。其中:渗析、电渗析、反渗透、纳滤、超滤和微滤技术已经相当成熟,应用也很广泛;近些年由于渗透汽化具有过程简单、操作方便、效率高、能耗低和无污染等优点,具有良好的应用前景,因此受到了越来越广泛的关注。

　　渗透汽化是有相变的膜分离过程,它是基于溶解——扩散模型,通过在膜的渗透侧保持低压（真空）,形成蒸汽压差,溶液各组分首先溶解在膜表面,再在膜中进行扩散,最后在渗透侧表面汽化。

## 一、实验目的

（1）理解渗透汽化的分离原理。

（2）掌握渗透汽化分离苯酚－水溶液的操作方法。

（3）研究影响渗透汽化分离性能的主要因素及其影响规律。

（4）掌握紫外－可见分光光度计的使用方法。

## 二、实验内容

比较不同进料温度、组成对膜分离性能的影响,并对结果进行分析。

## 三、实验原理

### 1. 渗透汽化基本原理

当液体混合物在一张高分子膜的表面流动时,膜在高分子所含官能团的作用下对混合物中各组分产生吸附作用,使得组分进入膜表面(该步骤称为溶解过程)。膜的另一侧抽真空(或者用惰性气体吹扫),在浓度梯度作用下,组分透过膜从料液侧迁移到真空侧(该步骤称为扩散过程),解吸并冷凝后得到透过产品。整个传质过程中液体在膜中的溶解和扩散占重要地位,而透过侧的蒸发传质阻力相对小得多,通常可以忽略不计,因此该过程主要受控于溶解及扩散步骤。由于不同组分在膜中的溶解和扩散速度不同,使得优先透过组分在真空侧得到富集,而难透过组分在料液侧得到富集。这便是渗透汽化的基本原理。

在渗透汽化装置中,液体混合物原料被加热到一定温度后,在常压下送入膜组件,在膜的下游侧用抽真空的方法维持低压。渗透物组分在膜两侧的蒸汽分压差(或化学位梯度)的推动下透过膜,并在膜的下游侧汽化,进而通过冷阱冷凝成液体而除去。不能透过膜的截留物从膜的上游侧流出膜组件,重新返回原料罐。

衡量渗透蒸发过程的主要指标是分离因子($\alpha$)和渗透通量($J$)。分离因子定义为两组分在透过液中的组成比与原料液中组成比的比值,它反映了膜对组分的选择透过性。渗透通量定义为单位膜面积上单位时间内透过的组分质量,它反映了组分透过膜的速率。分离因子与渗透通量的计算方法为

$$\alpha = \frac{y_A \times (1 - x_A)}{x_A \times (1 - y_A)}$$

$$J = \frac{w}{A \times \Delta t}$$

$$J_A = J \times y_A$$

$$J_W = J \times (1 - y_A)$$

$$x_A = \frac{x_{A1} + x_{A2}}{2}$$

式中:$x_{A1}$为实验前原料液浓度;$x_{A2}$为实验结束时原料液浓度;$y_A$为透过液浓度;$A$为膜的有效传质面积($m^2$);

$w$为透过液质量($g$);$\Delta t$为操作时间;$x_A$为原料液浓度;$J$、$J_A$、$J_w$分别为总渗透通量及苯酚、水的渗透通量。

### 2. 渗透汽化过程的影响因素

1）原料液温度

温度对渗透汽化的影响包括两方面:推动力和渗透力。温度升高使水和苯酚的饱和蒸

气压均增大,推动力增加。膜的渗透性包括溶解性和扩散性两方面,当温度升高时扩散性提高,但由于溶解属放热过程,随温度增大而减小,这两种相反的效果共同影响膜的渗透性。

2）原料液浓度

当原料液中苯酚浓度增大,推动力增加,使得苯酚通量增大;同理,水通量略微降低。而渗透通量的主要组成部分是水的通量,总渗透通量变化较小。

## 四、实验装置与流程

### 1. 实验原料

原料液苯酚浓度为 $2000 \sim 8000 \text{mg/L}$。

### 2. 渗透汽化装置简介

本实验装置如图 8 – 7 所示,渗透汽化膜为聚醚聚酰胺嵌段共聚(PEBA2533)平板膜,膜室的有效面积为 $20.4 \text{cm}^2$,透过侧的真空由真空泵抽吸形成,最低绝压可达 500Pa,原料液的温度为 $40 \sim 70 \text{℃}$。

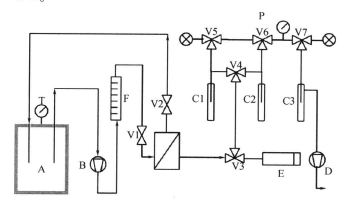

A:原料罐;B:循环泵;C1-C3:冷阱;D:真空泵;E:容器;F:流量计;T:温度计;P: 压力计;V1-V7:调节阀

图 8 – 7　渗透汽化装置图

### 3. 紫外 – 可见分光光度计

实验采用紫外 – 可见分光光度计,用来测量苯酚吸收曲线,绘制标准曲线。

### 4. 实验操作流程

(1)在原料罐中配置一定浓度的原料液(苯酚 – 水溶液),将膜装入膜室,拧紧螺栓;打开电热套开关,启动进料泵,开始循环料液,使料液温度和浓度趋于均匀。

(2)将原料液稀释 1000 倍,用紫外 – 可见分光光度计测定吸光度 $\text{Abs}_1$,从而得到原料液浓度($x_{A1}$)。

(3)将渗透液收集管用电子天平称重后($W_1$),装入冷阱中,再安装到管路上,打开真空管路并检漏。

(4)当料液温度恒定后,开启真空泵,打开真空管路阀门,观察系统的真空情况;待真空管路的压力达到预定值后,装上液氮冷却装置,开始进行渗透汽化实验,同时读取开始时间、料液温度、渗透侧压力等数据。

（5）达到预定的实验时间后,关掉真空泵,立即取下冷凝管,塞好塞子(质量为 $W_2$ ),放在室温条件下,待产品融化后,擦净冷凝管外壁上的冷凝小水滴,称重( $W_3$ ),实验结束后,将原料液和透过液分别稀释 1000 倍和 2000 倍,用紫外 – 可见分光光度计检测吸光度 $Abs_2$ 、 $Abs_A$ ,从而得到原料液浓度( $x_{A2}$ )和透过液浓度( $y_A$ )。

（6）打开真空泵前缓冲罐下的放空阀,关闭真空泵,关闭进料泵,结束实验。

## 五、实验记录与数据处理

表 8 – 4　实验数据记录表:渗透汽化膜分离回收苯酚实验研究

班级_____ ;姓名_____ ;

学号_____ ;指导教师_____ ;　　　　　　　　_____年 _____月 _____日

| 序号 | 操作时间 | $Abs_1$ | $W_1$ /g | $T_{料液}$ /℃ | $P_{真}$ /MPa | $W_2$ /g | $W_3$ /g | $Abs_2$ | $Abs_A$ | 备注 |
|---|---|---|---|---|---|---|---|---|---|---|
| 1 | | | | | | | | | | |
| 2 | | | | | | | | | | |
| 3 | | | | | | | | | | |
| 4 | | | | | | | | | | |
| 5 | | | | | | | | | | |
| 6 | | | | | | | | | | |
| 7 | | | | | | | | | | |
| 8 | | | | | | | | | | |
| 9 | | | | | | | | | | |
| 10 | | | | | | | | | | |
| 11 | | | | | | | | | | |
| 12 | | | | | | | | | | |
| 平均值 | | | | | | | | | | |

膜室有效面积 $A$ :_____ m²;

实验结果: $\alpha = \dfrac{y_A \times (1 - x_A)}{x_A \times (1 - y_A)}$ 　　 $J = \dfrac{w}{A \times \Delta t}$ 　(g·m⁻²·h⁻¹)

$J_A = J \times y_A$ 　　 $J_W = J \times (1 - y_A)$ 原料液浓度: $x_A = \dfrac{x_{A1} + x_{A2}}{2}$

## 六、思考题

（1）什么是浓差极化?有什么危害?有哪些消除的方法?

（2）比较渗透汽化与精馏的优缺点?

**参考文献**

[1] 袁海宽,许振良,马晓华,等. 全氟磺酸改性聚乙烯醇渗透汽化膜分离乙酸乙酯 – 水溶液[J]. 高校化学工程学报, 2009, 23(1): 131 – 136.

［2］夏德万,张强,施艳荞,等. 渗透汽化膜分离研究的新进展［J］. 高分子通报,2007,9:1–8.

［3］毛凯,相里粉娟,陈祎玮,等. 渗透汽化法分离水溶液中低质量分数的乙酸乙酯［J］. 南京工业大学学报(自然科学版),2008,30(05):16–19.

［4］张垒,罗运柏,薛改凤,等. PVA–TEOS/PAN复合膜渗透蒸发分离己内酰胺/水溶液［J］. 高校化学工程学报,2011,25(03):405–410.

# 实验三　非纯氢气氛下煤直接液化的研究

我国煤炭资源丰富,发展煤直接液化技术可有效缓解能源短缺问题,对我国能源安全具有重大的战略意义。煤直接液化工艺就是在高温高压、催化剂和供氢溶剂的作用下,使煤中键能较小的化学键发生断裂,变成较小分子量的自由基,同时反应系统中活性氢与生成的自由基碎片相结合,从而得到液体油品的工艺技术。主要的产品是汽油、柴油、喷气燃料油等液态烃类燃料,同时也产生一些燃料气等副产品。

煤直接液化技术首先由德国科学家柏吉乌斯(Bergius)在1913年发明。目前国外有代表性的煤直接液化工艺有美国的HTI工艺、德国的IGOR工艺、日本的NEDOL以及俄罗斯的FFI工艺等。而我国自20世纪80年代以来就开始集中对煤直接液化技术进行了全面的研究,完成了中德、中日、中美三个煤直接液化工业示范项目的可行性论证,中国神华建立了全世界第一套也是目前唯一一套100万吨/年煤炭直接液化生产线,并于2008年12月30日顺利投产,目前已经稳定运行三千多小时。该工艺是对美国HTI工艺进行优化组合形成的一种适合神华煤的直接液化工艺,采用两段反应,反应温度455℃,压力19MPa,使用工合成超细铁基催化剂,催化剂用量1.0%(质量)(Fe/干煤),采用较成熟的减压蒸馏进行固液分离,循环溶剂全部加氢。

但是这些煤直接液化工艺大多数是在纯氢气条件下进行的,生产氢气的成本占到煤直接液化总成本的1/3甚至1/2左右,高昂的制氢成本增加了煤直接液化工业项目投入,制约了工业化生产。为了降低成本,提高煤液化的竞争力,寻找能够代替昂贵氢气的氢源进行煤的直接液化是很有必要的。因此研究甲烷、甲烷和氢气混合气体等代替纯氢气进行煤的直接液化具有十分重要的现实意义。

## 一、实验目的

(1)了解煤直接液化的发展历程。

(2)掌握在甲烷气氛和甲烷与氢气混合气氛下煤直接液化的原理。

(3)熟悉实验装置,掌握非纯氢气氛下煤直接液化的实验方法。

(4)加深对甲烷和甲烷与氢气在煤直接液化过程中作用的理解。

## 二、实验内容

实验选取具有代表性的陕西榆林煤作为实验用煤,分别在纯氢气、纯甲烷、甲烷和氢气体积比1:1的混合气体在给定的实验条件下进行液化,反应完成后产物分别用正己烷、苯、四氢呋喃萃取,计算得到油气产率、沥青烯产率、前沥青烯产率及总转化率,探讨获得最佳煤转化率和油产率的工艺条件。

### 三、实验原理

**1. 煤直接液化的原理**

煤液化的本质就是通过加氢提高煤的 H/C 原子比,使其达到石油的 H/C 原子比水平。氢气在煤直接液化反应中有重要的作用。在煤直接液化反应条件下,氢气能够促进一些键能较高的 C—C 键的裂解,同时分子氢能和一个良好的供氢体作用去稳定煤热裂解产生的自由基。总的来讲,氢气在煤液化反应中的作用可总结为以下几个方面:①为反应提供活性氢,一般认为氢气通过两种途径向煤提供活性氢:一种是分子氢直接与煤反应,另一种是经催化剂活化后通过供氢溶剂供氢、传氢,在此过程中催化剂起到了可加快分子氢向溶剂转移的作用;②起到溶解煤粒的作用,高压氢气能够促进煤粒分解成更细小的颗粒;③氢气对煤中的硫、氮和氧等杂原子的脱除起重要作用。

**2. 液化产物的分离与计算**

反应完成后,进行液化产物的萃取,首先制作与抽提器大小合适的滤纸套并将其放入抽提器中,然后把液化产物小心地转移到抽提器内的滤纸套中。将烧瓶中放入 150mL 抽提溶剂和 3~4 粒沸石,打开循环冷凝水,进行抽提。液化产品的干燥采用鼓风干燥箱,具体的方法是将抽提完毕后的滤纸套放入干燥箱中干燥 60 min,放入干燥器中冷却后称重,以便计算抽提率。依据溶解度的不同,液体产物被分为残渣、前沥青烯、沥青烯和油。溶于正己烷的部分称为油;正己烷不溶而苯可溶的部分称为沥青烯;苯不溶而四氢呋喃可溶的部分称前沥青烯;四氢呋喃不溶的部分称为残渣。煤液化产物分离的流程如图 8-8 所示。

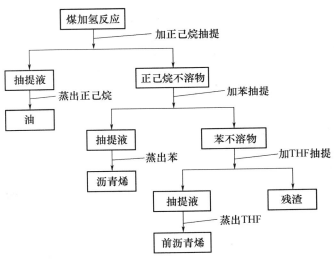

图 8-8 煤液化产物分离流程图

分离得到的产物的计算方法如下:实验将油气产率定义为正己烷可溶物的产率加上气体的产率;沥青烯产率定义为溶于苯可溶物所占的百分比减去油气产率;前沥青烯产率定义为四氢呋喃可溶物所占的百分比减去沥青烯产率、油气产率、残渣产率;总转化率定义为油气产率、沥青烯产率、前沥青烯产率之和。

$$油气产率(wt\%) = \frac{干燥基煤重 + 催化剂重 - 正己烷萃取后残渣重}{干燥无灰基重} \times 100\%$$

$$沥青烯产率(wt\%) = \frac{正己烷萃取后残渣重 - 苯萃取后残渣重}{干燥无灰基重} \times 100\%$$

$$前沥青烯产率(wt\%) = \frac{苯萃取后残渣重 - 四氢呋喃萃取后残渣重}{干燥无灰基重} \times 100\%$$

$$残渣产率(wt\%) = 100\% - (油 + 气产率 + 沥青烯产率 + 前沥青烯产率)$$

## 四、实验装置及流程

### 1. 实验原料和试剂

实验所用的化学试剂如表 8 – 5 所列。

表 8 – 5　实验药品与试剂

| 名称 | 规格级别 | 生产单位 |
|---|---|---|
| 蒸馏水 | GB 50172—92 | 太原理工大学 |
| 正己烷 | A. R | 天津光复精细化工研究所 |
| 苯 | A. R | 天津光复精细化工研究所 |
| 四氢呋喃 | A. R | 天津光复精细化工研究所 |
| 四氢萘 | A. R | 天津光复精细化工研究所 |
| 氢气 | >99.9% | 太原市织江气体有限公司 |
| 甲烷 | >99.9% | 太原市织江气体有限公司 |
| 硝酸镍 | A. R | 天津科密欧化学试剂有限公司 |
| 分子筛 | SAPO – 34 | 天津南开催化剂厂 |

　　选取具有代表性的陕西榆林煤作为实验用煤。制备过程为:将所选的榆林煤粉碎研磨至粒度小于 80 目备用。

### 2. 实验仪器及装置

1) 液化反应装置

实验中用到的液化反应装置流程如图 8 – 9 所示。

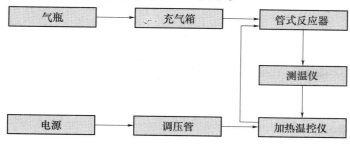

图 8 – 9　液化反应装置流程图

具体操作设备有:

（1）加热温控仪加热温控仪由两套 DRZ－4 电阻炉温度控制器和两个 EU—2 热电偶,对两个电阻加热炉进行温度控制,通过调压器可以控制加热炉的电压。加热炉的控温范围为 0~1200℃,控温精度为 ±1℃。

（2）管式反应器管式反应器为清华大学风光仪器厂制作的 GJ—2 型 17mL 微型盐浴共振搅拌反应釜,并配有振动棒。

（3）充气箱

充气箱由 8 个阀门、3 个压力表和 1 个流量计组成;其主要作用在于液化前向高温反应釜里充入一定压力的气体,反应完毕后通过它控制反应釜里的气体缓慢排出。

2）产物分离装置及其他装置

实验中用来进行液化产物分离的装置是容积为 250mL 的索氏抽提器,抽提所用的溶剂为正己烷、苯和四氢呋喃。其他设备有电热套、马弗炉、电子天平、旋转蒸发仪等。

**3. 操作流程**

液化过程的操作流程如下:

（1）接通电源,预先加热盐浴锅,加热到 450℃需要 2~3h,注意不要太靠近加热盐浴的电炉。

（2）检查振动棒是否在反应釜中,然后再向加入反应溶剂,再加入煤样。煤样、催化剂、溶剂、垫片等的质量都需要仔细准确的记录,以免缺失其中某一步的数据而导致后续转化率无法进行计算。

（3）密封用的铝垫片需要提前加工好,使其与釜口基本吻合,并将边缘打磨光滑。

（4）盐浴到 450℃后开始进行液化实验,先将盐浴锅上升到合适的高度,打开共振器的开关,调节到合适的电压开始试验,试验过程中一定要带上护具,避免被溅出的高温硝盐烧伤。

（5）实验结束后首先通过冷水进行冷却,然后静置直到冷却到室温,之后缓慢放空反应釜内的气体,避免气体带走液体和固体产物造成反应产物损失。

（6）将产物从反应釜中转移到滤纸套里时,首先要将滤纸套放入抽提器中,底部连接烧瓶,然后把液化产物和振动棒一起从釜内倒出并用正己烷清洗干净后全部放入滤纸套,清洗用的脱脂棉也一起放入过滤套中,最后将滤纸套轻轻放入抽提器的底部。

（7）接通冷凝水,再接通加热套的电源,开始进行抽提至回流液基本无色。

（8）抽提完毕,取出抽提器中滤纸套,将其放入 105℃鼓风干燥箱中干燥 60min;然后再放入干燥器内,冷却 30min,称重,同时用旋转蒸发仪蒸馏回收正己烷。

（9）再分别用苯、四氢呋喃作为溶剂,重复以上萃取操作,抽提时间用苯抽提大约是8h,用四氢呋喃抽提大约是 10h。

（10）分离得到的产物进行计算,比较氢气气氛、甲烷气氛、甲烷和氢气混合组分下煤直接液化的转化率和产率,改变不同的反应条件,探讨最佳的液化工艺。

进行液化实验前一定要先仔细阅读实验章程,弄懂每一步骤的作用和意义,尤其要牢固树立安全意识。

## 五、实验记录与数据处理

表 8－7 实验数据：＿＿＿＿＿＿＿气氛下煤直接液化的研究

班级＿＿＿＿＿ 姓名＿＿＿＿ 学号＿＿＿ 指导教师＿＿＿＿＿

加入煤的质量＿＿＿ g 垫片的质量 ＿＿ g 加入溶剂的体积 ＿＿ mL

加入催化剂的质量 ＿＿ g

| 实验序号 | 反应时间/min | 气体压力/MPa | 反应温度/℃ | 干燥煤样质量/g | 滤纸套和曲别针的质量/g | 脱脂棉的质量/g | 油气产率/% | 沥青烯产率/% | 前沥青烯产率/% | 总转化率/% | 备注 |
|---|---|---|---|---|---|---|---|---|---|---|---|
| 1 | | | | | | | | | | | |
| 2 | | | | | | | | | | | |
| 3 | | | | | | | | | | | |
| 4 | | | | | | | | | | | |
| 5 | | | | | | | | | | | |
| 6 | | | | | | | | | | | |
| 7 | | | | | | | | | | | |
| 8 | | | | | | | | | | | |

＿＿＿＿年 ＿＿月 ＿＿日

## 六、思考题

（1）试分析影响煤直接液化的工艺条件？

（2）实验操作应注意的环节有哪些？实验中有无改进的地方？

（3）上网查阅其他非纯氢气氛下煤的直接液化，并与纯氢气条件下进行的液化相比较。

**参考文献**

［1］Sun, Q, Fletcher, J. J, Zhang, Y, et al. Comparative analysis of costs of alternative coal liquefaction process［J］. Energ. Fuel, 2005, 19(3)：1160－1164.

［2］高晋生，张德祥. 煤液化技术［M］. 北京：化学工业出版社，2005.

［3］吴春来. 煤炭直接液化［M］. 北京：化学工业出版社，2010.

［4］Hengfu Shui, Zhenyi Cai, Chunbao Xu. Recent Advances in Direct Coal Liquefaction［J］. Energies, 2010, 3：155－170.

［5］Yang K, BattsD. B, Wilson A. M, et al. Reaction of methane with coal［J］. Fuel, 1997, 76(12)：1105－1115.

［6］Egiebor O. N, Gray, R. M. Evidence for methane reactivity during coal pyrolysis and liquefaction［J］. Fuel, 1990, 69(10)：1276－1282.

［7］贺永德. 现代煤化工技术手册［M］. 北京：化学工业出版社，2003.

# 实验四　pH 响应性阳离子微凝胶的制备及应用

微凝胶是一种分子内交联的聚合物胶体粒子，其内部结构介于支链聚合物和宏观网

181

状交联聚合物之间,其粒径在 50 ～ 500nm,溶胀的微凝胶可在溶剂中形成胶体状分散体。微凝胶具有粒径小、比表面积大、响应速度快、空间稳定性好、水化程度高、易于功能化、生物相容性好等优点。随着温度、pH 值、溶剂、离子强度等环境的改变,微凝胶体积会发生膨胀或收缩,这种独特的环境相应性使得微凝胶在组织工程、药物释放、催化剂、分离与提纯等方面有着广阔的应用前景。

本实验以阳离子单体为原料,采用乳液聚合法,制备具有 pH 响应性的阳离子型微凝胶,利用紫外 – 可见分光光度计(UV)、自动滴定电位仪对微凝胶进行一系列表征研究,并以微凝胶制备基质负载重金属催化剂。

## 一、实验目的

(1)了解微凝胶的性质和特征。
(2)掌握 pH 响应性微凝胶的制备方法及 pH 响应性原理。
(3)熟悉微凝胶 – 纳米重金属催化剂的制备方法及催化剂性能的评价手段。
(4)了解 pH 响应性微凝胶负载纳米重金属的其他用途。

## 二、实验内容

(1)以阳离子单体为原料,通过乳液聚合的方法合成具有 pH 响应性的阳离子微凝胶;
(2)利用紫外 – 可见分光光度计(UV)、自动滴定电位仪进行一系列表征研究;
(3)以微凝胶制备基质负载重金属催化剂及催化性能测试。

## 三、实验原理

### 1. 微凝胶的 pH 响应性

环境响应性微凝胶具有受外界环境刺激(如温度、pH 值、光、电场、磁场、化学物质等)而发生溶胀或收缩的特性[1-3]。pH 值较低时,质子化氨基的亲水性增强,聚合物链段在水中充分伸展,也使得微凝胶粒径变大;当 pH 值逐渐增大时,氨基质子化作用减弱,静电排斥作用减小,亲水性减弱,即微凝胶溶胀作用变弱导致微凝胶粒径逐渐变小;当 pH 值继续增大,粒子间静电排斥力变得很小,使得粒子间更容易发生聚集,从而使微凝胶粒径增大[4]。微凝胶尺寸大小随环境因素变化如图 8 – 10 所示。

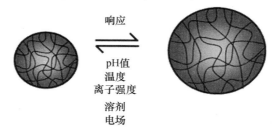

响应

pH值
温度
离子强度
溶剂
电场

图 8 – 10 微凝胶尺寸大小随环境因素变化图

### 2. 制备过程的影响因素

(1)交联剂。在微凝胶的合成过程中,交联剂的用量会影响微凝胶性能和乳液聚合过程的稳定性。交联剂的浓度较高时,交联密度变大,最终得到的微凝胶粒径变大,稳定性降低,从而产生絮凝。

（2）不同操作方法的影响。乳液聚合大致可以分为连续和半连续等。对于单体含量较多的体系,半连续乳液聚合得到的微凝胶稳定性较差,粒径大,粒径分布宽,且黏度比较大。这是由于在体系中均相成核,使得成核期内形成的乳胶粒数目急剧增大;而在连续乳液聚合过程中,滴加单体可以有效地抑制均相成核,使溶性均聚物生成量减少,使聚合反应得以平稳进行。

## 四、实验装置及流程

### 1. 实验装置与试剂

阳离子单体;交联剂;十二烷基硫酸钠(SDS);过硫酸钾(KPS);四口烧瓶;恒压漏斗;烧杯;冷凝管;恒温磁力搅拌器;紫外 – 可见分光光度计;自动电位滴定仪。

### 2. 实验内容及步骤

1）微凝胶的制备

称取一定量的乳化剂与蒸馏水混合超声,使乳化剂充分溶解,将混合液加入到带有冷凝装置、机械搅拌装置以及 $N_2$ 进口的四口烧瓶中,搅拌一定时间。称取单体加交联剂超声使其混合均匀加入四口烧瓶中,通氮除氧,待体系升温至一定温度,将配制的一定浓度的过硫酸铵溶液加入恒压漏斗,并通过恒压漏斗滴加至体系中。滴加完毕后,将反应连续进行 20h。

2）固含量测定

取一定质量聚合物乳液于表面皿中,真空干燥,称重,精确至 0.0001 g,直到恒重。每个样品做 3 次重复,按下式计算固含量,即

$$固含量 = \frac{烘干后固体质量}{所取乳液质量} \times 100\%$$

3）测试与表征

（1）微凝胶的 pH 响应性研究。

将微凝胶样品分散于一定浓度、不同 pH 值的 NaCl 溶液中,使其质量分数约为 0.02%,用紫外 – 可见分光光度计测定在 500 nm 波长下样品吸光度,表征微凝胶粒子的 pH 响应性。

（2）微凝胶胺基含量的测定。

将阳离子微凝胶乳液分散至 0.01 mol/L 的 NaCl 溶液中,25℃条件下溶胀 12 h 后,不断搅拌,通过 ZDJ – 4A 型自动电位滴定仪用 0.01 mol/L NaOH 标准溶液对微凝胶进行电位 – 电导滴定。根据微凝胶电位滴定曲线图,并通过计算绘制中和度曲线得到微凝胶 pKa 值及微凝胶链上胺基含量。

（3）微凝胶 – 纳米重金属催化剂的催化活性测试。

称取 0.5 mg 4 – 对硝基苯酚与 0.19 gNaBH₄ 溶于 50mL 的水中,取混合液 3 mL 于比色皿中,取一定量质量分数为 0.02% 的微凝胶 – 纳米 Pd 催化剂滴于比色皿中,每隔一段时间测试该反应溶液的吸光度随时间变化的曲线。以相同方法测定不同 pH 条件下阳离子微凝胶 – 纳米 Pd 的吸光度随时间变化的曲线。微凝胶 – 纳米重金属催化剂还原 4 –

对硝基苯酚的表观速率常数($k_{app}$),可由下式求出,即

$$-\frac{\mathrm{d}c_t}{\mathrm{d}t} = k_{app}c_t = k_1 s c_t$$

式中　$c_t$——在 $t$ 时 4 - 对硝基苯酚的物质的量浓度(mol/L);

　　　$s$——金属纳米粒子单位体积时所对应的面积($m^2$/L);

　　　$k_1$——单位面积所对应的速率常数(L/s·$m^2$)。

## 五、实验记录与数据处理

表 8 - 8　实验记录表 pH 响应性阳离子微凝胶的制备及应用

班级_____　姓　名_____　学号_____　指导教师_____

1. 微凝胶的制备及固含量测定

反应温度:_____　反应时间:_____

实验过程现象记录:_____

_____

_____

_____。

　　固含量测定:所取乳液质量 $G_1$:_____ g;烘干后样品的量 $G_2$:_____ g;实验结果:固含量 = $G_2/G_1 * 100\%$ = _____ %。

2. 微凝胶粒子的 pH 响应性表征

利用紫外 - 可见分光光度计(UV)测定样品的吸光度,以表征微凝胶粒子的相转变行为。测定凝胶溶液在不同 pH 条件下的吸光度,绘制不同 pH 条件下微凝胶溶液吸光度的曲线图。

3. 微凝胶 - 纳米重金属催化性能测试

以 4 - 对硝基苯酚的还原反应为特征反应,采用 UV - vis 对此还原反应进行动力学研究,以分析微凝胶。

## 六、思考题

(1) 什么是微凝胶?有何特征?

(2) 举例说明测定微凝胶 pH 响应性的一种表征方法。

(3) 结合有关文献,谈谈微凝胶在药物释放、催化剂、组织工程、分离纯化等领域的应用。

**参考文献**

[1] 李振泉,曹绪龙,宋新旺,等. pH 响应 P(AM - co - AA)/PAAC 半互穿网络微凝胶的合成及表征[J]. 功能高分子学报,2008,21(1):17 - 19.

[2] Malmsten M,Bysell H,Hansson P. Biomacromolecules in microgels - Opportunities and challenges for drug delivery[J]. Current Opinion in Colloid & Interface Science,2010,15:435 - 444.

[3] 申迎华,刘慧敏,李国卿,等. pH 响应型 P(HEMA/MAA)纳米微凝胶分散液的凝胶化行为和流变性能[J]. 物理化学学报,2011,27(8):1919 - 1925.

[4] 孙桂香,张明祖,许杨,等. pH 响应性阳离子型微凝胶的制备及性质研究[J]. 化学学报,2009,67(14):1685 - 1690.

# 实验五 燃料电池电极性能测试

燃料电池(Fuel Cell)是一种能等温地将储存在燃料和氧化剂中的化学能直接转化为电能的新型电化学反应装置。氢、醇、碳氢化合物等均可用作燃料,氧化剂通常为 $O_2$ 和空气。燃料电池不受卡诺循环限制,能量转化效率高(40% ~ 60%),且反应主要副产物是水,是一种真正意义上的绿色能源;同时燃料电池还具有安全可靠、操作简单、建设周期短等优点。由于这些突出的优势,燃料电池技术的研究和开发倍受各国政府和公司的重视,被认为是 21 世纪首选的洁净高效的发电技术。

燃料电池与普通蓄电池的区别是:普通蓄电池仅是一种能量储存装置,工作前必须先将电能储存到电池中,工作时才能输出电能;而燃料电池是一种能量转换装置,工作时有能量(燃料)输入,就能产生电能。因此,燃料电池像发电厂一样,理论上只要及时补充燃料和氧化剂,就能持续不断地输出电能,被誉为是继水力、火力、核电之后的第四代发电技术。

根据所使用电解质性质的不同,燃料电池大致可分为五类:碱性燃料电池(AFC),磷酸燃料电池(PAFC),熔融碳酸盐燃料电池(MCFC),固体氧化物燃料电池(SOFC)和质子交换膜燃料电池(PEMFC)。按照工作温度范围的不同,可分为低温、中温、高温燃料电池,一般将 AFC 和 PEMFC 划为低温型燃料电池,PAFC 划为中温型燃料电池,而 MCFC 和 SOFC 则属于高温型燃料电池。根据使用的燃料不同,可分为氢燃料电池、甲醇燃料电池、乙醇燃料电池和硼氢化物燃料电池等。

与其他能源形式电池相比,燃料电池具有如下特点:

(1)高效节能。由于燃料电池不经过热机过程,不受卡诺循环限制,能量损失少,理论能量转化率可高达 85% ~ 90%。

(2)环境友好。燃料电池不经过燃烧过程,几乎无 $SO_2$、$NOx$ 排放,$CO_2$ 排放量也因能量转化率高而大幅降低。

(3)机动灵活。可根据不同需要组装燃料电池发电站规模,安装地点灵活,且燃料电池电站建设周期短、占地面积小,方便实用。

(4)比能量高。燃料电池的理论比能量相当高,其中:液氢燃料电池比能量是镍 – 镉电池的 800 倍,直接甲醇燃料电池(DMFC)比能量比锂电池(能量密度最高的充电电池)高 10 倍以上。

(5)燃料多样。可用于燃料电池的燃料价格低廉且来源广泛,例如纯氢、重整氢、天然气、重整气、净化煤气和甲醇等,均可用作燃料电池的燃料。

燃料电池的众多优点,使人们对它成为未来主要能源持乐观肯定的态度,但目前燃料电池发展中存在诸多不可忽视的弊端,其大规模的商业化应用还难以实现。

## 一、实验目的

(1)了解燃料电池的性质、特点、应用及发展进程。
(2)熟悉电化学测试用的多通道恒电位仪与三电极装置的操作。

（3）掌握电催化剂的制备方法与电化学性能测试方法。

## 二、实验内容

以铜、镍为电极,在多通道恒电位仪上采用三电极体系,进行循环伏安法、计时电流、计时电压测试电极性能,分析硼氢化钠在铜、镍电极上的电化学氧化过程,比较两种电极材料性能。

## 三、实验原理

### 1. 电化学测试技术

1）循环伏安法（Cyclic Voltammetry,CV）

循环伏安曲线是在固定面积的工作电极和参比电极之间加上对称的三角波扫描电压,记录工作电极上的电流与施加的电压之间的关系图,即得循环伏安图。根据循环伏安图的波形、氧化还原电流数值及比值和峰电位等信息来判断电极反应机理。

图 8-11 所示为循环伏安法的电位-时间图和电位-电流图,其电极电位表达式为

$$\varphi(t) = \varphi_i - vt(0 < t \leq r)$$
$$\varphi(t) = \varphi_i - 2vr + vt(t > r)$$

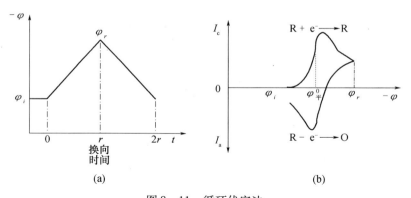

图 8-11 循环伏安法
（a）电位波形图；（b）电流响应图。

根据循环伏安图中峰电流 $I_p$,峰电势及峰电势差 $\Delta\varphi$ 和扫描速率之间的关系,可以判断电极反应是否可逆。当电极反应完全可逆时,在 25℃ 时,参数定量表达式为

（1）$I_{pc} = 2.69 \times 10^5 \times n^{3/2} C^O D^{1/2} v^{1/2}$,即 $I_{pc}$ 与反应物 O 的本体浓度成正比,与 $v^{1/2}$ 成正比。式中 $n$ 为反应电子数,$C^O$ 为反应物初始浓度,$D$ 为反应物扩散系数,$v$ 为电位扫描速度。

（2）$|I_{pc}| = |I_{pa}|$,并与电势扫描速率 $v$ 和扩散系数无关,否则说明电极上存在动力学或其他电极过程。

（3）峰电位差值 $\Delta\varphi_p = |\varphi_{pa} - \varphi_{pc}| = \dfrac{59}{n}mV$,此为可逆体系中扩散步骤控制的重要特征,也是检测可逆电极反应最有用的判据。

186

对于不可逆体系,循环伏安曲线的特点有:峰电流与反应物浓度成正比,与扫描速度的平方根成正比;峰电位 $\varphi_p$ 和半峰电位 $\varphi_{p/2}$ 之差与扫描速度和反应物浓度无关;峰电位大小与扫速有关。当进行氧化反应时,扫速越大,峰电位越向正向偏移。25℃时,扫描速度 $\nu$ 增大 10 倍,电位约向正向偏移 30mV,当扫描速度 $\nu$ 一定时,电位与反应物浓度无关。

2)计时测试技术

计时电流法(Chronoamperometry)是指控制电极电位按照一定电势突跃的波形规律变化,测量电流或者电量随时间的变化,进而分析电极过程的反应机理和计算电极有关参数或电极等效电路中各元件的数值。图 8 - 12 所示为电极上电势波形图、反应物浓度分布以及响应电流曲线。

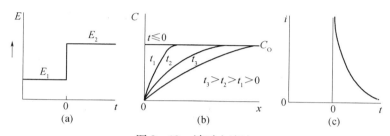

图 8 - 12 计时电流法
(a)电势波形图;(b)反应物浓度分布曲线;(c)电流响应图。

计时电位法(Chronopotentiometry)是指控制电极电流按照一定电流突跃的波形规律变化,测量电极电势随时间的变化,进而分析电极过程的反应机理,计算电极的相关参数或电极等效电路中各元件的数值。图 8 - 13 所示为电极上电流波形图和响应电势曲线。

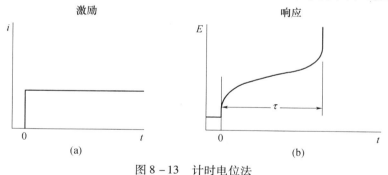

图 8 - 13 计时电位法
(a)电流波形图;(b)响应电势图。

## 2. 直接硼氢化物燃料电池的工作原理

在燃料电池发展过程中,以氢为燃料的质子交换膜燃料电池(PEMFC)具有体积小、低温快速启动、比功率和比能量高等突出优势而得到快速发展,最有希望实现燃料电池微型化,从而成为最有发展前景的便携式移动电源。但燃料氢的供应、储存与运输难题以及使用过程中的后继危险性等技术难题严重制约了其在便携式电源方面的广泛应用。为解决氢燃料电池的问题,人们把注意力转向可直接被电化学氧化的液体燃料,如甲醇、乙醇、二甲醚等,其中以碱性硼氢化钠溶液为燃料的直接硼氢化物燃料电池(Direct Borohride Fuel Cell,DBFC)因具有能量密度高、燃料易储存运输和携带方便等优势,有望成为解决燃料储存难题的廉价的低温分散型电源。

187

DBFC 是把碱金属硼氢化物加入对应的碱液中作为液体燃料,在阳极侧氧化,释放出 8 个电子;氧化剂(氧气、空气或过氧化氢)在阴极侧还原。工作原理如图 8 – 14 所示,其电极反应为

阳极反应 $NaBH_4 + 2OH^- \longrightarrow NaBO_2^- + 6H_2O + 8e^-$

阴极反应 $O_2 + 2H_2O + 4e^- \longrightarrow 4OH^-$

总反应 $NaBH_4 + 2O_2 \longrightarrow NaBO_2 + 2H_2O$

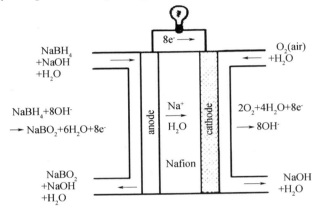

图 8 – 14　直接硼氢化物燃料电池工作原理示意图

在实际操作过程中,$BH_4^-$ 在阳极上氧化的时候,往往会伴随着 $BH_4^-$ 水解反应的发生,即

$$BH_4^- + 2H_2O \longrightarrow BO_2^- + 4H_2$$

由于水解反应与电催化反应存在竞争,实际的反应过程可表示为

$$BH_4^- + xOH^- \Longrightarrow BO_2^- + (x-2)H_2O + \left(4 - \frac{1}{2}x\right)H_2 + xe^-$$

因此,直接硼氢化物燃料电池阳极上的水解反应不仅消耗 $BH_4^-$,降低燃料利用率,而且水解反应产生的氢气还会阻碍电解液中离子迁移,进一步降低电池的性能。方程式中的 $x$ 值的大小与电极催化材料及反应条件有关。$NaBH_4$ 的氧化是一个多步骤过程,在不同的电极表面有着不同的反应途径。对于 Pt、Ni 金属催化剂,由于它们不但具有催化电氧化反应的活性,同时也具有较高的催化水解反应的活性,通常 $x$ 在 2~4 之间;而 Au 和 Ag 对水解反应的催化活性较低,故 x 在 6~8 之间。在反应条件中,浓度对 $x$ 值的影响最明显,降低 $[BH_4^-]/[OH^-]$ 浓度比值,有利于增大 $x$ 值,使法拉第效率增高。

## 四、实验装置及流程

### 1. 实验仪器与装置

电化学测试仪器为美国 Princeton VMPⅢ恒电位仪,数据用 EC – Lab 软件处理。

Princeton VMPⅢ恒电位仪可用于需要多工作电极同时测量的条件下或其他电化学应用,仪器由数字信号发生器、多通道数据采集系统和恒电位仪组成,可进行电化学、腐蚀和涂层、电池/超级电容器、燃料电池/太阳能电池、传感器、生物医学应用和纳米科技的研

究。具有测试速度快、精度高等优点,可同时进行各种电化学技术的测试。所有通道的参数必须在实验开始前设好,用户不能在实验过程中改变实验参数,但用户可在实验过程中改变数据显示方式,可以是单组数据显示,也可是多组数据的并行显示或重叠显示。仪器由外部计算机控制,软件是 32b 的多文件界面的视窗软件,一些最常用的命令都在工具栏上有相应的键,软件还提供详尽完整的帮助系统。

实验采用三电极体系,其装置如图 8 - 15 所示。

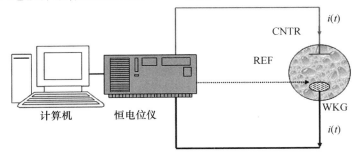

图 8 - 15 恒电位仪工作示意图
WKG—工作电极;CNTR—对电极;REF—参比电极。

**2. 实验操作步骤和注意事项**

1)电极制备

实验试剂:氢氧化钠,硼氢化钠,均为分析纯(二级品)。

首先截取大小为 1cm×1cm 的铜网或镍网,放入稀硫酸溶液中浸泡约 30min,以溶解其表面的氧化物;然后用蒸馏水冲洗干净,再在乙醇中浸泡 30min,除去表面的有机物;最后用蒸馏水清洗,晾干待用。

2)电解液配制

由于硼氢化钠在水中发生水解,所以一般均加入氢氧化钠或氢氧化钾作稳定剂。实验中先配置氢氧化钠溶液,再加入一定量的硼氢化钠。本实验中,所用的电解液为 2 mol/L NaOH + 0.1 mol/L $NaBH_4$ 溶液。

3)电化学测试

实验采用三电极体系,以预处理过的铜网或镍网为工作电极,Hg/HgO(MOE、1mol/L NaOH)为参比电极,铂网作为对电极。

(1)将三电极实验装置固定在实验台上,将每个电极与恒电位仪的相应导线相连;

(2)选择相应的测试技术,设置扫描速率、扫描范围、电流阶跃值、电压阶跃值等操作参数;

(3)电化学测试;

(4)实验数据导出;

(5)数据处理,用 Origin 软件作图,并进行分析。

**五、实验记录与数据处理**

根据实验数据绘制伏安特性曲线、计时电流曲线、计时电位曲线,分析 $NaBH_4$ 在铜电极上的电化学氧化过程,并根据伏安曲线、计时曲线,分析操作条件对电极性能的影响。

### 六、思考题

（1）直接液体进料的燃料电池有哪些优势？

（2）电解液的配置过程中硼氢化钠与氢氧化钠加入的先后顺序对实验结果有什么影响？

（3）本实验过程中哪些因素影响电极电位值？其数值大小与电池电压大小有什么关系？

**参考文献**

[1] 陆天虹，刑巍，孙冬梅. 氢能与燃料电池技术现状和发展趋势[M]. 北京：科学出版社，2004.

[2] 衣宝廉. 燃料电池－原理－技术－应用[M]. 化学工业出版社，2003.

[3] 夏定国，赵煜娟，王振尧. 燃料电池研究进展及产业化对策[J]. 新材料产业，2004，1：2－45.

[4] 顾登平，童汝亭. 化学电源[M]. 北京：高等教育出版社，1993.

[5] 彭程，程璇，张颖，等. 碳载 Pt 和 Pt－Ru 催化剂的甲醇电氧化比较[J]. 物理化学学报，2004，20(4)：36－39.

## 实验六　钕铁硼磁体电镀锌研究

NdFeB 永磁体是当今磁性能最高的永磁材料，因而被誉为"磁中之王"。NdFeB 永磁体作为新型功能材料，以其永磁性高、价格低廉、强度高等特点，已在微波通讯技术、音像技术、仪表技术、电机工程、计算机、磁分离技术、磁医疗器械等领域得到了广泛应用。但是，高化学活性、钕的存在导致其抗氧化和耐腐蚀性差，使用时必须进行表面防护。

NdFeB 永磁体优异的磁性能，主要来自于活泼的稀土元素钕，金属钕的标准氧化还原电位为 $-2.431V$，属于极度不稳定的非放射性元素之一，极细的钕粉末在空气中甚至会氧化自燃。烧结 NdFeB 永磁体是由主相 $Nd_2Fe_{14}B$、富硼相 $Nd_{1+\varepsilon}Fe_4B_4$ 和富钕相组成的多相粉末冶金材料，磁体表面和内部存在大量、细微的毛细孔，因此，钕铁硼永磁体的耐蚀性很差。由于腐蚀失效而导致的磁路间隙增加和磁性能下降，甚至可使磁体碎裂，而且表面锈蚀产物的脱落会危及精密仪器的安全和使用性能，降低产品的稳定性和可靠性，所以，NdFeB 产品的应用和发展自始至终离不开表面防护技术，高质量的表面防护处理是其产品总体质量和性能长期稳定的保障。如今，表面处理技术实际上已成为保证 NdFeB 永磁材料质量的一道关键工艺，不仅要求有优良的耐蚀性，以满足各种使用条件的要求，同时越来越多地注重到表面外观、色彩的多样化等装饰性，使产品具有更高的附加值。

我国钕铁硼磁体的表面防护主要采用电镀锌、电镀镍或化学镀镍。其中，电镀锌层是一种量大面广价廉的防护性镀层，在整个电镀产量中占 60% ~ 70%。从镀锌发展历史看，有氰化镀锌工艺、硫酸盐镀锌工艺、碱性锌酸盐镀锌工艺、弱酸性氯化铵镀锌工艺和现在被广泛采用的无铵氯化钾镀锌工艺。氯化钾镀锌工艺无毒，镀液中不含络合剂，废水处理简单，镀层光亮细致，增加了镀层的装饰性；适合于超低铬钝化，超低铬钝化比传统的钝化工艺可降低成本数百倍，同时可以省去钝化含铬（Ⅵ）废水的治理设备和运转费用；镀液分散能力及深镀能力均可与氰化镀锌相媲美，同时又比氰化镀锌的电流效率（70%）高，接近 100%，槽压又低，可节约电能约 60%，并且可以在铸铁、高碳钢上镀锌，这是氰化镀锌、碱性镀锌所办不到的。因此，研究钕铁硼磁体电镀锌工艺对钕铁硼磁体的表面防护具有十分重大的意义。

## 一、实验目的

（1）了解钕铁硼磁体的物理化学性质。
（2）掌握电镀锌原理及添加剂作用机理。
（3）熟悉电解池装置,掌握钕铁硼磁体电镀锌的方法。

## 二、实验内容

以镀前处理的钕铁硼镀件为阴极,纯锌片为阳极,含氯化钾、氯化锌、硼酸、添加剂的溶液为电解液,在一定温度、一定电流密度条件下实施电镀锌工艺。

## 三、实验原理

在盛有电镀液的镀槽中,经过清理和特殊预处理的待镀件作为阴极,用镀覆金属制成阳极,两极分别与直流电源的负极和正极连接。电镀液由含有镀覆金属的化合物、导电的盐类、缓冲剂、pH调节剂和添加剂等水溶液组成。通电后,电镀液中的金属离子,在电位差的作用下移动到阴极上形成镀层。阳极的金属形成金属离子进入电镀液,以保持被镀覆的金属离子的浓度。

## 四、实验装置及流程

### 1. 实验装置与仪器

实验装置如图8-16所示,a为电源正极,b为电源负极,c为阳极,d为阴极。

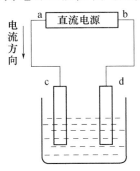

图8-16　电解池简单装置图

### 2. 实验流程

1）钕铁硼磁片镀前处理

试样打磨→烘烤除油→封孔→超声波除油→酸洗除锈→活化→超声波清洗→水洗烘干→浸锌。

2）电解液的配置

$ZnCl_2$ 65～90g/L,KCl 175～200g/L,$H_3BO_3$ 25～30g/L,添加剂 10～20mL/L

实验药品:钕铁硼磁片、添加剂,购于太原特意达科技有限公司;纯锌片（99%）、氯化钾、氯化锌、硼酸等均为分析纯,购于天津光复试剂有限公司。配置方法如下:①在槽中加镀液总体积 1/4 的热水将硼酸溶解,并加清水至总体积的 2/3;②分别加入氯化锌和氯化钾搅拌溶解;③加入少许双氧水(1mL/L)充分搅拌 15min;④加入少量锌粉(1~2g/L),颗粒越细越好,不停地充分搅拌 1~2h 后过滤,除去沉淀(使用纯度较高的原料,④、⑤两步骤可免);⑤加清水至总体积;⑥加入盐酸调节 pH 至 5.5~6.5,搅拌均匀;⑦加入添加剂 5~10mL/L,搅拌均匀;⑧试镀。

3)电镀

以镀前处理的钕铁硼磁片为阴极,纯锌片为阳极,上述配置的溶液为电解液,在电流密度 0.5~4A/dm² 、温度 -5~55℃ 、电镀时间 5~20min 条件下进行实验。

## 五、思考题

(1)写出实验过程中有关反应的反应方程式。

(2)简单阐述电解池原理。

(3)实验过程中哪些环节需要特别注意?

(4)查阅相关资料,阐述一下有关电镀锌层钝化的知识。

**参考文献**

[1] 张守民,周永洽. 钕铁硼磁体的 $AlCl_3 + LiAlH_4$ 有机溶液镀铝研究[J]. 南开大学学报(自然科学版),1999,32: 14~17.

[2] 韩文生,谢锐兵,萧以德. 钕铁硼永磁体室温熔盐电镀铝前处理工艺初探[J]. 材料保护,2007,40: 27~29.

[3] 张守民,欧阳砥,周永洽. 钕铁硼磁体的有机溶液电镀铝研究[J]. 材料工程 2000,9: 31~32.

[4] Peled E, Gileadi E. The electrodeposition aluminum from aromatic h·rocarbon. Journal of the Electrochemical Society,1976,123: 15~19.

# 实验七  甲烷部分氧化制合成气催化剂性能测试

## 一、实验目的

(1)了解固定床微型催化反应器的结构和特点;

(2)深刻认识催化剂活性、中毒、热稳定性、机械强度等相关性能评价指标及物理意义;

(3)学会设计和测试催化剂性能的实验方案。

## 二、实验内容

我国具有较丰富的天然气资源,如何提高天然气的利用价值非常重要。目前天然气转化利用的方法主要有两种:一是直接转化法,即不经过合成气或其他中间步骤直接将甲烷转化为化工产品,如甲烷氧化偶联制乙烯、乙烷,甲烷选择性氧化制甲醇和甲醛以及甲烷无氧芳构化等反应;二是间接转化法,是指先将甲烷转化为合成气 $CO + H_2$,再由合成气制备氨、甲醇、乙醇、烃类燃料等化工产品。因为直接转化法的甲烷转化率和产品收率甚低,短期内难以实现工业化,因此,间接转化法成为甲烷利用的主要途径。研究和开发转化合成气的新工艺及其催化剂的改进则是天然气综合利用的关键和核心。

目前,甲烷转化成合成气有水蒸气重整、二氧化碳重整以及甲烷部分氧化三种方法。水蒸气重整法早已实现工业化。水蒸气重整是可逆强吸热反应,高温有利于化学平衡正向进行,但过程能耗高,设备投资大,且产物中 $H_2/CO$ 摩尔比大于3,不利于甲醇合成、费托合成(F-T 合成)等后续过程。二氧化碳重整所得合成气 $H_2/CO$ 比约为1,比较适合作 F-T 合成的原料,但仍需消耗大量热量,同时甲烷转化率低,且催化剂积炭而失活严重。相对而言,甲烷部分氧化(POM)反应将是甲烷转化最有前途的工业化方法。POM 的反应方程式为

$$CH_4 + 1/2 O_2 \longrightarrow CO + H_2$$
$$\Delta H_{298K} = -35.7 kJ \cdot mol^{-1}$$

### 三、实验原理

POM 为温和放热反应,合成气中的 $H_2/CO$ 比接近于2,特别有利于甲醇合成和 F-T 合成。与水蒸气重整法相比,POM 能耗低,可在较低温度(750~800℃)下达到95%以上的平衡转化率,而且反应速率比重整反应快1~2个数量级,可在高空速(一般在105数量级)下反应,具有反应器体积小等优点。因此,POM 工艺倍受国内外研究者的重视。

催化剂活性的评价指标有

$$CH_4 \text{ 转化率 } X_{CH_4}(\%) = \frac{F_{CH_4,in} - F_{CH_4,out}}{F_{CH_4,in}} \times 100$$

$$CO \text{ 选择性 } S_{CO}(\%) = \frac{F_{CO,out}}{F_{CH_4,in} - F_{CH_4,out}} \times 100$$

$$H_2 \text{ 选择性 } S_{H_2}(\%) = \frac{F_{H_2,out}}{(F_{CH_4,in} - F_{CH_4,out}) \times 2} \times 100$$

式中:$F_{in}$、$F_{out}$ 分别为各原料气及尾气组分的摩尔流量。

### 四、实验装置与流程

#### 1. 实验装置与试剂

本实验采用常压管式反应器进行催化剂的性能评价,其实验装置及工艺流程如图 8-17所示。

实验仪器包括:

(1)质量流量计,D08-8C/ZM,北京七星华创电子股份有限公司;

(2)程序控温仪,SKW-400 型,中科院山西煤炭化学研究所;

(3)气相色谱,GC-920,上海海欣色谱有限公司。

#### 2. 实验操作步骤和注意事项

实验试剂包括:

(1)甲烷/氢气/氧气,高纯,纯度为99.998%,山西太原钢铁集团股份有限公司;

(2)催化剂,核壳 $Ni/ZrO_2@SiO_2$ 催化剂,实验室自制。

1)操作步骤

(1)检漏。

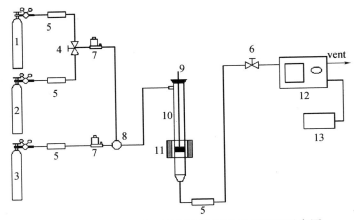

图 8-17 POM 反应活性评价装置及工艺流程示意图

1—$H_2$ 钢瓶；2—$O_2$ 钢瓶；3—$CH_4$ 钢瓶；4—三通阀；5—干燥管；6—六通阀；7—质量流量计；

8—气体储罐；9—热电偶 10—固定床反应器；11—加热炉；12—气相色谱；13—数据处理器。

由于原料气不安全,检漏阶段可采用 $N_2$ 进行,紧固各连接处接头,按工艺流程图先后顺序缓慢开启 $N_2$ 通过各阀门(除去排空阀),用毛笔和浓肥皂水检查各接头,看是否有泄漏。接头若有冒泡现象,应立即拧紧接头,30min 后若压力无明显的变化,则表明系统不漏,检漏即为合格。

(2) 催化剂装料。

用电子天平称取一定量的催化剂,装入反应器中。注意:装填催化剂时,在催化剂两端先装入一定量的石英砂,保证催化剂位于反应器的中部。由于催化剂粒度较小,选择 20～40 目石英砂与催化剂混合装入,延长催化剂的保留时间。

(3) 加热和还原。

检查电器绝缘、热电偶插入位置、控温仪的温度设定,一切正常后开启电加热系统升温。调节控温仪的温度设定,定时记录反应器的中心温度,直到中心温度达到所需实验值,且恒定不变。

加热开始的同时,通入氢气对催化剂进行还原,还原4h 左右。

(4) 进料。

还原结束后,打开原料气进气阀通入原料气,顺序打开装置上各阀门,通过质量流量计控制原料气流量至预定值。

(5) 产物分析。

在通入反应气前2h 打开气相色谱。通入原料气1h 后,抽取反应后气体约0.6mL 打入色谱中,记录各组分峰面积,输入计算软件计算组分浓度并记录。以后每隔1h 记录一次反应后气体浓度。

(6) 停车。

首先停止加热。然后停止通入反应气,停气的先后顺序为:氧气、甲烷。通入 $N_2$ 进行吹扫,直至反应器温度降至室温。关闭气相色谱。

2) 实验操作注意事项

甲烷部分氧化实验涉及易燃易爆气体,实验操作一定要注意安全。应严格按照实验

操作步骤,不可有丝毫差错。具体应注意以下几点:

（1）原料气通入之前,必须进行检漏,以保证整个系统密封。

（2）通入原料气顺序为甲烷、氧气,关闭气体顺序为氧气、甲烷。在通入原料气时,一定要轻轻旋转减压阀的旋钮,减弱气体过冲。

（3）气瓶发热,应及时更换气瓶。

（4）本装置的压力容器部分,均采用快开式结构,以 O 型圈密封,故拆装时只需使用合适的小扳手,稍用力拧紧即可。不宜使用过大的扳手或用力过大,以免损坏 O 型圈。各部件使用 O 型圈应定期更换。

（5）所有阀门的开闭,均要动作缓慢柔和。这样不仅保证其使用寿命,也可使系统操作平稳。

（6）接头的拆装需用肥皂水或石墨甘油作润滑剂,切忌在尚未完全对正前拧紧。

（7）实验时,操作人员不能擅自离开。

## 五、实验记录与数据处理

### 1. 色谱分析条件

气相色谱仪型号＿＿＿＿;检测器类型＿＿＿＿;色谱柱＿＿＿＿;载气＿＿＿＿。

| 测试条件 | 载气流量 /(mL/min) | 柱温 /℃ | 进样器温度/℃ | 检测器温度/℃ | 热丝温度 /℃ | 热丝电流 /mA | 放大倍数 |
|---|---|---|---|---|---|---|---|
| | | | | | | | |

### 2. 催化反应原始数据表

内径＿＿＿＿;管长＿＿＿＿;催化剂用量＿＿＿＿;床层高度＿＿＿＿。

| 时间 /min | 流量/（mL/min） | | | 温度 /℃ | 反应后气体流量 | 反应后气体浓度 | | | | |
|---|---|---|---|---|---|---|---|---|---|---|
| | $CH_4$ 气 | $O_2$ | $N_2$ | 反应炉 | $V$ 总/（mL/min） | $H_2$ | $O_2$ | $CH_4$ | CO | $CO_2$ |
| | | | | | | | | | | |
| | | | | | | | | | | |

### 3. 实验数据处理结果

| 时间/min | 入口气体浓度 | | 出口 | | | |
|---|---|---|---|---|---|---|
| | $CH_4$ | $O_2$ | $CH_4$ 转化率 | CO 选择性 | $H_2$ 选择性 | $H_2$/CO |
| | | | | | | |
| | | | | | | |
| | | | | | | |

**参考文献**

［1］张翔宇, 李振华. 甲烷部分氧化制合成气催化剂的研究进展[J]. 化工进展, 2002, 21 (12): 903 - 907.

［2］QiuYejun, Chen Jixiang, Zhang Jiyan. Effect of MgO Promoter on Properties of Ni/Al$_2$O$_3$ Catalysts for Partial Oxidation of Methane to Syngas[J]. Front Chem. Sci. Eng., 2007, 1(2): 167 - 171.

[3] 刘淑红，李文钊，徐恒泳，等．助剂 CuO 和 La$_2$O$_3$ 对 NiO/α – Al$_2$O$_3$ 甲烷催化部分氧化制合成气引发过程的影响 [J]．燃料化学学报，2009，37(2)：227 – 233.

[4] 叶季蕾，刘源，段华超．制备方法对 La 改性 Ni/γ – Al$_2$O$_3$ 催化甲烷部分氧化的研究[J]．燃料化学学报，2006，34(5)：562 – 566.

[5] 孙婷婷，周迎春，张启俭．煤层气转化制合成气的催化剂研究[J]．天然气化工，2010，30(6)：101 – 105.

[6] Choque V, Piscina P R, Molyneux D, et al. Ruthenium support on new TiO$_2$ – ZrO$_2$ systems as catalysts for partial oxidation of methane[J]. Catal. Today, 2010, 149(3 – 4)：248 – 253.

[7] Lee J, Park J. C. Bang, et al. Precise tuning of porosity and surface functionality in Au@ SiO$_2$ nanoreactors for high catalytic efficiency[J]. Chem. Mater, 2008, 20：5839 – 5844.

[8] Lei Li, Shengchao He, Yanyan Song, et al. Fine – tunable Ni@ porous silica core – shell nanocatalysts: Synthesis, characterization and catalytic properties in partial oxidation of methane to syn – gas[J]. Journal of Catalysis, 2012, 288：54 – 64.

# 实验八　乙酸催化加氢制取乙醇实验

乙醇是重要的溶剂和化工原料，可作为理想的无污染、高辛烷值的车用燃料及其添加剂。美国、巴西等国多年来一直使用乙醇作为汽车燃料或燃料添加剂。近年来，我国在多个省份实施了乙醇汽油的推广工作，效果明显。随着环境质量要求的逐步提高，发展醇燃料及汽油中添加醇或醚已成为改善汽车燃料的主要出路。

乙醇的生产方法主要有化学合成法和微生物发酵法两种。前者用石油裂解产生的乙烯与水合成乙醇，该法受石油资源的限制；后者利用微生物发酵生产乙醇比较传统。

我国人口众多，粮食产能虽能自给，但化工应用缺口较大，加之石油资源的严重不足，因此，针对我国丰富的煤炭资源，探寻从煤炭资源出发经合成气生产乙醇的技术，以替代传统的粮食发酵路线，可减少我国粮食的工业消耗和缓解石油资源紧缺的矛盾。目前由甲醇经羰基化反应生产乙酸(HOAc)的工艺已经十分成熟，鉴于我国乙酸产能过剩的局面，通过催化加氢制备乙醇是一条可行的工业化方法。目前，该工艺的缺点主要有：较高的反应压力，乙酸的低转化率，产物乙醇低的选择性以及系统的腐蚀性问题等。研制开发高活性和选择性的乙酸加氢催化剂成为目前该工艺过程急需解决的课题。

## 一、实验目的

(1) 学习和掌握高压固定床积分反应器的结构和特点；

(2) 加深理解催化剂活性、中毒、热稳定性等性能指标的评价和物理意义；

(3) 掌握催化加氢反应工艺的设计和催化剂性能评测的实验方案。

## 二、实验内容

(1) 采用自制的固定床积分反应器和负载型 Co 基加氢催化剂，以乙酸为原料，进行催化加氢合成乙醇的实验研究。

(2) 以乙酸转化率和乙醇选择性为评价指标，结合气相色谱分析方法，考察反应温度、压力、气体空速等工艺条件对催化性能的影响。

## 三、实验原理

乙酸催化加氢是个较复杂的复合反应。根据催化剂的不同，反应产物的组成和含量也千差万别。近年来,很多研究者对催化加氢反应过程提出了相关的理论,为催化剂的进一步开发研究有一定的指导作用。

**1. 加氢反应方程式**

乙酸在催化作用下还原可首先生成乙醛,乙醛进一步加氢生成产物乙醇。副反应主要有:①酯化反应,即未参加反应的乙酸和产物乙醇脱水形成乙酸乙酯;②脱水反应,少量乙醇发生分子间脱水反应生成乙醚;③乙酸的脱羧基反应,即乙酸脱羧基分解为甲烷和二氧化碳;④乙酸加氢的脱羰基反应,产物为一氧化碳、甲烷和水。加氢催化反应的方程式为

$$CH_3COOH + 2H_2 \rightleftharpoons CH_3CH_2OH + H_2O$$
$$CH_3COOH + CH_3CH_2OH \rightleftharpoons CH_3COOCH_2CH_3 + H_2O$$
$$CH_3COOH + H_2 \rightleftharpoons CH_3CHO + H_2O$$
$$2CH_3CH_2OH \rightleftharpoons CH_3CH_2OCH_2CH_3 + H_2O$$
$$CH_3CH_2OH + H_2 \rightleftharpoons CH_3CH_3 + H_2O$$
$$CH_3COOH \rightleftharpoons CH_4 + CO_2$$
$$CH_3COOH + H_2 \rightleftharpoons CH_4 + CO + H_2O$$

Donghwan Lee 等人提出的羧酸加氢的反应机理如图 8－18 所示,解离的 $H_2$ 吸附在零价金属的表面,在正负电荷的作用下,氢从金属表面脱附并与羧酸结合,金属单质则重新携带解离氢。与羟基结合的 H 和羟基以水的形式脱除后,金属也与中间体分离。

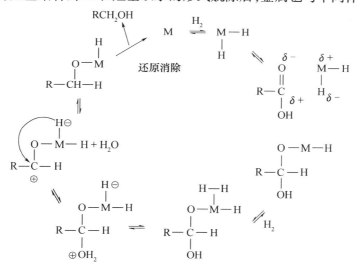

图 8－18 羧酸加氢催化制取醇的反应机理

**2. 反应动力学研究**

Pestman 等选取不同的氧化物(铜的氧化物、钛的氧化物、锡氧化物等)为载体制备催化剂,并考察了不同催化工艺条件下乙酸的加氢反应。研究发现,反应产物以乙醛为主,添加金属 Pt 于这些氧化物时,催化活性增强,有利于产物乙醛的生成。根据 Mars – Van Krevelen 机理,加氢反应发生在氧化物的表面,Pt 金属能激活氢原子。催化剂中不含 Pt 时,羧酸易发生酮化反应或脱羧反应而生成 $CH_4$、CO 等。

在研究载体对加氢反应的影响时,Rachmady 等发现,催化剂 Pt/TiO₂ 上乙酸的加氢反应符合 Langmuir – Hinshelwood 模型。当以单位时间单位催化剂上反应物乙酸的转化量来表示催化剂活性时,反应速率方程为

$$r_{\mathrm{HOAc}} = \frac{k_1 P_{\mathrm{HOAc}} P_{\mathrm{H_2}}^{1/2}}{(K_1 P_{\mathrm{H_2}}^{1/2} + K_2 P_{\mathrm{HOAc}}/P_{\mathrm{H_2}}^{1/2})(1 + K_3 P_{\mathrm{HOAc}})}$$

计算结果显示,金属 Pt 表面吸附氢原子的反应熵值、焓值与载体 TiO₂ 上吸附乙酸分子的熵值、焓值均合理,与热力学数据相一致,反应的表观活化能与氢气、乙酸的分压有关。

## 四、实验装置及流程

### 1. 实验装置与仪器

本装置集进料、反应、冷却、产品收集于一体,可在同一套设备上完成乙酸催化加氢的大部分实验,是催化加氢的一体化实验装置,其工艺流程如图 8 – 19 所示。

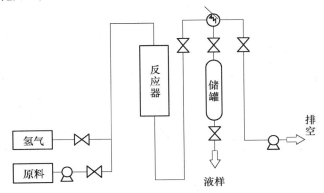

图 8 – 19　乙酸催化加氢制取乙醇工艺流程图

(1)反应器为固定床反应器,两段反应器串联。

(2)反应器采用电炉加热,温度可在 0 ~ 600℃ 之间调节,反应压力为 3.0 ~ 7.0MPa。

(3)氢气由高压瓶给入,乙酸由平流泵给入,混合后进入反应器反应。

(4)电炉温度由热电偶测定,每个电炉设定两个电偶,一路测定炉温,一路测定反应器内部温度。

(5)温度调节采用程序升温控制,可同时执行两个电炉的温度控制。

(6)反应区域的压力控制利用定压阀控制,前置定压阀之后和后置定压阀之前设精密压力表。

(7)气体流量采用质量积算仪控制,可进行精密调节与控制;液体流量可通过平流泵进行调节。

(8)设备带有储料罐,可储备一定量的产品。

### 2. 实验操作步骤

1)催化剂的装填

将筛分后的粒度为 40 ~ 60 目的催化剂装填入反应器中。具体操作如下:

用铁丝测量反应器装料的深度,测量的反应器的装料总深度为900mm;装入20~40目的瓷环,瓷环共装入深度约400mm,装瓷环时用细铁丝捣实;装入催化剂13mL,用细铁丝捣实,实测得催化剂的装入总深度为100mm;装入20~40目的瓷环至反应器充满,在接近催化剂处装填40~60目的瓷环,并用铁丝网把接口堵住。

反应器内催化剂装填结构如图8-20所示。

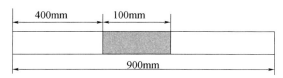

图8-20 反应器加氢催化剂装填示意图

2)反应器检漏

装好反应器后,必须先进行检漏,紧固各连接处街头,按工艺流程图先后顺序缓慢开启进气、各阀门(排空阀除外),使个压力表都维持在一定压力,前后精密压力表压降不超过0.5MPa。然后关闭高压瓶进气阀门,使整个系统处于高压状态下,用肥皂水检查各接头处,看是否有泄漏。接头若有冒泡现象,应立即拧紧接头,30min若压力无明显的变化,则表明系统不漏,检漏合格。检漏合格后方可进行后续的实验步骤。

3)催化剂的加氢还原

在正式通入原料进行反应前,催化剂必须先进行加氢还原。加氢还原的目的是将活性组分由氧化物还原为金属。具体操作如下:

待催化剂装填检漏后,室温下通入氢气,调节反应器中反应压力为3.0MPa。定压完成后,按照1000h$^{-1}$的空速通入氢气,打开反应器加热炉的加热开关进行加热,并设定程序升温,温度缓慢升至还原温度550℃。还原时间为5h。还原结束后,待反应器温度降至100℃以下方可停止通入氢气。

4)催化加氢反应

设定温度到反应温度,压力到预定压力。打开氢气进气阀通入氢气,顺序打开装置上各阀门,通过流量积算仪控制氢气流量至预定值,乙酸由平流泵打入,并控制其流量。

产物分离:产物在冷凝器中进行分离,液体进入储料罐,气体排入湿式流量计,经处理后排空。

5)停车

首先停止打入乙酸,继续通入氢气使反应床层降至100℃以下,停止通入氢气,停止循环水。

6)反应产物的气相色谱分析

采用外标法对得到的粗乙醇进行气相色谱分析。

## 五、实验记录与数据处理

对实验产物进行气相色谱分析,得到不同反应条件下乙酸的转化率及各产物的选择性,可得反应条件对乙酸转化率及产物选择性的曲线图,进而进行反应条件的优化及催化剂的改进。

## 六、思考题

（1）反应器检漏的方法是什么？为什么需要检漏？

（2）催化剂还原过程升温须缓慢进行，有什么利弊？

（3）实验完毕不可停止通入氢气，应继续进行吹扫，为什么？

**参考文献**

[1] 应卫勇. 煤基合成化学品[M]. 北京：化学工业出版社，2010：258 −264.

[2] 张晓阳. 国际燃料乙醇工业发展概况[J]. 玉米科学，2003，(2)：88 −91.

[3] 黄治玲. 燃料乙醇的生产与利用[J]. 化工科技，2003，11(4)：44 −47.

[4] 王莹，王晓波，陈世波. 催化加氢技术在化工中的应用[J]. 河北化工，2006，11(29)：39 −41.

[5] Johnson Victor J. Direct and selective production of ethanol from acetic acid utilizing a platinum/tin catalyst：US，7863489 [P]. 2011 −01 −04.

[6] 刘海军，李琳，白殿国，等. 我国燃料乙醇生产技术现状与发展前景分析[J]. 化工科技，2012，20(5)：68 −72.

# 实验九　Zn/ZSM −5 催化剂的制备及 MTG 性能的测试

甲醇制汽油（MTG）工艺由美国 Mobil 公司于 1976 年开发，主要以煤或天然气作为原料，经合成气制甲醇，再将甲醇转化为高辛烷值的高品质汽油。随着世界石油资源的日益匮乏和国内甲醇产能的日益过剩，甲醇作为新的能源原料已经成为一种趋势，而且由甲醇制得的汽油不存在 FCC 汽油中的硫、氯等组分，抗爆震性能好。MTG 过程属于费托（F −T）合成以外的二步法合成油技术，与 F −T 过程相比，具有能量效率高、流程简单、装置投资少等优点。因此，MTG 技术有望成为取代石油路线的汽油制备方法，具有非常广阔的应用前景。

目前甲醇制气油工艺所用的催化剂主要是 ZSM −5 分子筛。ZSM −5 分子筛是一类高度晶化的硅铝酸盐，由硅氧四面体和铝氧四面体等初级结构单元而构成的三维孔骨架结构，具有分子级大小的微孔结构。其分子筛的骨架与孔道结构如图 8 −21 所示。ZSM −5 的晶胞参数 $a = 2.007$ nm，$b = 1.992$ nm，$c = 1.342$ nm，其结构与常见的大孔径沸石及小孔径沸石具有明显的差别。ZSM −5 分子筛骨架中含有两种相互交叉的孔道体系：椭圆形十元环直孔道和圆形之字孔道（拐角约为 $150°$ 左右），其孔径分别约为 $0.51$ nm × $0.55$ nm 和 $0.53$ nm × $0.56$ nm。ZSM −5 独特的三维交叉孔道结构不仅为择形催化提供了空间限制作用，也为反应物和产物提供了丰富的进出通道。

在甲醇制汽油的过程中，由于 ZSM −5 分子筛微孔结构严重限制了反应物和产物在分子筛孔道内的扩散，导致 MTG 反应汽油的收率低，而且催化剂容易失活，稳定性差。实验研究表明：适当的浸渍 Zn 不仅可以提高甲醇制汽油反应的活性，而且能够增强催化剂的稳定性。因此，进行 Zn/ZSM −5 分子筛的研制以及 MTG 催化性能的评测可为催化剂的优选和工艺条件的优化奠定实验基础。

## 一、实验目的

（1）掌握 Zn/ZSM −5 的制备方法。

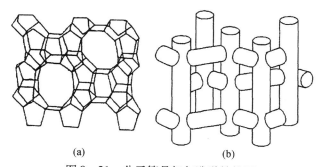

(a)　　　　　　　　　　(b)

图 8-21　分子筛骨架与孔道结构图

(a) 直筒椭圆轨道; (b) 直孔道与之字型孔道交叉结构。

(2) 熟悉实验装置,掌握 MTG 的工艺流程。

(3) 掌握 MTG 反应产物的分析方法及产率的计算方法等。

## 二、实验内容

(1) 制备 Zn/ZSM-5 分子筛催化剂。以挤成条的 ZSM-5 分子筛的原料,采用等体积浸渍法,浸渍上 $Zn(NO_3)_2$ 溶液,经振荡、干燥和焙烧后,制取 Zn/ZSM-5 分子筛催化剂。

(2) 对 Zn/ZSM-5 分子筛催化剂进行 MTG 性能测试。

## 三、实验原理

目前,普遍认为甲醇在酸性沸石分子筛上转化为汽油的过程主要有 3 个步骤:甲醇首先脱水生成二甲醚;甲醇、二甲醚和水的平衡混合物进一步脱水转化生成 $C_2 \sim C_5$ 低碳烯烃;低碳烯烃按照碳正离子机理经过低聚、烧基化、异构化、环化和芳构化等反应生成分子量更高的、在汽油沸程内的长链异构烯烃、高碳烯烃、环院径和芳烃组分。MTG 反应方程式为

$$CH_3OH \underset{+H_2O}{\overset{-H_2O}{\rightleftharpoons}} CH_3OCH_3 \xrightarrow{-H_2O} C_2^= \sim C_5^= \longrightarrow \begin{cases} \text{石蜡烃} \\ \text{芳烃} \\ \text{环烷烃} \end{cases}$$

$$\text{(DME)}$$

在固定床反应器中多采用两段反应器。在第一段反应器中,采用 $Al_2O_3$ 等甲醇脱水催化剂将甲醇转化生成二甲醚;在第二段反应器中,平衡混合物在 ZSM-5 型沸石催化剂上转化成烃类。甲醇在 ZSM-5 分子筛催化剂上转化制备汽油包含多个反应步骤、涉及多种组分、得到多种径类产物,反应过程非常复杂。

**1. 表面甲氧基和二甲醚的生成**

甲醇分子与分子筛表面 B 酸中心通过亲核脱水生成稳定的表面甲氧基;另一甲醇分子亲核攻击固体酸催化剂表面的甲氧基生成二甲醚。该反应是可逆反应,最终形成接近平衡的甲醇、水和二甲醚混合物。

**2. 第一个 C-C 键的形成**

初始烯烃的形成,即第一个 C-C 键的形成,是众多研究者的争论焦点。目前,对于

第一个 C – C 键的形成有以下几种机理,但是存在着较多争议,至今仍未定论。

（1）氧鎓离子机理:二甲酸在 B 酸中心经二甲基氧鎓离子最后形成三甲基氧鎓离子;三甲基氧鎓离子脱去 H⁺ 形成与分子筛表面相连的二甲醚氧鎓甲基内鎓盐,发生分子内 Stevens 重排生成甲乙醚或甲基化生成乙基二甲基氧鎓离子;通过 β 消去得到乙稀。氧鎓离子形成过程机理如图 8 – 22 所示。

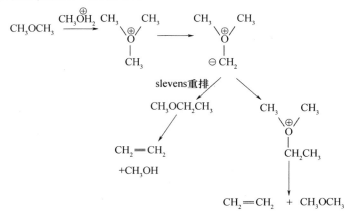

图 8 – 22　氧鎓离子形成过程机理图

（2）碳正离子机理:甲醇首先在 B 酸中心上脱水生成甲基碳正离子 CH3⁺,甲基碳正离子向二甲醚分子中加入 C – H 键,形成过渡态五价碳正离子,之后脱去 H⁺,经 β 消去得到乙烯。碳正离子形成反应式为

$$CH_3OH \xrightarrow{H+} H_2O + CH_3^+ \xrightarrow{CH_3OCH_3} CH_3-\overset{H}{\underset{H}{C^+}}-OCH_3$$

（3）卡宾机理:甲醇分子可通过 a – H 原子的消去反应、脱水反应生成［:CH2］物质,该物质可通过聚合反应直接生成低碳烯烃,也可与甲醇和二甲醚分子通过 sp³ 轨道的 C – H 键插入,脱除水分子生成乙烯。

（4）烃池机理:相对于上述的 C – C 键直接形成机理,烃池理论由于得到更多的实验论证,逐渐被广大研究者接受。该理论的核心是产物均是通过烃池活性中间体转化而来。该理论认为:在催化剂上甲醇首先生成一些较大分子量的烃池物质,作为活性中心与甲醇或二甲酸反应引入甲基基团,再经过分子重整和脱院基化反应生成低碳烯烃。烃池过程机理如图 8 – 23 所示。

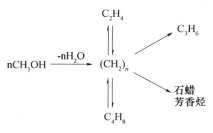

图 8 – 23　烃池过程机理图

202

## 四、实验装置及流程

### 1. 实验原料

条型 ZSM - 5 分子筛:南开大学催化剂厂;

硝酸锌:>99%,天津市光复科技发展有限公司;

甲醇:分析纯,天津市风船化学试剂科技有限公司;

氮气:>99.99%,山西省太原市钢铁集团股份有限公司。

### 2. Zn/ZSM - 5 的制备流程

（1）ZSM - 5 分子筛研磨:取一定量的条型 ZSM - 5 分子筛放入研钵中,研磨至 2 ~ 4 目,备用;

（2）ZSM - 5 分子筛预处理:取上述适量的 ZSM - 5 分子筛在 550℃下焙烧 5h,备用;

（3）$Zn(NO_3)_2 \cdot 6H_2O$ 浸渍处理:配置一定浓度的硝酸锌溶液,缓慢加入到一定量的 ZSM - 5 载体,震荡 3h 后,置于鼓风干燥箱中干燥,再在马弗炉中 550℃焙烧 5h,得到 Zn/ZSM - 5 分子筛催化剂。

### 3. MTG 固定床反应装置

甲醇制汽油装置采用内径为 $\Phi16$ mm 的固定床反应器。装置包含两个反应炉,第一个反应炉用作汽化炉,第二个反应炉中装填催化剂用于 MTG 反应。每个反应炉均装有两路热电偶,分别测定炉温和反应器中心温度,可通过四路程序控温仪（SKM - 4,中科院煤炭化学研究所）设定程序升温来自动控制。系统压力由前置定压阀和后置定压阀控制,床层压力降控制在 0.5 MPa 之内。氮气由高压气瓶给入,氮气流量由质量流量计（JM108 - 1,北京七星华创科技有限公司）控制。

甲醇经由平流泵（WXB - 2201,北京卫星制造厂）进入管路,在汽化炉中完全汽化后,进入第二反应炉催化剂床层进行反应。气态的反应产物由反应器进入冰水冷阱进行盘管降温和冷凝,沸点低的气相产物被冷凝为液体,由冷凝器底部的平衡阀进入液体储罐;不被冷凝的气体产物从冷凝器内盘管顶部排出,经后置定压阀定压后,通过尾气放空阀排空。定期从储罐中取出液体产物进行分析和检测。甲醇制汽油（MTG）的简易工艺流程如图 8 - 24 所示。

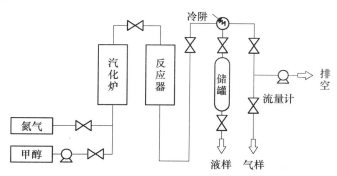

图 8 - 24 甲醇制汽油（MTG）简易工艺流程图

### 4. 实验操作规程

（1）装填催化剂:取 20mL 催化剂装填到反应管中间部位,两端用 10 ~ 20 目的石英砂填满。

（2）试漏：紧固各连接处接头，缓慢开启 $N_2$ 钢瓶进气，调节阀门设置，前置定压器压力设为 1.0MPa，后置定压器压力设为 0.7MPa 左右；调节气体流量计，设定流量为 150mL/min；用浓肥皂水检查各接头是否有气体泄漏：接头若有冒泡现象，应立即紧固接头；若 30min 内压力无明显变化，则表明系统没有泄漏，检漏合格。

（3）程序升温：设定四路程控温仪，按以下程序升温。

反应炉：20℃→150℃（80min）；150℃→250℃（80min）；250℃→380℃（130min）；380℃恒温。

汽化炉：20℃→150℃（80min）；150℃恒温。

（4）泄压进料：① 当反应炉与汽化炉的温度恒定一段时间后，关闭 $N_2$ 钢瓶，打开后定压器，排气至常压，关闭流量计前后阀；② 用量筒量取一定量的甲醇，调节泵的流量显示，开启进料并计时，核对一定时间内甲醇实际泵入量与平流泵所显示流量的差异；③ 标定好泵以后，按所需的流量打入甲醇。

（5）产品收集：每间隔一定的时间，由储罐放一次液体产品。液体产品的质量通过天平称取，用分液漏斗将油相和水相分离，通过气相色谱仪分析油相液体产品的组成。气相产品的计量通过湿式流量计获得，其组成通过气相色谱仪进行分析。

（6）停车：首先关闭甲醇进料的平流泵，然后关闭液体进料阀，再缓慢开启 $N_2$ 钢瓶进气，调节阀门设置前置定压器压力为 1.0MPa，后置定压器压力 0.7MPa。调节气体流量计，设定气体流量约为 150mL/min。关闭四路程控温仪，停止反应炉加热，等两个反应炉的温度均降到 50℃以下时，关闭气体钢瓶、气体流量计及各阀门等。

## 五、实验记录与计算

表 8-9  实验数据记录表 Zn/ZSM-5 催化剂的制备及 MTG 性能的测试

班级_____    姓名_____    学号_____

催化剂_____；  装填量 $G_1$:_____ g；  进料泵流量（甲醇）:_____ mL/min。

| 序号 | 操作时间 | 汽化炉温度/℃ | | 反应器温度/℃ | | 甲醇称量/g | 甲醇消耗量/g | 重新加料/g | 油水混合物的量/g | 油相质量/g | 油相收率（甲醇质量基）/% | 备注 |
|---|---|---|---|---|---|---|---|---|---|---|---|---|
| | | A | B | C | D | | | | | | | |
| 1 | | | | | | | | | | | | |
| 2 | | | | | | | | | | | | |
| 3 | | | | | | | | | | | | |
| 4 | | | | | | | | | | | | |
| 5 | | | | | | | | | | | | |
| 6 | | | | | | | | | | | | |
| 7 | | | | | | | | | | | | |

（续）

| 序号 | 操作时间 | 汽化炉温度/℃ | | 反应器温度/℃ | | 甲醇称量/g | 甲醇消耗量/g | 重新加料/g | 油水混合物的量/g | 油相质量/g | 油相收率（甲醇质量基）/% | 备注 |
|---|---|---|---|---|---|---|---|---|---|---|---|---|
| | | A | B | C | D | | | | | | | |
| 8 | | | | | | | | | | | | |
| 平均值 | | | | | | | | | | | | |

实验结果:汽油的产率 = ＿＿ %。　　　　＿＿＿年 ＿＿月 ＿＿日

## 六、思考题

（1）从化学工程角度,甲醇制汽油有哪些明显特点?

（2）实验操作应注意的环节有哪些?

（3）结合有关文献,谈谈甲醇制汽油工艺在能源、社会、经济(选择其一)中的作用?

**参考文献**

［1］赵永华,曹春艳. 水热处理对 Zn－P/HZSM－5 催化剂芳构化性能的影响［J］. 石油化工,2011,40(8):831－834.

［2］胡津仙,胡靖文,王俊杰,等. 甲醇在不同酸性 ZSM－5 上转化为汽油(MTG)的研究［J］. 天然气化工,2001,26(6):1－3.

［3］许烽,董梅,苟蔚勇,等. ZSM－5 分子筛的粒径可控合成及其在甲醇转化中的催化作用［J］. 燃料化学学报,2012,4(5):576－582.

［4］蒋月秀. 改性 ZSM－5 对甲醇芳构化催化活性的研究［J］. 广西化工,1994,(3):40－42.

# 附 录 A 回流液增量 $\Delta L$ 的计算方法

精馏实验回流液温度低于泡点,为冷液回流。当回流液进入塔顶第一块塔板上时,要吸收上升蒸汽的热量而被加热到泡点。塔顶上升蒸汽把热量传给回流液后自身被冷凝一部分和回流液一起加到第一块板上,这部分冷凝下来的蒸汽量就是回流液增量 $\Delta L$。因此整个回流量 $L = L_{外} + \Delta L$,实际回流比 $R = L/D$,$L_{外}$ 为回流流量计读数。

根据传热原理,冷回流液升温所需热量应等于蒸汽冷凝所放出的热量,即

$$Q = L_{外} C_p (T_D - T_R) = \Delta L \gamma_D$$

式中　$C_p$——平均温度下回流液比热;

　　　$T_D$——塔顶温度;

　　　$T_R$——回流液温度;

　　　$\gamma_D$——回流液汽化潜热。

# 附录 B 乙醇溶液相关数据表

表 B-1 乙醇-水溶液常压下平衡数据

| 液相组成<br>乙醇摩尔分率/% | 气相组成<br>乙醇摩尔分率/% | 沸点<br>/℃ | 液相组成<br>乙醇摩尔分率/% | 气相组成<br>乙醇摩尔分率/% | 沸点<br>/℃ |
|---|---|---|---|---|---|
| 0 | 0 | 100 | 11.0 | 45.4 | 86.0 |
| 0.2 | 2.5 | 99.3 | 11.5 | 46.1 | 85.7 |
| 0.4 | 4.2 | 98.8 | 12.1 | 46.9 | 85.4 |
| 0.8 | 8.8 | 97.7 | 12.6 | 47.5 | 85.2 |
| 1.2 | 12.8 | 96.7 | 13.2 | 48.1 | 85.0 |
| 1.6 | 16.3 | 95.8 | 13.8 | 48.7 | 84.8 |
| 2.0 | 18.7 | 95.0 | 14.4 | 49.3 | 84.7 |
| 2.4 | 21.4 | 94.2 | 15.0 | 49.8 | 84.5 |
| 2.9 | 24.0 | 93.4 | 20.0 | 53.1 | 83.3 |
| 3.3 | 26.2 | 92.6 | 25.0 | 55.5 | 82.4 |
| 3.7 | 28.1 | 91.9 | 30.6 | 57.7 | 81.6 |
| 4.2 | 29.9 | 91.3 | 35.1 | 59.6 | 81.2 |
| 4.6 | 31.6 | 90.8 | 40.0 | 61.4 | 80.8 |
| 5.1 | 33.1 | 90.5 | 45.4 | 63.4 | 80.4 |
| 5.5 | 34.5 | 89.7 | 50.2 | 65.4 | 80.0 |
| 6.0 | 35.8 | 89.2 | 54.0 | 66.9 | 79.8 |
| 6.5 | 37.0 | 89.0 | 59.6 | 69.6 | 79.6 |
| 6.9 | 38.1 | 88.3 | 64.1 | 71.9 | 79.3 |
| 7.4 | 39.2 | 87.9 | 70.6 | 75.8 | 78.8 |
| 7.9 | 40.2 | 87.7 | 76.0 | 79.3 | 78.6 |
| 8.4 | 41.3 | 87.4 | 79.8 | 81.8 | 78.4 |
| 8.9 | 42.1 | 87.0 | 86.0 | 86.4 | 78.2 |
| 9.4 | 42.9 | 86.7 | 89.4 | 89.4 | 78.15 |
| 9.9 | 43.8 | 86.4 | 95.0 | 94.2 | 78.3 |
| 10.5 | 44.6 | 86.2 | 100 | 100 | 78.3 |

表 B-2  乙醇溶液相对密度与百分含量对照表

| $d_4 20$ | 乙醇质量 | 乙醇摩尔 | $d_4 20$ | 乙醇质量 | 乙醇摩尔 | $d_4 20$ | 乙醇质量 | 乙醇摩尔 | $d_4 20$ | 乙醇质量 | 乙醇摩尔 |
|---|---|---|---|---|---|---|---|---|---|---|---|
| 0.99823 | 0 | 0 | 0.96020 | 26 | 12.09 | 0.90936 | 52 | 29.80 | 0.84835 | 78 | 58.11 |
| 0.99636 | 1 | 0.39 | 0.95867 | 27 | 12.64 | 0.90711 | 53 | 30.61 | 0.84591 | 79 | 59.55 |
| 0.99453 | 2 | 0.79 | 0.95710 | 28 | 13.19 | 0.90485 | 54 | 31.47 | 0.84344 | 80 | 61.02 |
| 0.99275 | 3 | 1.19 | 0.95548 | 29 | 13.78 | 0.90258 | 55 | 32.34 | 0.84096 | 81 | 62.52 |
| 0.99103 | 4 | 1.61 | 0.95382 | 30 | 14.35 | 0.90031 | 56 | 33.24 | 0.83848 | 82 | 64.05 |
| 0.98938 | 5 | 2.01 | 0.95212 | 31 | 14.95 | 0.89803 | 57 | 34.16 | 0.83599 | 83 | 65.64 |
| 0.98780 | 6 | 2.43 | 0.95038 | 32 | 15.55 | 0.89574 | 58 | 35.09 | 0.83348 | 84 | 67.27 |
| 0.98627 | 7 | 2.86 | 0.94860 | 33 | 16.16 | 0.89344 | 59 | 36.02 | 0.83059 | 85 | 68.92 |
| 0.98478 | 8 | 3.29 | 0.94679 | 34 | 16.78 | 0.89113 | 60 | 36.98 | 0.82840 | 86 | 70.63 |
| 0.98331 | 9 | 3.72 | 0.94494 | 35 | 17.41 | 0.88882 | 61 | 37.97 | 0.82583 | 87 | 72.36 |
| 0.98187 | 10 | 4.16 | 0.94306 | 36 | 18.04 | 0.88650 | 62 | 38.95 | 0.82323 | 88 | 74.15 |
| 0.98047 | 11 | 4.61 | 0.94114 | 37 | 18.68 | 0.88417 | 63 | 40.00 | 0.82062 | 89 | 75.99 |
| 0.97910 | 12 | 5.07 | 0.93919 | 38 | 19.34 | 0.88183 | 64 | 41.02 | 0.81797 | 90 | 77.88 |
| 0.97775 | 13 | 5.52 | 0.93720 | 39 | 20.00 | 0.87948 | 65 | 42.09 | 0.81592 | 91 | 79.82 |
| 0.97643 | 14 | 5.98 | 0.93518 | 40 | 20.68 | 0.87715 | 66 | 43.17 | 0.81257 | 92 | 81.83 |
| 0.97514 | 15 | 6.46 | 0.93314 | 41 | 21.38 | 0.87477 | 67 | 44.27 | 0.80983 | 93 | 83.87 |
| 0.97387 | 16 | 6.93 | 0.93107 | 42 | 22.07 | 0.87243 | 68 | 45.41 | 0.80705 | 94 | 85.97 |
| 0.97257 | 17 | 7.41 | 0.92897 | 43 | 22.78 | 0.87004 | 69 | 46.55 | 0.80424 | 95 | 88.13 |
| 0.97129 | 18 | 7.90 | 0.92685 | 44 | 23.51 | 0.86766 | 70 | 47.74 | 0.80138 | 96 | 90.38 |
| 0.96997 | 19 | 8.41 | 0.92472 | 45 | 24.25 | 0.86527 | 71 | 48.92 | 0.79846 | 97 | 92.70 |
| 0.96864 | 20 | 8.92 | 0.92257 | 46 | 25.00 | 0.86287 | 72 | 50.16 | 0.79547 | 98 | 95.08 |
| 0.96729 | 21 | 9.42 | 0.92041 | 47 | 25.75 | 0.86047 | 73 | 51.39 | 0.79243 | 99 | 97.51 |
| 0.96592 | 22 | 9.94 | 0.91823 | 48 | 26.53 | 0.85806 | 74 | 52.68 | 0.78934 | 100 | 100 |
| 0.96454 | 23 | 10.46 | 0.91604 | 49 | 27.32 | 0.85564 | 75 | 54.00 | | | |
| 0.96312 | 24 | 11.00 | 0.91384 | 50 | 28.12 | 0.85322 | 76 | 55.34 | | | |
| 0.96168 | 25 | 11.53 | 0.91160 | 51 | 28.93 | 0.85079 | 77 | 56.71 | | | |

# 附录 C  PV4A 型颗粒速度测量仪的基本调整方法

## 1. PV4A 型颗粒速度测量仪简介

PV4A 型颗粒速度测量仪由光导纤维探头、光电转换及放大电路、信号预处理电路、高速 A/D 转换接口卡及应用软件 PV4A 组成。

PV4A 的前面板示意图如图 C1 -1 所示。

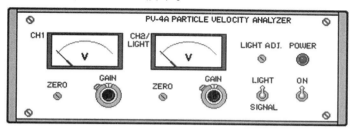

图 C1 - 1  PV4A 的前板示意图

CH1—通道 1 信号电压指示表；

CH2/LIGHT—通道 2 信号电压指示表兼光源电压指示表；

ZERO—两通道的输出调零电位器；

GAIN—两通道的增益调整电位器；

LIGHT ADJ. —光源电压调整电位器；

LIGHT/SIGNAL；CH2/LIGHT—指示转换开关；

POWER—电源指示；

ON—电源开关；

PV4A 的后面板示意图如图 C1 -2 所示。

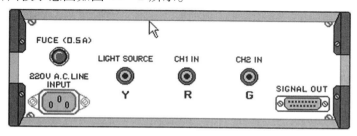

图 C1 - 2  PV4A 的后面板示意图

LIGHT SOURCE / Y—光纤插口：光源输出；

CH1 IN / R—光纤插口：信号 CH1 输入；

209

CH2 IN／G—光纤插口:信号 CH2 输入;

SIGNAL OUT—与 A/D 接口卡连接的信号电缆插口;

FUSE—保险丝(0.5A);

A. C. LINE INPUT—电源输入插口(电源可选 220V 或 110V)。

## 2. 仪器部分的使用方法

1)颗粒速度的测量

(1)先将探头插入预先安装好的实验装置测量孔内,安装时应使探头中间部位的方向标记正对或背向物料的流动方向,当不能确定物料运动方向时,可先估计物料的主流方向,然后在试验过程中通过旋转探头方向找出真实方向。对于透明的试验设备应避免外界较强自然光的干扰,应将测点附近加以适当的遮避。将光导纤维探头尾部三束接头按红绿黄标记分别插入仪器后面板上标有 CH1,CH2 和 LIGHT SOURCE 的三个插口中,旋紧固定镙帽。

(2)连接好仪器与 A/D 转换卡的信号电缆,开启仪器和计算机电源,运行 PV4A 软件。

首先,在探头测量端面没有物料的状态下(空床),将仪器前面板上两个通道的 GAIN 电位器左旋到 0 位;然后,调整两个通道的 ZERO 电位器,使两通道信号输出指示为 0V;最后使设备运转进入测试状态,观察 CH1 及 CH2 指示,并调整 GAIN 电位器,分别使两通道信号指示为 2V 左右即可。

在调整时可用 PV4A 软件采集数据观察信号幅度,在只进行颗粒速度测量时,对信号幅度不必有严格要求,但信号最大值以不超过 5V 为宜。

2)相对浓度或空隙率的测量

PV4A 型颗粒速度测量仪主要为测量两相流动中固体物料的运动速度而设计,经过标定也可在测量颗粒速度的同时进行物料相对浓度或孔隙度的测量。

调整方法如下:

将仪器预热 30min 左右。

① 连接好探头,并将探头端部置于空床状态下(物料浓度 =0),避免外界光干扰。

② 调整仪器上的 ZERO 电位器使仪器输出指示为 0 V。

③ 将探头置于堆积浓度状态(物料浓度 =1),调整 GAIN 电位器使仪器输出指示接近满幅度输出值,例如调整到 4.5V(为使在下述的重复调整时有一定的调整余量,不宜将此时的输出值调整到 5V)。

④ 重复上述过程 2 ~ 3 次,直至将探头置于物料浓度为 0 的状态下时输出为 0V,探头置于堆积浓度状态时输出为接近满幅度的 4.5V(由于物料堆积密度的变化及探头端部的沾污,0 V 点及满幅度点都会有一定误差)。

在测量过程中,不应再调整 ZERO 及 GAIN 电位器,否则将影响浓度测量的数据。

在使用时,可根据被测设备内物料的最大浓度值调整仪器的满幅度输出,这样可将实际物料浓度变化范围扩展到满幅度。